U0158189

世界技能大赛 3D 数字游戏艺术项目创新教材

Maya+ZBrush+Adobe Substance 3D Painter+Marmoset Toolbag 次世代游戏动画模型全流程案例教程

伍福军　陈曦昱　张巧玲　编著

電子工業出版社

Publishing House of Electronics Industry

北京·BEIJING

内 容 简 介

本书是根据编著者多年的教学经验和对高职高专院校学生实际情况的了解编写而成的。编著者结合多年带队参加世界技能大赛的经验，将 3D 数字游戏艺术项目比赛流程、技术规范要求、评分规则和游戏动画模型的全流程制作技术要求融入精选的 22 个经典项目中。通过边学边练的方式，学生不仅能掌握世界技能大赛 3D 数字游戏艺术项目的比赛流程、技术规范要求和评分规则，还能掌握游戏动画模型的全流程制作技术要求、实际制作技能以及游戏动画专业毕业设计流程。

本书共 6 章，包括关于毕业设计、制作次世代游戏动画模型——电话机、制作次世代游戏动画模型——兽笼、制作次世代游戏动画模型——权杖、制作次世代游戏动画模型——科幻手枪、制作次世代游戏动画模型——东风卡车。

本书既可作为高职高专院校、中等职业学校、技工院校的影视动画专业、数字媒体专业、游戏动画专业和世界技能大赛 3D 数字游戏艺术项目训练的教材，也可作为三维动画、数字媒体和游戏制作人员与爱好者的参考用书。

图书在版编目（CIP）数据

Maya+ZBrush+Adobe Substance 3D Painter+
Marmoset Toolbag 次世代游戏动画模型全流程案例教程 /
伍福军, 陈曦昱, 张巧玲编著. -- 北京 ：电子工业出版
社, 2024. 7. --(世界技能大赛 3D 数字游戏艺术项目创
新教材). -- ISBN 978-7-121-48341-7

Ⅰ. TP391.414

中国国家版本馆 CIP 数据核字第 20243V8K00 号

责任编辑：郭穗娟
印　　刷：三河市良远印务有限公司
装　　订：三河市良远印务有限公司
出版发行：电子工业出版社
　　　　　北京市海淀区万寿路 173 信箱　　邮编　100036
开　　本：787×1092　1/16　印张：18.75　字数：480 千字
版　　次：2024 年 7 月第 1 版
印　　次：2024 年 7 月第 1 次印刷
定　　价：69.80 元

凡所购买电子工业出版社图书有缺损问题，请向购买书店调换。若书店售缺，请与本社发行部联系，联系及邮购电话：(010) 88254888，88258888。

质量投诉请发邮件至 zlts@phei.com.cn，盗版侵权举报请发邮件至 dbqq@phei.com.cn。

本书咨询联系方式：(010) 88254502，guosj@phei.com.cn。

前　　言

编著者根据多年的教学实践和对世界技能大赛 3D 数字游戏艺术项目参赛选手的指导经验，精心挑选了 22 个经典项目进行详细介绍，并且提供各个项目的配套练习，以巩固学生所学知识。本书采用实际操作与理论分析相结合的方法，让学生在项目制作过程中培养设计思维并掌握理论知识，同时，扎实的理论知识又为实际操作奠定坚实的基础，使学生每做完一个项目就会有所收获，从而提高学生的动手能力与学习兴趣。

编著者对本书的编写体系进行精心设计，按照"项目内容简介→项目效果欣赏→项目制作（步骤）流程→项目制作目的→项目详细操作步骤→项目拓展训练"这一思路编排内容，旨在达到如下效果。

（1）通过项目内容简介，使学生在学习本项目之前，对要学习的项目有一个大致的了解。

（2）通过项目效果欣赏，提高学生学习的积极性和主动性。

（3）通过项目制作（步骤）流程，使学生了解整个项目制作的流程、项目用到的知识点和制作的大致步骤。

（4）通过项目制作目的，使学生在学习之前明确学习的目的，做到有的放矢。

（5）通过项目详细操作步骤，使学生掌握整个项目的制作过程、制作方法、注意事项和技巧。

（6）通过项目拓展训练，使学生进一步巩固所学知识，提升对知识的迁移能力。

本书的知识结构如下：

第 1 章　关于毕业设计。主要通过 4 个项目介绍游戏动画专业毕业设计概况、毕业设计的表现形式与要求、毕业设计流程、毕业设计答辩技巧与成果评价。同时，介绍世界技能大赛 3D 数字游戏艺术项目样题和评分标准。

第 2 章　制作次世代游戏动画模型——电话机。主要通过 3 个项目介绍次世代游戏动画模型——电话机的制作，包括电话机中模、高模、低模的制作，电话机模型 UV 的展开，电话机模型法线的烘焙、法线的修改和电话机材质贴图的制作。

第 3 章　制作次世代游戏动画模型——兽笼。主要通过 4 个项目介绍次世代游戏动画模型——兽笼的制作，包括兽笼大型、中模、高模、低模的制作和兽笼材质贴图的制作。

第 4 章　制作次世代游戏动画模型——权杖。主要通过 4 个项目介绍权杖大型、中模、高模、低模的制作和权杖材质贴图的制作。

第 5 章　制作次世代游戏动画模型——科幻手枪。主要通过 5 个项目介绍科幻手枪大型、中模、高模、低模的制作和科幻手枪材质贴图的制作。

第 6 章　制作次世代游戏动画模型——东风卡车。主要通过 2 个项目介绍东风卡车模型的制作、展开 UV 和材质贴图的制作。

编著者把 Maya、ZBrush、Adobe Substance 3D Painter 和 Marmoset Toolbag 4 种常用软件的基本功能、新功能、世界技能大赛 3D 数字游戏艺术项目技术规范和比赛流程融入项目的讲解过程中，使学生可以边学边练，既能掌握以上软件的功能，又能掌握次世代游戏动画模型的全流程制作技术，为顺利操作世界技能大赛 3D 数字游戏艺术项目打下坚实的基础。

本书由广东省岭南工商第一技师学院的伍福军、广州大画文化传播有限公司的陈曦昱和广东省岭南工商第一技师学院的张巧玲编著，广东省岭南工商第一技师学院院长陈公凡对本书进行了全面审阅和指导。

本书中涉及的相关参考图仅作为教学范例使用，这些参考图的著作权归原作者及制作公司所有；本书教学视频的录制和素材的整理工作得到广州大画文化传播有限公司的肖寅爽（总经理）、陈昌伟、李淑玲、邱冬媛、区咏文、黄建成和张荣翔的大力支持，一并对他们表示真诚的感谢！

由于编著者水平有限，本书可能存在疏漏之处，敬请广大读者批评指正！编著者电子邮箱：763787922@qq.com；微信：13925029687（手机号同微信号）。

读者若需要本书配套素材和源文件，请登录华信教育资源网下载；若需要本书的教学视频，请扫描本书封底上的二维码。

编著者

2024 年 4 月

目　　录

第1章　关于毕业设计

知识点：

项目1　游戏动画专业毕业设计概况
项目2　毕业设计的表现形式与要求
项目3　毕业设计流程
项目4　毕业设计答辩技巧与成果评价

说明：

本章主要通过项目2、项目3和项目4全面介绍游戏动画专业毕业设计的表现形式、要求、流程、答辩技巧与成果评价。

教学建议课时数：

一般情况下需要20课时，其中理论课时为10课时，实际操作课时为10课时（特殊情况下可做相应调整）。

项目1　游戏动画专业毕业设计概况

一、项目内容简介

本项目主要介绍游戏动画专业毕业设计的目的、作用、基本要求、选题来源和世界技能大赛 3D 数字游戏艺术项目的基本概况。

二、项目效果欣赏

本项目为理论部分，无效果图。

三、项目制作（步骤）流程

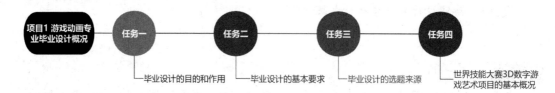

四、项目制作目的

（1）了解毕业设计的目的和作用。
（2）了解世界技能大赛 3D 数字游戏艺术项目的基本概况。
（3）熟悉毕业设计的基本要求。
（4）掌握毕业设计的选题来源。

五、项目详细操作步骤

任务一：毕业设计的目的和作用

1. 毕业设计的目的

毕业设计作为游戏动画专业人才培养方案中的重要教学环节之一，起着至关重要的作用。它作为一门综合实践课程，为学生提供独立完成游戏动画设计项目的机会，旨在考查学生综合运用所学专业理论知识的能力和基本职业技能。通过毕业设计，学生将提升解决问题的能力，并结合时代和市场需求，重新梳理已学知识与技能，使其更加系统化和综合化。

2. 毕业设计的作用

毕业设计是学生在校学习生涯的重要总结，也是评估学生对所学知识与技能综合应用能力的重要手段。同时，毕业设计也成为评价学校人才培养方案和教学质量的重要指标，有效促进了学生、学校与企业、社会之间的互动。它承载着对学生自主学习、创意思维、

解决问题能力和团队合作意识的考核任务，是学生成长和职业发展的关键环节。

游戏动画专业毕业设计的作用主要体现在以下 8 个方面。

1）整合专业知识，训练学生解决实际问题的能力

毕业设计的首要目标是训练学生对所学专业理论知识的综合应用能力。毕业设计过程以学生为主体，旨在训练学生综合运用各种专业理论知识的能力和职业技能，提高他们解决实际问题的能力。

职业教育的目标是传授学生解决各种问题的专业技能和方法。然而，整合和运用所学专业理论知识解决实际问题，为社会提供真正的专业服务，这种综合能力的培养无法在某一门或几门课程中完成，需要相关专业教师共同努力。

在毕业前的半年时间里，学生需要将在校期间所学的专业知识、技能和服务能力以作品的方式呈现出来，这个过程学生对自己在校期间的专业训练进行整合、提炼和应用尝试。在将近 4 个月的毕业设计期间，学生将根据项目需求自主决策，灵活运用所学专业理论知识和职业技能解决实际问题。在这个过程中，他们可以随时与教师和同学进行讨论和交流，得到多角度的指导和帮助。

2）毕业设计作品是学生就业的敲门砖

毕业设计作品是学生就业的最佳敲门砖。刚刚毕业的职业院校学生如何证明自己是优秀的人才？很多用人单位往往以学校级别作为人才选拔的门槛。对于职业院校游戏动画专业的学生而言，唯有通过显示自己毕业设计作品的实力，才能打破这种僵化的人才选拔机制，以此证明自己的能力和潜力。

3）教育互惠，磨砺教师团队是毕业设计的价值体现

毕业设计在培养学生和磨砺教师团队方面具有不可忽视的作用。负责指导毕业设计的教师会深深感受到指导毕业设计项目的难度和挑战远远超出了平常的专业教学范畴。为了应对这种挑战，教师们需要不断学习新知识、掌握新技能，不断充实自己。

游戏动画专业的教学体系涵盖传播学、设计心理学、社会学、经济学和管理学等人文社科基础理论，游戏动画具备独特的知识和技能的表达方式，包括美术、平面设计、三维模型的制作、音频剪辑、视频剪辑以及后期渲染等。可见，掌握各种信息表达技巧是必不可少的，还需要广泛涉猎众多领域，多学科化已经成为游戏动画专业的一个显著特点。除了学生，每位毕业设计指导教师在指导过程中也会面临来自各个方面的挑战。

4）借助毕业设计，推动教学体系的改革和完善

随着新技术的发展，游戏动画领域呈现出无限的可能性，不断突破旧有边界。游戏动画从内容表达、呈现方式到交互功能都发生了重大变化，从单一被动的游戏动画时代发展到多样化的网络、立体、AR/VR、人机互动及元宇宙时代。这些都给游戏动画专业教育带来了持续的挑战。

通过每年的游戏动画毕业设计指导和毕业答辩，教师能够敏锐地感知社会需求和职业技能方面的新突破。通过学生毕业设计项目涉及的领域和采用的技术，教师能够清晰地认识到自身的不足之处。每年的毕业答辩提供了全体教师和行业专家共同总结和评审教学内容和教育体素的机会，大家一起讨论哪些方面需要提升，哪些新领域需要纳入教学内容。

这种持续的反思与努力使得职业院校游戏动画专业的教学体系和教学内容，能够处于不断创新和改进的良性互动之中。

5）发挥游戏动画专业学生的服务意识与能力

游戏动画专业是一门应用性很强的专业，该专业学生在平时的学习和训练应围绕专业知识的学习和服务社会能力提高。除了系统学习专业知识，该专业将所学知识应用于解决实际问题，该专业学生还需要拥有强烈的服务意识。毕业设计可以挥发游戏画专业学生的服务意识和能力。

6）培养游戏动画专业学生的团队协作精神和提高问题解决能力

游戏动画开发是一个需要不同专业人员协同合作才能完成的复杂过程，其中包括策划师、原画师、模型师、动画师和材质贴图制作师参与的多个环节，如引擎输出和后期制作等环节。对于游戏动画专业的学生来说，完成毕业设计同样需要依靠团队协作。

7）挖掘学生潜力，使其发挥特长

在游戏动画专业知识学习过程中，学生接触广泛的知识领域，但在毕业后进入游戏动画行业时，一般需要展示自己最擅长的技能。在制作游戏动画毕业设计项目时，要求小组成员发挥各自的专长，以完成不同内容的呈现。可以说，毕业设计就是就业前的职业技能演练。

8）增强专业荣誉感与校友凝聚力

每年的毕业设计展示与公开答辩已经成为校友们的一次特殊聚会。众多往届毕业生相约回到母校，目睹师弟师妹们的设计展示与公开答辩，再度点燃毕业时的激情。他们与母校教师交流，使母校及时了解社会需求。毕业设计展示与公开答辩不仅加强了师生之间的联系，也深化了校友对母校的情感。许多校友还会带领同事参加毕业设计展示和公开答辩，感受母校毕业设计展示与公开答辩场面的震撼氛围。这种自豪感和归属感对母校而言，是一种珍贵的回报。

视频播放：关于具体介绍，请观看本书配套视频"任务一：毕业设计的目的和作用.wmv"。

任务二：毕业设计的基本要求

1. 毕业设计前提要求

（1）方案内容立足实际、表达清晰，项目功能合理、构思新颖，方案完整，模型细节到位，图文并茂。

（2）在教师的指导下，综合运用所学专业理论知识，提高分析和解决实际问题的能力，熟悉游戏动画项目制作的内容和流程。

（3）合理组合毕业设计组成员，确保团队协作顺畅。

（4）熟练掌握原画绘制技能。

（5）熟练使用相关软件，如 Photoshop、Maya（或 3DS MAX）、Adobe Substance 3D Painter、ZBrush、Marmoset Toolbag、Adobe After Effects 和 Adobe Premiere Pro 等。

（6）熟悉平面排版和颜色搭配基础理论。

2. 毕业设计的内容要求

1）选择毕业设计项目

毕业生根据自己的实际能力，选择以下项目中的一项或几项进行毕业设计：

（1）游戏动画中的道具设计与制作。

（2）游戏动画中的场景设计与制作。

（3）游戏动画中的枪械设计与制作。

（4）游戏动画中的载具设计与制作。

（5）游戏动画中的角色设计与制作。

2）确定毕业设计项目内容

根据选择的毕业设计项目完成以下内容。

（1）设计所选项目的原画。

（2）根据原画制作三维模型。

（3）给三维模型制作纹理贴图。

（4）使用后期渲染软件和游戏引擎输出作品。

（5）毕业答辩和作品展示。

3. 毕业设计的流程要求

（1）确定毕业设计项目后，进行市场调查，查阅相关资料并分析，确定该项目的设计思路和方案。

（2）根据设计方案，绘制项目的原画草图并最终定稿。

（3）基于原画的定稿和参考图，进行二次创作和三维模型制作。

（4）根据原画设计要求，对三维模型展开 UV 和制作纹理贴图。

（5）将三维模型和制作的纹理贴图导入后期渲染软件和游戏引擎，根据项目要求进行编辑。

（6）在后期渲染软件和游戏引擎中编辑和调节效果，确保达到要求并输出最终作品（如图片或动画）。

（7）根据学校和毕业设计指导教师的要求，进行布展。

（8）进行答辩和评审。

4. 毕业设计选题和形式要求

（1）毕业设计选题应当在游戏动画专业范围内，并且符合游戏动画专业的特点。

（2）毕业设计选题需要由毕业设计指导教师最终审定。

（3）选题需要结合学生的游戏动画设计实践及世界技能大赛 3D 数字游戏艺术项目的技术规范，选择应用性较强且符合行业技术规范的选题。

（4）毕业设计应在毕业设计指导教师的指导下独立完成或由小组合作完成，杜绝一切抄袭和剽窃行为。每个人或每个小组应独立完成一个项目。

5. 毕业答辩要求

（1）答辩前两周，学生需将装订成册的设计方案、原画、作品和相关资料（包括毕业设计画册和毕业设计展板的电子版）提交给毕业设计指导教师审核。

（2）审核通过后，学生可以准备答辩所需的 PPT 演示文稿、毕业设计画册和模板。

（3）毕业设计答辩讲解时间应控制在 10min 内，学生需回答毕业设计指导教师和企业专家的提问，并确保整个答辩过程所占时间不超过 30min。为了做好答辩的汇报准备工作，学生应提前准备预设提问的备案、PPT 演示文稿、必要的支撑材料、用于记录的纸笔等。

（4）答辩结束后，学生应根据毕业设计指导教师和企业专家的意见对毕业设计进行修改和完善。修改完善后，上交彩色毕业设计打印稿备查留存。

6. 毕业设计展示要求

（1）毕业设计展板。采用彩色喷绘的亚克力板，尺寸为 90cm×120cm。该展板的尺寸可根据展览场地和作品数量进行调整。

（2）打印一套 3D 模型。根据实际需要打印一套 3D 模型。

（3）动画展示视频。根据实际需要准备相应的动画展示视频。

（4）毕业设计画册。采用 16K 规格，以 CMYK 彩色模式打印，并装订成册。

视频播放：关于具体介绍，请观看本书配套视频"**任务二：毕业设计的基本要求.wmv**"。

任务三：毕业设计的选题来源

对于职业院校游戏动画专业学生而言，毕业设计选题主要包括道具设计、场景设计、枪械设计、载具设计、角色设计和动画短片制作等。

游戏动画专业毕业设计选题要符合本专业的培养目标和教学要求，实现职业技能与企业岗位或岗位群之间的有效衔接。毕业设计选题必须与企业岗位或岗位群的实际要求紧密结合，同时结合企业、行业和世界技能大赛 3D 数字游戏艺术项目的技术规范，选择具有专业性、应用性和创新性的选题。学生需要根据自身的实际情况和专业特长，选择适当的主题和方向，以便制作出符合要求的毕业作品。

毕业设计选题主要来自以下两个方面。

1. 校企合作项目

校企合作项目以就业为指导，以企业项目为依托，旨在培养学生的实践能力，并将毕业设计与学生未来从事的职业和岗位有机结合起来，为学生就业做良好铺垫。

毕业设计选题既要反映学生对专业知识的综合应用能力，体现他们分析问题和解决问题的能力，又要体现游戏动画设计专业的特点。校企合作项目由企业负责，可以从企业实际出发，选择符合特定需求和准确性的选题。例如，选择企业已经完成或正在进行的项目，

以确保毕业设计选题的可行性和真实性。这种方式不仅可以弥补毕业设计与社会需求之间的差距，还能提高毕业设计指导教师和学生的实践能力。

2. 世界技能大赛 3D 数字游戏艺术项目

世界技能大赛被誉为世界技能领域的"奥林匹克"，其级别高、规模大且影响力广。世界技能大赛的技术标准是游戏动画行业最高、最先进和最规范的准则之一。近几年，世界技能大赛 3D 数字游戏艺术项目不断更新，越来越多地体现其与产业发展的同步性。越来越多的企业参与并关注世界技能大赛，对具备参赛水平的学生评价较高。将世界技能大赛 3D 数字游戏艺术项目的技术文件和考核标准应用于游戏动画专业的毕业设计中，可以使毕业生更符合企业的需求，提高他们的就业竞争力。

视频播放： 关于具体介绍，请观看本书配套视频"任务三：毕业设计的选题来源.wmv"。

任务四：世界技能大赛 3D 数字游戏艺术项目的基本概况

作为第 44 届世界技能大赛创意艺术与时尚竞赛类别中的新项目，3D 数字游戏艺术项目涵盖以下 4 个主要技能模块。

模块一：概念设计。

模块二：3D 建模。

模块三：展开 UV 与制作贴图。

模块四：绑定模型、调节动画与引擎输出。

世界技能大赛 3D 数字游戏艺术项目旨在评估参赛选手在创意和技能方面的卓越表现。参赛选手需要将美学和人文知识运用到作品中，通过数字化 3D 技术呈现，并符合行业规范和标准。该项目通过试题、模块化测试和非模块化测试考查参赛选手对色彩、比例、结构、造型等美学设计知识的掌握情况，以及运用视觉呈现和 3D 设计软件技术的熟练程度。参赛选手需要在规定的时间内完成独具特色、准确表达且符合规范要求的创意设计作品。

截至目前，已举办了 46 届世界技能大赛，该大赛的技术标准和规范流程也一直与企业和行业的标准保持一致。

视频播放： 关于具体介绍，请观看本书配套视频"任务四：世界技能大赛 3D 数字游戏艺术项目的基本概况.wmv"。

六、项目拓展训练

根据实际情况，确定一个适合自己的毕业设计选题，并与毕业设计指导教师进行沟通，以完善毕业设计构想。

项目 2　毕业设计的表现形式与要求

一、项目内容简介

本项目主要涉及游戏动画专业毕业设计的方案表达、表现形式、设计要求以及世界技能大赛 3D 数字游戏艺术项目的样题和评分标准，旨在帮助学生理解并掌握毕业设计过程中的设计方案表达技巧、创意表现方法，以及世界技能大赛中 3D 数字游戏艺术项目所要求的技能要素。通过本项目的学习，学生能够提升自己的设计能力，准确地表达设计意图，并达到毕业设计的要求。

二、项目效果欣赏

三、项目制作（步骤）流程

项目2 毕业设计的表现形式与要求 — 任务一 设计方案的表达 — 任务二 毕业设计的表现形式 — 任务三 毕业设计要求 — 任务四 世界技能大赛3D数字游戏艺术项目的样题 — 任务五 世界技能大赛3D数字游戏艺术项目的评分标准

四、项目制作目的

（1）了解世界技能大赛 3D 数字游戏艺术项目的样题。

（2）了解世界技能大赛 3D 数字游戏艺术项目的评分标准。

（3）掌握设计方案的表达技巧。

（4）熟悉毕业设计的表现形式及要求。

五、项目详细操作步骤

任务一：设计方案的表达

设计方案在毕业设计中具有重要的地位，优秀的文字表达可以提升设计方案的品质。设计方案的主要功能是用文字展现设计思路和过程。

一般来说，设计方案包括项目概况、设计方案分析和设计成果展示三个主要部分。某些具体的设计项目还可进一步细化或合并。

1. 项目概况

（1）毕业设计选题背景。毕业设计选题的背景非常重要，需要明确其研究的基本内容、拟解决的主要问题、研究的目的和意义。首先，应该详细说明作者是如何发现所研究的问题的，即选题的背景是什么，基于什么方法或理论，受到了什么启发而选择这项设计项目。通常可以从国内外游戏动画行业关注的问题出发，提出研究方向。其次，要突出该选题在理论上的创新性，通过分析国内外相关领域的研究现状，指出自己的选题与主流观点的差异性，从而突出自己的选题在理论上的创新性。

（2）可行性分析。对项目的可行性进行综合考虑，包括技术、价值、流程和方法等多个方面。从技术角度分析项目是否能够实现，是否存在必要的技术支持和资源。从价值角度，分析项目是否有足够的市场需求和经济价值；从流程角度，分析项目的合理性，包括项目是否符合合理的工作流程和计划安排；从方法角度，分析项目是否存在更简单、更高效的实现方法和技巧。综合分析这些方面，以确保项目的可行性并成功实施。

（3）现状分析。对项目目前的优势和局限进行全面评估，可以从游戏动画的风格、受众群体和市场定位等方面进行分析。通过分析游戏动画的风格，了解项目与竞争作品的区别和特点。对受众群体，可以准确定位项目的目标用户，并针对他们的需求进行有效设计。市场定位是一个重要的分析维度，通过分析项目在市场中的定位，可以制定出更加精准的营销策略。

2. 设计方案分析

设计方案分析主要从以下 5 个方面进行。

（1）设计理念。在构思游戏动画作品时，设计师确立的主导思想赋予作品独特的文化内涵和风格特点。一个好的设计理念至关重要，它不仅是设计的精髓，也是作品个性化和专业化的体现。对设计理念，可以从关键性、明确性、创新性、贴切性和抽象性等方面进行阐述。

（2）设计构思。设计构思是指设计方案思想性的体现。在具体的设计项目中，需要体现想象力和主题，一个好的作品应该有明确的设计意图和丰富的情节。巧妙地运用技巧表达设计构思是至关重要的，并且需要具备将构想转换成图解的能力。在设计构思的过程中，多画草图成为记录灵感的重要手段。

（3）受众群体分析。在游戏动画设计中，对受众群体进行分析是至关重要的。不同的受众群体对作品的风格、节奏、表现形式和色彩基调有不同的偏好和需求。

（4）设计元素。设计元素是指在设计方案中反复出现、与项目密切结合且具有独特性的设计单元。游戏动画中的道具、场景、角色造型设计及色彩搭配都涉及美学和艺术基础知识。设计元素相当于设计中的基础符号，是为设计手段准备的基础单位，大致可分为概念元素、视觉元素、关系元素和实用元素四类。

（5）设计说明。设计说明包括设计主题、设计手法、所使用的软件、设计流程、设计结构及设计感言等内容。通过简洁的语言，对以上内容进行总结和说明。

3. 设计成果展示

游戏动画设计成果展示包括原画、模型、3D 打印实物模型、各种通道贴图、渲染效果图、动画视频和 VR 体验效果。这些展示形式能够全面展示设计方案的成果和特点，帮助观众更好地理解和欣赏设计的创意和实现。原画可以展示设计师的创意构思和绘画技巧，模型和 3D 打印实物模型能够呈现作品三维空间中的实体，通道贴图和渲染效果图展示作品在光影和材质上的呈现效果，动画视频和 VR 体验效果能够以生动的方式呈现设计方案的动态效果和交互体验。通过这样的设计成果展示，毕业生不仅能够展示自己的才华和专业能力，还能够吸引潜在的合作伙伴和用户的关注，从而助力毕业生顺利就业。

视频播放：关于具体介绍，请观看本书配套视频"任务一：设计方案的表达.wmv"。

任务二：毕业设计的表现形式

游戏动画专业毕业设计的表现形式主要有渲染效果图、画册、视频、VR 体验和 3D 打印实物模型 5 种表现形式。

1. 渲染效果图

渲染效果图展示的内容主要包括作者信息、毕业设计指导教师、设计主题和设计说明等。用于展示的渲染效果图的尺寸规格一般为 A2、A1、60cm×100cm 和 90cm×120cm 等。具体尺寸规格的选择需要根据展示场地和毕业设计的总体规划进行相应调整。

图 1.1 所示为某校游戏动画专业毕业生作品渲染效果图。

2. 画册

画册主要有两种类型：一种是学校将某届毕业生的作品编制成一本画册，作为学校专业成果展示的重要宣传资料；另一种是学生将自己的作品编制成一本画册，作为找工作时证明个人实力的重要资料。

学生可以根据自身情况选择适合自己的类型。如果自己的作品在本届毕业生中较为优秀，可以选择由学校编制的本届毕业生作品画册；如果自己的作品数量较多，但在本届毕业生中并无特别出众之处，可以选择将其编制成个人画册。

图 1.1 某校游戏动画专业毕业生作品渲染效果图

图 1.2 所示为某校近几年的毕业生作品画册封面。

图 1.2 某校近几年的毕业生作品画册封面

3. 视频

游戏动画专业毕业生的作品主要表现形式为渲染效果图和动画视频。通常视频的尺寸为 1980×1080 像素，如果设备和条件允许，也可以制作成 4K 尺寸。通常会将所有毕业生的作品剪辑成一个视频，并配上背景音乐和解说词，这是学校展示专业成果的绝佳方式。图 1.3 所示为某校毕业生作品视频的部分截图。

4. VR 体验

VR 体验是指将完成的模型和制作的纹理贴图导入虚幻引擎，设置交互事件，让用户戴上 VR 头盔，通过手柄与计算机进行互动体验。

图 1.3　某校毕业生作品视频的部分截图

图 1.4 所示为某校毕业生制作的建筑 VR 体验效果部分截图。

图 1.4　某校毕业生制作的建筑 VR 体验效果部分截图

5. 3D 打印实物模型

如果学校具备条件，可以考虑将学生制作的高精度 3D 模型通过 3D 打印设备，打印成实物模型进行展示。这样，不仅可以更加直观地呈现作品的细节和质感，也能够给观众带来更加真实的触感和体验感，进一步提升作品的吸引力和展示效果。

视频播放：关于具体介绍，请观看本书配套视频"任务二：毕业设计的表现形式.wmv"。

任务三：毕业设计要求

游戏动画专业在毕业生做毕业设计之前，需要掌握一定的文字表达和归纳能力，熟练掌握概念设计、3D 建模、展开 UV 与制作贴图、绑定模型与调节动画、引擎输出等相关技能，以及技术流程和规范，具有一定的文字处理和排版能力。

1. 文字表达和归纳能力的要求

能够准确表达主题思想、设计理念、设计构思和设计思路。实施计划方案的描述应该条理清晰，汇报归纳总结到位。这样，毕业设计指导教师和企业专家才能根据毕业生的设计方案和实施计划评判选题是否合理、可行，以及能否在规定时间内顺利完成。

2. 组织和管理能力的要求

组织和管理能力的要求主要包括基本知识和工作能力两个方面的要求。

1）基本知识的要求

（1）安全工作规程和要求。

（2）特定行业和作用的术语。

（3）如何规划与管理时间和任务。

（4）定期存储备份文件，避免文件损失。

（5）优化任务的文件管理和结构，以及硬件之间的最佳使用转换。

2）工作能力的要求

（1）始终遵守职业标准。

（2）负责所有生产流程。

（3）建立和维护文件结构。

（4）管理和利用时间。

（5）从崩溃的操作系统中恢复工作数据。

（6）善于与他人沟通和分享共同利益。

3. 设计概要的理解与解释要求

设计概要的理解与解释要求主要包括基本知识和工作能力两个方面的要求。

1）基本知识的要求

（1）了解 3D 数字游戏市场。

（2）如何设定一个特定的风格。

（3）了解硬件设施的特性，保持合理的多边形面数量和贴图大小。

（4）制作清单的优先级，以确定什么是最重要的部分和什么可复制与再利用。

2）工作能力的要求

（1）确定艺术风格、颜色、主题和受众群体。

（2）根据多媒体平台、流派和游戏类型选择合适的方法。

（3）制作模型的清单和时间表，控制多边形面的数量和纹理贴图的大小。

4. 概念设计的要求

概念设计的要求主要包括基本知识和工作能力两个方面的要求。

1）基本知识的要求

（1）描绘人物（角色）和物体（道具）的形态、情绪、体量与运动特征。

（2）利用绘画技巧突出重点，以吸引观众的注意力。

（3）应用颜色基本理论选择基色、二级色，以及颜色的混合和平衡。

2）工作能力的要求

（1）应用线条、阴影、透视、比例、灯光和阴影刻画物体。

（2）使用定制的笔刷体现适当的效果，提高工作效率。

（3）选择适当的软件用最短的时间绘制概念设计图，并取得最佳视觉效果。

（4）审视和选择每个概念草图，提前了解作品三维模型的外观。

5. 3D 建模要求

3D 建模要求主要包括基本知识和工作能力两个方面的要求。

1）基本知识的要求

（1）如何用多边形知识制作 3D 模型。

（2）运用对称性创建一个基本模型，以便在以后的过程中有效地利用材料。

（3）合理布线，突出模型细节。

（4）整体布线合理均匀。

2）工作能力的要求

（1）选择合适的 3D 建模软件制作模型，如 3DS MAX、Maya 或 ZBrush 等软件。

（2）运用雕刻技巧和建模造型技巧，从初始造型开始制作模型。

（3）使用雕刻工具制作模型的细节。

6. 展开 UV 的要求

展开 UV 的要求主要包括基本知识和工作能力两个方面的要求。

1）基本知识的要求

（1）最大限度地利用镜像技巧制作纹理与纹理密度。

（2）按模型的重要程度分配贴图比例。

（3）最大限度地使用纹理，但避免壳之间的颜色外溢。

（4）用颜色分组，以避免颜色的外溢。

2）工作能力的要求

（1）使用 UV 展开工具，将贴图投影到 3D 模型的所有表面上。

（2）将模型表面分离成适当的贴图外壳，使其在 UV 空间变平。

（3）充分利用空间排列 UV。

（4）把相似颜色的 UV 分到一组中。

（5）将 UV 坐标导出到纹理工具或绘图软件中。

7. 贴图的要求

贴图的要求主要包括基本知识和工作能力两个方面的要求。

1）基本知识的要求

（1）能绘制各种物理材料，如木材、塑料、金属和其他物质等。

（2）颜色贴图能反映材质的基本纹理色彩。

（3）高光贴图不仅能反映逼真的金属和塑料材质肌理，还能反映潮湿和油性表面材质肌理。

（4）对于透明贴图，可以使用 Alpha 通道贴图生成复杂物体，如草、头发、树枝和电线等。

（5）使用法线贴图（Normal Maps）产生高分辨率且细节化的模型，可以把细节烘焙到低分辨率模型上。

（6）对于 OCC 贴图可以利用多边形的三维信息将阴影渲染到平面纹理上，以便制作细节。

2）工作能力的要求

（1）选择合适的软件制作纹理贴图，如 Photoshop（图像处理软件）和 Adobe Substance 3D Painter；掌握 PBR 材质节点纹理。

（2）通过各种物理材质素材制作符合设计草图的贴图效果。

（3）画出或生成高光贴图，以体现物体的高光或光泽镜面效果。

（4）制作透明贴图，用于制作复杂物体。

（5）使用熟悉的软件导出 Normal Maps。

（6）渲染 OCC 贴图强化阴影效果。

8. 导入游戏引擎的要求

导入游戏引擎的要求主要包括基本知识和工作能力两个方面的要求。

1）基本知识要求

（1）利用模型材质和灯光效果共同营造渲染效果，给渲染效果添加后期特效和绘画效果。

（2）导出文件的方式和文件的格式必须正确，使之能够被导入游戏引擎。

（3）导入后需要根据游戏引擎的不同使用方法进行相应的设置。

（4）测试游戏引擎中的模型和动画变形是否正确，纹理和灯光照射角度是否正确。

2）工作能力要求

（1）选择合适的渲染器渲染对象。

（2）选择合适的灯光和合理的参数，以便突出模型的最好品质。

（3）先导出 3D 模型和动画再把它们导入游戏引擎。

（4）选择合适的游戏引擎测试模型、UV 和模型变形是否存在错误。

9. 构图和排版的要求

根据毕业设计指导教师和企业专家的建议，选择合适的构图和排版软件，对自己的作品进行构图和排版。主要包括画册的构图和排版、展板的构图和排版。

10. 需要掌握的软件

需要掌握的软件主要有以下几大类。

（1）文字处理和排版软件。文字处理和排版软件主要有 Word 和 WPS（二选一）。

（2）图像处理和纹理绘制软件。图像处理软件主要使用 Photoshop，纹理绘制软件主要使用 Adobe Substance 3D Painter。

（3）3D 模型制作软件。3D 模型制作软件主要有 3DS MAX 或 Maya（二选一）。

（4）模型雕刻软件。模型雕刻软件主要有 Zbrush 或 3D Coat。

（5）游戏引擎输出软件。游戏引擎输出软件主要有 Marmoset Toolbag 或 Unreal Engine（二选一）。

视频播放：关于具体介绍，请观看本书配套视频"任务三：毕业设计要求.wmv"。

任务四：世界技能大赛 3D 数字游戏艺术项目的样题

世界技能大赛 3D 数字游戏艺术项目的比赛流程是目前数字游戏行业的最新行业标准和流程。游戏动画专业毕业生如果按照世界技能大赛 3D 数字游戏艺术项目的比赛规则和流程进行毕业设计创作，非常有利于就业。

世界技能大赛 3D 数字游戏艺术项目比赛样题如下。

模块一：概念设计

★比赛时间：2h（这是比赛时间，在做毕业设计时，需要根据自己的需要确定时间，概念设计可能需要 4～5 周时间）。

★简介

为一款次世代主机游戏（Xbox One/PS4 版本）进行角色概念设计，游戏类型为 ARGP。

★游戏故事背景

在太阳系第四纪，"人类"为了发展需要不断扩张，边际触及了同样需要繁衍而扩张的"神族"。"人类"的发展挤压了其他种族生存空间，引起不可调和的矛盾，最终只能用战争解决。为了胜利，"人类"用科技让动物有了智慧并驱使其战争，这些动物被称为"妖族"。拥有智慧的"妖族"岂会甘心被驱使。结果，两个种族之间的争夺变成了三族之间的纷争。

★文件存储要求

（1）在计算机 E 盘创建一个文件夹，将它命名为 YY_MOD1（其中 YY 代表你的工作台号码）。

（2）此文件夹包括以下两个子文件夹："Task1"和"Task2"。

（3）这些文件夹里必须包含以下文件夹：

① 一个名为"Original"的文件夹，其中包括工作过程中使用的文件。

② 另一个名为"Final"的文件夹，其中包括项目任务要求提交的文件。

（4）所有文件或文件夹仅允许使用英文名称，文件命名合理规范，存储路径清晰，便于后期存档查找与检查评分。源文件内部命名、结构合理规范，无多余和无用的数据。

（5）比赛结束前请把 YY_MOD1 文件复制到监考人员发放的 U 盘中，监考人员将在比赛结束时回收 U 盘。评分时，以 U 盘中的文件为准。

（6）请留存好 E 盘中的各模块完整文件，以供后续模块使用。

★模块一的任务一：形态设计

（1）设计角色要求。根据以上剧情，为一名"妖族"战士进行概念设计，其身高为 1.8～2.0m，体型为半人半怪形态，要求完成两个不同姿势的"妖族"战士草图方案，并且每个草图方案在设计上不能有相同之处。

（2）对两个草图方案进行优化设计并完成一个形态设计方案定稿。此定稿需使用来自两个草图方案中的部分设计，且细节比草图方案更加具体，角色动作不可重复。

（3）草图方案与设计方案定稿需要设计符合角色特征、职业特点的动态姿势。

★技术规范要求

（1）使用软件：Photoshop。

（2）图像数据类型：仅为位图。

（3）形态设计：包括身体、装备、武器 3 个方面的设计。

（4）色彩要求：黑白稿设计，要求黑白灰关系清晰，草图方案中明确使用 5 种以上灰阶。

（5）分辨率：2560×1440 像素。

（6）色彩模式：RGB。

★必须提交的文件

（1）文件存储要求中规定的文件夹。

（2）只有存储在 Final 文件夹中的文件才会被评分。

（3）只有符合主题要求的设计才会被评分。

（4）一个关于形态设计的 PSD 源文件，其中包括两个形态草图方案和一个形态设计方案定稿，共三个方案。

（5）草图方案为一个图层，定稿为一个图层。

（6）两个关于形态设计的 JPG 格式图片，分辨率为 2560×1440 像素，文件内容分别是上述 PSD 源文件的两个图层。

（7）文件命名要求：MST_Concept_yy-1,MST_Concept_YY-2（其中 YY 代表你的工作台号码）。

★模块一的任务二：配色方案

（1）请在任务一的形态设计方案定稿基础上设计完整配色方案。需使用阴影、高光、线条体现不同材质的质感、衣服褶皱纹理、配饰、装备及武器等细节，并正确表示角色的身体比例，要求使用两种或两种以上自定义笔刷。

（2）分辨率：2560×1440 像素。

★技术规范要求

（1）使用软件 Photoshop。

（2）图像数据类型：仅为位图。

（3）色彩要求：配色方案中明确使用 3 种或 3 种以上不同颜色并有明确的色调。

（4）比例图示：使用比例图示表达角色比例。

（5）自定义笔刷：使用两种或两种以上自定义笔刷。

（6）分辨率：2560×1440 像素或 300PPI（像素/英寸）。

（7）色彩模式：RGB。

★必须提交的文件

（1）文件存储要求中规定的文件夹。

（2）只有存储在 Final 文件夹中的文件才会被评分。

（3）只有符合主题要求的设计才会被评分。

（4）一个关于配色设计的 PSD 源文件。

（5）一个关于配色设计的 JPG 格式图片，其分辨率为 2560×1400 像素，文件内容同 PSD 源文件。

（6）文件命名要求：MST_Color_YY（其中 YY 代表你的工作台号码）。

模块二： 3D 建模

★比赛时间：5h（这是比赛时间，在做毕业设计时，需要根据自己的需要确定时间，3D 建模可能需要 4～5 周时间）。

★简介

根据模块一中完成的概念设计，制作角色的三维模型，以及道具、武器模型。说明：所制作的游戏为高质量次世代游戏，需要匹配概念设计，模型细节丰富。

★文件存储要求

（1）在计算机 E 盘创建一个文件夹，将它命名为 YY_MOD2（其中 YY 代表你的工作台号码）。

（2）此文件夹包括以下两个子文件夹："Task1" 和 "Task2"。

（3）这些文件夹里必须包含以下文件夹：

① 一个名为 "Original" 的文件夹，其中包括工作过程中使用的文件。

② 另一个名为 "Final" 的文件夹，其中包括项目任务要求提交的文件。

（4）所有文件或文件夹仅允许使用英文名称，文件命名合理规范，存储路径清晰，便于后期存档查找与检查评分。源文件内部命名、结构合理规范，无多余和无用的数据。

（5）三维源文件命名要求：MST_YY（其中 YY 代表你的工作台号码）。

（6）比赛结束前 3min 把 YY_MOD2 文件夹复制到监考人员发放的 U 盘中，监考人员将在比赛结束时收回 U 盘。评分时，以 U 盘中文件为准。

（7）请留存好 E 盘中的各模块的完整文件，以供后续模块使用。

（8）比赛结束时请立刻停止任何操作。

★模块二的任务一：角色模型制作

根据模块一中完成的概念设计制作三维模型。

★技术规范要求

（1）使用软件：Maya 或 3DS MAX。

（2）大小比例：符合真实物理尺寸，人物身高为 1.8～2.0m。

（3）多边形面数量：三边形面数量在 3 万个以内（重要部位需分配额外多的面，如面部）。

（4）多边形边数：不能出现 4 条边以上的多边形。

（5）对称处理：对左右结构一致的模型需进行对称处理。

（6）法线方向：法线方向一致且朝外。

（7）需冻结模型变换属性。

（8）零件/部件模型：不允许整体合并零件/部件模型，每个零件/部件模型的命名以 "MST_" 为前缀，后续名字清楚表明具体零件/部件模型的名称。

（9）根据类别，零件/部件模型分别置于 "MST_Body"、"MST_Armor"、"MST_Weapon" 3 个组中，组内小组需以 "MST_" 为前缀，清晰表达组内文件内容。

（10）模型分类：按材质的不同将模型分类，将同一材质的模型分为一组，组以 MST_Model_YY（其中 YY 代表你的工作台号码）命名。

（11）角色五官细节清晰明了，能完整呈现角色特征，脸部肌肉需符合表情运动规律。

（12）角色身体需体现上半身肌肉形态，布线需满足动画需要，不允许删除遮挡面。

（13）角色携带的装备需用布（或皮）料与金属盔甲相结合。

（14）模型显示双面照明效果。

★必须提交的文件

（1）文件存储要求中规定的文件夹。

（2）只有存储在 Final 文件夹中的文件才会被评分。

（3）一个三维模型的 MA 源文件或 3DS MAX 源文件。

（4）一个模块一中提交的 JPG 格式配色方案定稿，以供评分参考，分辨率为 2560×1440 像素。

（5）文件夹中不允许出现其他无关文件。

★模块二的任务二：制作贴图

根据模块一中完成的概念设计，对任务一中完成的三维模型进行细节雕刻。

★技术规范要求

（1）使用软件：ZBrush。

（2）模型导入：需完整导入在任务一中完成的模型。

（3）需雕刻角色上半身肌肉形态。

（4）需雕刻角色携带的装备模型，从雕刻效果能判断出不同材质。

（5）赋予材质：指定的材质为 Basic Material。

（6）细分历史：保留细分级别历史。

★必须提交的文件

（1）文件存储要求中规定的文件夹。

（2）只有存储在 Final 文件夹中的文件才会被评分。

（3）一个 ZTL 格式文件。

（4）文件夹中不允许出现其他无关文件。

模块三：展开 UV 与制作贴图

★比赛时间：4h（这是比赛时间，在做毕业设计时，需要根据自己的需要确定时间，展开 UV 与制作贴图可能需要 4～5 周时间）。

★简介

为模块二中制作好的模型展开 UV，并按照模块一中完成的概念设计中制作该模型的贴图。

★文件存储要求

（1）在计算机 E 盘创建一个文件夹，将它命名为 YY_MOD3（其中 YY 代表你的工作台号码）。

（2）此文件夹包括以下两个子文件夹："Task1" 和 "Task2"。

（3）这些文件夹里必须包含以下文件夹：

① 一个名为 "Original" 的文件夹，其中包括工作过程中使用的文件。

② 另一个名为"Final"的文件夹，其中包括项目任务要求提交的文件。

（4）所有文件或文件夹仅允许使用英文名称，文件命名合理规范，存储路径清晰，便于后期存档查找与检查评分。源文件内部命名、结构合理规范，无多余和无用的数据。

（5）三维文件命名要求：MST_YY（其中 YY 代表你的工作台号码）。

（6）比赛结束前把 YY_MOD3 文件夹复制到监考人员发放的 U 盘中，监考人员将在比赛结束时收回 U 盘。评分时，以 U 盘中的文件为准。

（7）请留存好 E 盘中的各模块完整文件，以供后续模块使用。

★模块三的任务一：展开 UV

为模块二中制作好的模型合理展开 UV。

★技术规范要求

（1）使用软件：Maya 或 3DS MAX。

（2）对使用同一套 UV 的多个模型，需要分组处理。

（3）可使用多套 UV。

（4）UV 出血：各个 UV 块不能紧挨甚至穿插，不能错误地翻转 UV 面。

（5）UV 对称处理：对左右结构一致但分离的零件/部件模型，UV 需要对称处理，以节约贴图空间，对称部分进行重叠处理。

（6）UV 重叠：对相同模型 UV 需重叠处理。

（7）UV 排列：UV 区域不得超出 U1V1 象限。

（8）UV 像素比例：UV 排列整齐，对关键部位的 UV 需放大处理，以便绘制更多细节。

（9）为模型赋予黑白格子纹理，格子大小需合理体现 UV 展开的质量。

（10）目标贴图分辨率为 2048×2048 像素。

★必须提交的文件

（1）文件存储要求中规定的文件夹。

（2）只有存储在 Final 文件夹中的文件才会被评分。

（3）一个已完成 UV 展开的模型 MA 源文件或 3DS MAX 源文件。

（4）一个或多个 UV Snapshot 的 TGA 格式文件，分辨率为 2048×2048 像素。

（5）文件夹中不允许出现其他无关文件。

★模块三的任务二：制作贴图

根据模块一中完成的概念设计，给任务一中已展开 UV 的模型制作贴图，并渲染静帧。

★技术规范要求

（1）使用软件：Adobe Substance 3D Painter、Marmoset Toolbag。

（2）Adobe Substance 3D Painter 贴图分辨率：2048×2048 像素。

（3）Adobe Substance 3D Painter 贴图烘焙：至少正确烘焙 AO、Curvature、Position、Normal 通道贴图。

（4）使用 Adobe Substance 3D Painter 软件制作贴图，需要遵循 PBR 流程，即一套完整贴图至少含有 Color、Roughness、Metalness、Normal 通道贴图。

（5）为方便查看模型，需要在模型总组中添加 Turntable 命令。

（6）合理使用透明贴图体现贴图表面细节。

（7）使用 Marmoset Toolbag 导入模型及其贴图并按要求完成渲染，合理设置灯光效果、镜头角度和渲染效果。

★必须提交的文件

（1）文件存储要求中规定的文件夹。

（2）只有存储在 Final 文件夹中的文件才会被评分。

（3）一个已完成的 SPP 源文件。

（4）提交 6 张最终完成的渲染效果图，分别为正面渲染效果图、背面渲染效果图、正侧面渲染效果图、45°渲染效果图以及两个任选的局部特写。文件格式为 PNG 格式，分辨率为 1920×2048 像素。

（5）Final 文件夹中应含有模块一中完成的概念设计定稿配色方案。

（6）Final 文件夹中应含有已完成的 TGA 格式 PBR 贴图一套，分辨率为 2048×2048 像素。

（7）Final 文件夹中应含有已展开 UV 的模型 FBX 格式文件。

（8）Final 文件夹中应含有导入的模型、灯光和 Marmoset Toolbag 源文件。

（9）文件夹中不允许出现其他无关文件。

模块四：绑定模型、调节动画与引擎输出

★比赛时间：2h（这是比赛时间，在做毕业设计时，需要根据自己的需要确定时间，绑定模型、调节动画与引擎输出可能需要 3～4 周时间）。

★简介

为模块二中制作好的模型绑定骨骼和蒙皮，然后为角色制作连续的攻击动作，并按要求将其导入游戏引擎。要求角色攻击动作不少于 36 帧。

★文件存储要求

（1）在计算机 E 盘创建一个文件夹，将它命名为 YY_MOD4（其中 YY 代表你的工作台号码）。

（2）此文件夹包括以下两个子文件夹："Task1" 和 "Task2"。

（3）这些文件夹里必须包含以下文件夹：

① 一个名为 "Original" 的文件夹，其中包括工作过程中使用的文件。

② 另一个名为 "Final" 的文件夹，其中包括项目任务要求提交的文件。

（4）所有文件或文件夹仅允许使用英文名称，文件命名合理规范，存储路径清晰，便于后期存档查找与检查评分。源文件内部命名、结构合理规范，无多余和无用的数据。

（5）比赛结束前把 YY_MOD4 文件夹复制到监考人员发放的 U 盘中，监考人员将在比赛结束时收回 U 盘。评分时，以 U 盘中的文件为准。

（6）请留存好 E 盘中的各模块完整文件，以供后续模块使用。

★模块四的任务一：绑定模型和调节动画

为模块二中制作好的模型绑定骨骼和蒙皮，然后为角色制作一些动作，并按要求导入游戏引擎。要求角色的动作为循环攻击动作。

★技术规范要求

（1）使用软件：Maya 或 3DS MAX。

（2）制作骨骼：骨骼数量完整，位置正确，命名规范。

（3）绑定并绘制权重：完整绘制蒙皮权重。

（4）制作控制系统：完成控制系统的制作，控制器能满足动画需求。

（5）完成动画制作：完成不少于 36 帧的角色攻击动画制作，首尾相同，能够无缝循环播放。

（6）导出动画：烘焙动画并导出为 FBX 格式文件。

（7）帧速率：24 帧/秒。

★必须提交的文件

（1）文件存储要求中规定的文件夹。

（2）只有存储在 Final 文件夹中的文件才会被评分。

（3）一个已绑定蒙皮与模型的 Maya 源文件或 3DS MAX 源文件。

（4）一个已完成烘焙的 FBX 格式文件。

★任务二：引擎输出

把任务一中完成的动画导入游戏引擎并完成渲染。

★技术规范要求

（1）使用软件：Marmoset Toolbag。

（2）文件的命名与结构：结构整洁合理，文件的命名必须便于他人阅读理解。

（3）导入动画：导入任务一完成的 FBX 格式文件。

（4）导入贴图：导入完整的 PBR 贴图，即至少包含 Albedo、Gloss、Metalness、Normal 通道贴图。若需要用到透明贴图，则需包含 Transparency。

（5）灯光和渲染参数设置：合理布置环境，调节灯光照射角度，设置渲染参数等，以便更好地体现模型及其贴图质量（至少需设置 3 个灯光）。

（6）新建自定义镜头，以展示动画，需合理命名镜头名称。

（7）渲染出图：动画文件格式为 MP4，分辨率为 1920×1080 像素，编码为 H.264。

★必须提交的文件

（1）文件存储要求中规定的文件夹。

（2）只有存储在 Final 文件夹中的文件才会被评分。

（3）一个已完成的动画和已设置灯光效果的材质贴图的 TBSCENE 源文件（此文件目录中应含有模块二中完成的 PBR 贴图一套，任务一中完成的 FBX 格式文件）。

（4）一个已渲染的 MP4 格式动画文件，分辨率为 1920×1080 像素，编码为 H.264。

视频播放：关于具体介绍，请观看本书配套视频"任务四：世界技能大赛 3D 数字游戏艺术项目的样题.wmv"。

任务五：世界技能大赛 3D 数字游戏艺术项目的评分标准

世界技能大赛 3D 数字游戏艺术项目的评分主要分客观分和裁决（主观）分的评分两大部分，以全面考核选手的工作能力、技术能力和艺术修养 3 个方面的综合能力。

1. 概念设计评分标准（模块一）

1）概念设计客观评分标准

概念设计客观评分标准见表 1-1。

表 1-1　概念设计客观评分标准

技能项目编号：D01	技能项目名称：3D 数字游戏艺术			比赛时间：	
选手姓名/编号：					
评分子标准名称：概念设计			评分子标准编号：A1		
制表人：			制表时间：		
编号	WSS 规则	最高分值	特征明细描述		得分
01		1.0	**按要求保存最终文件和文件夹（所有任务）**		
			（1）YY_MOD1 文件夹包含"Task1"和"Task2"。		
			（2）这两个子文件夹里各存有 Final 文件夹及 Original 文件夹。		
			（3）Final 文件夹中包含题目要求提交的文件（文件名、格式和数量正确）。		
			（4）所有文件或文件夹仅能使用英文名称，大小写与题目要求一致，文件命名合理规范，存储路径清晰。		
02		1.0	**文件设置、数据正确（所有任务）**		
			（1）PSD 源文件的分辨率为 2560×1400 像素，JPG 格式文件的分辨率为 2560×1400 像素。		
			（2）图像数据类型仅为位图。		
			（3）PSD 源文件的色彩模式为 RGB。		
			（4）不能为空白文件。		
03		2.0	**按要求完成设计数量**		
			（1）两个草图方案，一个设计方案定稿，共三个方案，草图方案中明确使用五种以上不同灰阶。所有方案包括身体、装备、武器三个方面的设计（任务一）。		
			（2）每个形态草图方案在头部、胸部、肩部、腰部、手臂、腿部的设计上都不能有相同之处（任务一）。		
			（3）设计一套完整配色方案，姿势与形态设计方案定稿相同，明确使用三种或三种以上不同配色（任务二）。		
04		2.0	**按要求完成设计质量**		
			（1）形态设计方案定稿需要使用来自两个草图方案中的部分设计，并且细节比草图方案更加具体。动态姿势符合角色特征、职业特点（任务一）。		
			（2）配色方案明确色调，需使用阴影、高光、线条体现不同材质的质感、衣服褶皱纹理、配饰及武器等装备细节（任务二）。		
05		1.5	**正确运用透视（所有任务）**		
			在两个草图方案和一个设计方案定稿中，能正确运用各类透视体现角色所处空间。		
06		1.5	**合理运用笔刷（任务二）**		
			（1）设计方案定稿使用两种或两种以上的笔刷。		
			（2）利用不同笔刷体现不同材质的质感。		
07		1.0	**正确表达设定的比例**		
			（1）使用比例图示表达角色比例。		
			（2）比例设计符合角色特点。		
08		1.0	**动作设计质量（任务一）**		
			两个草图方案和一个设计方案定稿中的角色动作没有重复且符合角色特征。		

2）概念设计裁决（主观）分评分标准

概念设计裁决（主观）分评分标准见表 1-2。

表 1-2　概念设计裁决（主观）分评分标准

技能项目编号：D01				技能项目名称：3D 数字游戏艺术				比赛时间：
选手姓名/编号：								
评分子标准名称：概念设计				评分子标准编号：A1				
制表人：				制表时间：				
编号	WSS 规则	最高 分值	裁决 分值	特征明细描述	裁判评分（0～3分）			得 分
					1	2	3	
J1		1.0		形态草图方案的灰阶质量（任务一）				
			分数	0 分：没有灰阶（仅单色或线稿）。				
			分数	1 分：灰阶没达到 5 种。				
			分数	2 分：有 5 种灰阶。				
			分数	3 分：合理利用 5 层灰阶，体现投影效果，具备基本明暗关系，具备一定细节。				
J2		1.0		形态设计方案定稿的明暗质量（任务一）				
			分数	0 分：没有明暗（仅单色或线稿）。				
			分数	1 分：只用简单明暗关系表达角色大体结构关系。				
			分数	2 分：同上且合理运用明暗关系刻画出角色肌肉、装备的结构及层叠关系。				
			分数	3 分：同上且利用正确的明暗关系体现明确的主光源、投影效果，并且对皮肤、毛发、布质服装、金属装备的细节进行充分的刻画。				
J3		1.0		形态草图方案和设计方案定稿中的比例结构质量（任务一）				
			分数	0 分：比例结构完全错误。				
			分数	1 分：角色形体比例结构基本正确。				
			分数	2 分：同上且服装、装备比例结构正确。				
			分数	3 分：同上且动作、姿态设计符合角色特点。				
J4		1.0		形态设计方案定稿的细节刻画质量（任务一）				
			分数	0 分：没有在草图基础上进行细化。				
			分数	1 分：仅对草图进行了简单细化。				
			分数	2 分：在体态结构、衣服褶皱纹理、配饰、武器设计方面对草图进行充分细化。				
			分数	3 分：同上且对角色整体素描关系、各物件质感、纹理等细节进行明显的细化。				
J5		1.5		配色设计方案的质量（任务二）				
			分数	0 分：仅单色或线稿。				
			分数	1 分：使用 3 种或 3 种以上配色。				
			分数	2 分：同上且配色符合角色职业特点，色彩搭配符合色彩规律。				
			分数	3 分：同上且较好地使用阴影、高光、线条体现不同材质的质感、衣服褶皱纹理、配饰、装备及武器等细节。				

续表

编号	WSS 规则	最高分值	裁决分值	特征明细描述	裁判评分(0～3分) 1	2	3	得分
J6		1.5		概念设计方案的质量（任务二）				
			分数	0分：在形体、外貌、服装、装备、武器的设计上有遗漏或不符合角色特点的设计。				
			分数	1分：对形体、外貌、服装、装备、武器均进行设计且对武器大型结构进行设计。				
			分数	2分：对角色形体、外貌、服装、装备、武器大型结构和细节均进行设计。				
			分数	3分：同上且整体设计新颖，充分体现角色特点。				

2. 3D 建模评分标准（模块二）

1）3D 建模客观评分标准

3D 建模客观评分标准见表1-3。

表1-3　3D 建模客观评分标准

技能项目编号：D01	技能项目名称：3D 数字游戏艺术		比赛时间：
选手姓名/编号：			
评分子标准名称：3D 建模		评分子标准编号：B1	
制表人：		制表时间：	

编号	WSS 规则	最高分值	特征明细描述	得分
01		2.0	按要求保存最终文件和文件夹（所有任务）	
			（1）YY_MOD2 文件夹包含"Task1"和"Task2"。	
			（2）这两个子文件夹里存有 Final 文件夹以及 Original 文件夹。	
			（3）Final 文件夹中包含题目要求提交的文件（文件名、格式、数量正确），文件夹中不允许出现其他无关文件。	
			（4）所有文件或文件夹仅允许使用英文名称，英文大小写与题目要求一致，文件命名合理规范，存储路径清晰。	
02		1.5	按要求使用软件完成（任务一）	
			（1）使用 Maya 软件或 3DS MAX 软件完成基础模型。	
			（2）文件内无多余历史记录（使用 Maya 软件时），塌陷【修改器】堆栈（使用 3DS MAX 软件时）。	
			（3）需冻结模型变换属性。	
03		1.5	多边形模型符合基本技术要求（任务一）	
			（1）不能出现4条边以上的多边形，三角面数量在3万个以内。	
			（2）不可出现重叠面、错点以及错边。	
04		1.0	根据设定图制作模型（任务一）	
			根据原画设计要求完成模型的制作（可临场对不完善局部进行修正，不可减少，不可违背原画设计意图）。	

续表

编号	WSS 规则	最高 分值	特征明细描述	得分
05		2.0	按要求制作模型（任务一）	
			（1）五官细节清晰明了，对角色身体，需要完整制作其上半身，需要体现肌肉形态，不允许删除遮挡面（可根据需求删除下半身）。	
			（2）角色携带的装备需要用布（或皮）料与金属盔甲相结合。	
06		2.0	按要求制作对称模型（任务一）	
			（1）对左右结构一致的模型需要进行对称处理。	
			（2）对称模型中轴需在世界坐标中轴。	
			（3）模型下方（通常为脚底）不能在网格平面以下，也不能浮于网格平面以上超过 1cm。	
			（4）模型头顶朝向+Y 方向，脸朝向+Z 方向（使用 Maya 软件时）或+Z 方向，+Y 方向（使用 3DS MAX 软件时）。	
07		2.0	按要求设置模型名称以及大组（任务一）	
			（1）不允许整体合并零件/部件模型，每个零件/部件模型的命名以 "MST_" 为前缀，后续名字清楚表明具体零件/部件名称。	
			（2）根据类别，零件/部件模型分别置于 "MST_Body "、"MST_Armor" 和 "MST_Weapon" 3 个组中。组内的小组需以 "MST_" 为前缀，清晰表达组内文件内容。	
			（3）所有小组需分在一个组内，组以 MST_Model_YY（其中 YY 代表你的工作台号码）命名。	
08		1.5	正确制作模型大小比例（任务一）	
			符合真实物理尺寸，人物身高为 1.8～2.0m。	
09		1.5	法线的正确处理以及显示模式的设置（任务一）	
			（1）法线方向一致且朝外。	
			（2）法线需正确融合，无重叠面。	
			（3）模型显示双面照明效果。	
010		2.0	按要求赋予材质（任务二）	
			（1）模型材质为 Basic Material。	
			（2）模型材质需统一，模型颜色根据要求可不一样。	
011		3.0	按要求雕刻模型（任务二）	
			（1）完整导入任务一中完成的模型并进行雕刻。	
			（2）需雕刻角色上半身肌肉、五官、装备（对半透明片状物体，可不用雕刻，如片状毛发、睫毛）。	
012		1.0	保留细分级别历史（任务二）	

2）3D 建模裁决（主观）分评分标准

3D 建模裁决（主观）分评分标准见表 1-4。

表 1-4 3D 建模裁决（主观）分评分标准

技能项目编号：D01				技能项目名称：3D 数字游戏艺术			比赛时间：	
选手姓名/编号：								
评分子标准名称：3D 建模				评分子标准编号：A1				
制表人：				制表时间：				

编号	WSS 规则	最高分值	裁决分值	特征明细描述	裁判评分（0~3分）			得分
					1	2	3	
J1		1.5		模型比例质量（任务一）				
			分数	0 分：模型比例完全失调。				
			分数	1 分：头部与躯干比例协调。				
			分数	2 分：同上且四肢比例协调。				
			分数	3 分：同上且头部五官比例协调。				
J2		1.5		模型布线质量（任务一）				
			分数	0 分：布线凌乱。				
			分数	1 分：无明显无用线条，无 5 条边及 5 条边以上多边形，无重叠面。				
			分数	2 分：同上且关节部位的布线能满足动画需求，布线走势均匀。				
			分数	3 分：同上且顺应形体、肌肉等变化规律，根据需要，提高关键部位的布线密度。				
J3		2.0		模型细节质量（任务一）				
			分数	0 分：毫无细节可言。				
			分数	1 分：仅制作简单细节。				
			分数	2 分：服饰和装备细节丰富。				
			分数	3 分：同上且五官细节到位，能体现各处肌肉形态。				
J4		1.5		充分使用多边形预算（任务一）				
			分数	0 分：超过多边形预算或使用少于 60% 的多边形预算。				
			分数	1 分：使用多边形预算的 60%~69%。				
			分数	2 分：使用多边形预算的 70%~79%。				
			分数	3 分：使用多边形预算的 80%~100%。				
J5		1.5		头部雕刻效果质量（任务二）				
			分数	0 分：没有雕刻细节或胡乱雕刻。				
			分数	1 分：简单雕刻头部大型效果。				
			分数	2 分：五官雕刻精细且肌肉走势正确。				
			分数	3 分：同上且具备皮肤质感和皱纹。				

续表

编号	WSS 规则	最高分值	裁决分值	特征明细描述	裁判评分（0~3分）			得分
					1	2	3	
J6		1.5		装备雕刻效果质量（任务二）				
			分数	0分：没有雕刻细节或胡乱雕刻。				
			分数	1分：仅仅简单雕刻部分装备效果。				
			分数	2分：完整雕刻装备且细节较多。				
			分数	3分：同上且根据人体形态走势雕刻装备和纹路细节。				
J7		2.0		角色上半身人体雕刻效果质量（任务二）				
			分数	0分：没有雕刻细节或胡乱雕刻。				
			分数	1分：仅仅简单雕刻部分人体肌肉。				
			分数	2分：完整雕刻人体肌肉且能大致反映肌肉形态。				
			分数	3分：完整雕刻人体肌肉且肌肉形态正确、细节丰富。				
J8		1.5		对概念设计的还原度（任务二）				
			分数	0分：模型不符合概念设计的形象。				
			分数	1分：模型和概念设计接近。				
			分数	2分：符合概念设计的形象。				
			分数	3分：超越概念设计的效果。				

3. 展开 UV 与制作贴图（模块三）

1）展开 UV 与制作贴图的客观评分标准

展开 UV 与制作贴图的客观评分标准见表 1-5。

表 1-5　展开 UV 与制作贴图的客观评分标准

技能项目编号：D01	技能项目名称：3D 数字游戏艺术		比赛时间：
选手姓名/编号：			
评分子标准名称：展开 UV 与制作贴图		评分子标准编号：B1	
制表人：		制表时间：	

编号	WSS 规则	最高分值	特征明细描述	得分
01		1.0	按要求保存最终文件和文件夹（所有任务）	
			（1）YY_MOD3 文件夹包含 "Task1" 和 "Task2"。	
			（2）这两个子文件夹里各存有 Final 文件夹以及 Original 文件夹。	
			（3）Final 文件夹中包含题目要求提交的文件（文件名、格式、数量正确），文件夹中不允许出现其他无关文件。	
			（4）所有文件或文件夹仅允许使用英文名称，英文大小写与题目要求一致，文件命名合理规范，存储路径清晰。	

续表

编号	WSS 规则	最高 分值	特征明细描述	得分
02		1.0	按要求使用软件完成（任务一）	
			（1）使用 Maya 软件或 3DS MAX 软件完成。	
			（2）文件内无多余历史记录（使用 Maya 软件时），塌陷【修改器】堆栈（使用 3DS MAX 软件时）。	
			（3）文件内命名、结构合理（无多余空白组，无默认命名）。	
03		1.0	UV 出血（任务一）	
			（1）提交的 UV Snapshot 文件分辨率为 2048×2048 像素。	
			（2）各个 UV 块不能紧挨甚至穿插，不能错误地翻转 UV 面。	
04		1.0	UV 镜像或重叠处理（任务一）	
			（1）对左右结构一致但分离的零件/部件模型，展开 UV 时需进行镜像或重叠处理，以节约贴图空间。	
			（2）镜像或重叠部分置于 U1V1 象限，不可超出边框范围。	
05		1.0	UV 排列（任务一）	
			（1）无明显空间浪费。	
			（2）UV 区域不得超出 U1V1 象限。	
			（3）镜像或相同零件/部件模型的 UV 需重叠。	
06		1.0	UV 像素比例（任务一）（使用同一套 UV 的多个模型需成组）	
			（1）以黑白正方形格子纹理显示部分 UV 像素比例。	
			（2）无特殊需求部位的 UV 棋盘格大小需统一。	
			（3）关键部位可放大以绘制更多细节（如脸部）。	
07		1.0	黑白格子纹理（任务一）	
			（1）为模型赋予黑白正方形格子纹理。	
			（2）格子大小需合理体现 UV 拆分质量（格子面积不得大于平均单个多边形面积的 2~4 倍）。	
08		1.5	按要求使用软件完成（任务二）	
			（1）使用 Adobe Substance 3D Painter 软件完成。	
			（2）图层命名、结构合理（命名有具体含义，使用图层文件夹）。	
09		2.0	贴图烘焙（任务二）	
			（1）至少烘焙 AO、Curvature、Position、Normal 通道贴图。	
			（2）烘焙贴图无明显瑕疵（如无故白点、黑点、严重锯齿），并且有实质内容。	
			（3）烘焙分辨率为 2048×2048 像素。	
010		2.0	遵循 PBR 流程（任务二）	
			（1）至少含有 Color、Roughness、Metalness、Normal 通道贴图。	
			（2）不同材质的每个通道需含有不同贴图信息。	
			（3）导出以上各个通道贴图的 TGA 格式文件。	

编号	WSS 规则	最高 分值	特征明细描述	得分
011		2.0	程序纹理（任务二）	
			（1）使用程序纹理 Mask 制作材质破损等效果。	
			（2）材质节点链接合理，体现真实材质的质感并包含 Base Color、Normal、Roughness、Metallic 节点，能够在 3D 视图中正确显示效果。	
012		1.5	贴图分辨率（任务二）	
			（1）SPP 源文件的分辨率为 2048×2048 像素。	
			（2）导出的贴图（TGA 格式文件）分辨率为 2048×2048 像素。	
013		1.0	查看贴图效果（任务二）	
			需要在模型总组上添加 Turntable，以便观察贴图效果。	
014		1.0	渲染效果图（任务二）	
			（1）6 张分辨率为 1920×1080 像素的 PNG 格式渲染效果图。	
			（2）分别为正面渲染效果图、背面渲染效果图、正侧面渲染效果图、45°渲染效果图以及两个任选的局部特写。	
015		2.0	渲染效果（任务二）	
			（1）使用至少 3 个自定义光源。	
			（2）应用后期处理效果。	
			（3）法线贴图方向正确。	
			（4）各通道色彩空间选择正确。	
			（5）需体现轮廓光。	

2）展开 UV 与制作贴图的裁决（主观）分评分标准

展开 UV 与制作贴图的裁决（主观）分评分标准见表 1-6。

表 1-6　展开 UV 与制作贴图的裁决（主观）分评分标准

技能项目编号：D01			技能项目名称：3D 数字游戏艺术			比赛时间：		
选手姓名/编号：								
评分子标准名称：展开 UV 与制作贴图				评分子标准编号：A1				
制表人：				制表时间：				
编号	WSS 规则	最高 分值	裁决 分值	特征明细描述	裁判评分（0～3 分）			得分
					1	2	3	
J1		1.0		UV 无明显的扭曲变形（任务一）				
			分数	0 分：5 个或 5 个以上位置的 UV 存在明显的扭曲变形。				
			分数	1 分：只有 3～4 个位置的 UV 存在明显的扭曲变形。				
			分数	2 分：只有 1～2 个位置的 UV 存在明的扭曲变形。				
			分数	3 分：所有位置的 UV 无明显的扭曲变形。				

续表

编号	WSS 规则	最高分值	裁决分值	特征明细描述	裁判评分（0～3分）			得分
					1	2	3	
J2		1.0		UV 分割、排列整齐合理（任务一）				
			分数	0 分：有 5 个或 5 个以上位置没有展开 UV。				
			分数	1 分：有 3～4 个位置没有展开 UV。				
			分数	2 分：有 1～2 个位置没有展开 UV。				
			分数	3 分：分割并展开所有模型的 UV，UV 排列整齐合理。				
J3		1.0		同一张贴图的 UV 像素比例（任务一）				
			分数	0 分：UV 像素胡乱分配或按默认分配。				
			分数	1 分：UV 像素排列整齐且较一致。				
			分数	2 分：关键部位的 UV 像素比较大。				
			分数	3 分：同上且 UV 像素大小分配合理，符合工作需要。				
J4		1.0		UV 镜像重叠处理（任务一）				
			分数	0 分：对 UV 没有进行镜像或重叠处理。				
			分数	1 分：只对 1 处 UV 进行镜像或重叠处理。				
			分数	2 分：对 2 处 UV 进行镜像或重叠处理。				
			分数	3 分：对 3 处或 3 处以上 UV 进行镜像或重叠处理。				
J5		1.0		材质区分完整，符合概念设计（任务二）				
			分数	0 分：仅有 1 个材质符合设定效果。				
			分数	1 分：有 2 个不同材质符合设定且能明显识别材质属性。				
			分数	2 分：有 3 个不同材质符合设定且能明显识别材质属性。				
			分数	3 分：有 4 个或 4 个以上不同材质符合设定且能明显识别材质属性。				
J6		2.0		角色材质贴图真实，符合概念设计（任务二）				
			分数	0 分：未制作材质或简单上色。				
			分数	1 分：颜色符合设定且粗糙度符合要求。				
			分数	2 分：皮肤、眼球材质正确，具备一定细节且符合概念设计意图。				
			分数	3 分：材质细节丰富，皮肤质感细腻。				
J7		2.0		装备材质贴图细节丰富，符合概念设计（任务二）				
			分数	0 分：未制作材质贴图或简单上色。				
			分数	1 分：只有 1～2 个材质贴图符合要求。				
			分数	2 分：至少有 3 个材质贴图符合要求且具备一定细节，能体现如金属、皮革、布料等基本属性。				
			分数	3 分：大部分材质贴图符合要求且细节丰富，能体现金属、皮革、布料等细节属性。				

续表

编号	WSS 规则	最高 分值	裁决 分值	特征明细描述	裁判评分（0～3 分）			得分
					1	2	3	
J8		1.5		运用透明贴图，符合概念设计（任务二）				
			分数	0 分：没有使用透明贴图。				
			分数	1 分：只有 1 处使用透明贴图。				
			分数	2 分：只有 2 处合理使用透明贴图。				
			分数	3 分：有 3 处或 3 处以上合理使用透明贴图。				
J9		1.5		渲染效果（任务二）				
			分数	0 分：无明显灯光效果。				
			分数	1 分：有明显阴影，能基本体现材质属性。				
			分数	2 分：灯光效果较好且能体现角色的材质属性。				
			分数	3 分：渲染效果良好，能体现材质的质感。				

4. 绑定模型、调节动画与引擎输出（模块四）

1）绑定模型、调节动画与引擎输出的客观评分标准

绑定模型、调节动画与引擎输出的客观评分标准见表 1-7。

表 1-7　绑定模型、调节动画与引擎输出的客观评分标准

技能项目编号：D01	技能项目名称：3D 数字游戏艺术		比赛时间：
选手姓名/编号：			
评分子标准名称：绑定模型、调节动画与引擎输出		评分子标准编号：B1	
制表人：		制表时间：	

编号	WSS 规则	最高 分值	特征明细描述	得分
01		1.0	按要求保存最终文件和文件夹（所有任务）	
			（1）YY_MOD4 文件夹包含"Task1"和"Task2"。	
			（2）这两个子文件夹里各存有 Final 文件夹以及 Original 文件夹。	
			（3）Final 文件夹中包含题目要求提交的文件（文件名、格式、数量正确）。	
			（4）所有文件或文件夹仅允许使用英文名称，英文大小写与题目要求一致，文件命名合理规范，存储路径清晰。	
02		2.0	制作骨骼与控制系统（任务一）	
			（1）骨骼数量完整，位置正确，命名规范。	
			（2）完成控制系统制作，控制器能满足动画需求。	
03		1.0	权重绘制（任务一）	
			（1）权重无缺陷，无穿帮。	
			（2）权重分配不超出肢体范围，例如，手臂骨骼不能对躯干皮肤有所影响，左腿骨骼不能影响右腿皮肤等。	

续表

编号	WSS 规则	最高分值	特征明细描述	得分
04		0.5	时间轴设置正确（任务一）	
			（1）24 帧/秒。	
			（2）时间轴长度应为动作完整长度。	
05		1.5	角色动画（任务一）	
			（1）所制作的角色动作不少于 36 帧，能循环展示角色动作。	
			（2）首尾相同能够循环播放，并且过渡流畅。	
06		1.0	烘焙动画（任务一）	
			（1）控制器动画烘焙与蒙皮骨骼。	
			（2）以导出的 FBX 格式文件为评判标准。	
			（3）FBX 格式文件中仅有模型与骨骼。	
07		1.5	正确地导入游戏引擎（任务二）	
			（1）使用 Marmoset Toolbag 软件导入模型、贴图与动画。	
			（2）材质贴图至少含有 Albedo、Gloss、Metalness、Normal 通道贴图。	
			（3）角色动画、材质贴图显示正确。	
			（4）阴影显示正确。	
08		1.5	正确设置镜头、环境、灯光与动画（任务二）	
			（1）正确进镜并设置镜头，需合理命名自定义镜头，不能使用默认镜头。	
			（2）至少有 3 个自定义光源，即主光、辅光和背光三个光源。	
			（3）制作合理的镜头，角色不能出镜。	

2）绑定模型、调节动画与引擎输出的裁决（主观）分评分标准

绑定模型、调节动画与引擎输出的裁决（主观）分评分标准表 1-8。

表 1-8　绑定模型、调节动画与引擎输出的裁决（主观）分评分标准

技能项目编号：D01			技能项目名称：3D 数字游戏艺术		比赛时间：			
选手姓名/编号：								
评分子标准名称：绑定模型、调节动画与引擎输出				评分子标准编号：A1				
制表人：				制表时间：				
编号	WSS 规则	最高分值	裁决分值	特征明细描述	裁判评分（0～3分）			得分
					1	2	3	
J1		0.5		骨骼位置合理（任务一）				
			分数	0分：骨骼位置明显不合理（例如，在体外、偏离实际骨骼位置或模型中心位置）。				
			分数	1分：骨骼位置基本合理，基本不影响动画制作。				
			分数	2分：骨骼位置合理，个别有偏差。				
			分数	3分：骨骼位置合理正确，能很好地完成动画制作。				

续表

编号	WSS 规则	最高分值	裁决分值	特征明细描述	裁判评分（0~3分）			得分
					1	2	3	
J2		1.0		完成控制系统制作、符合动画制作要求（任务一）				
			分数	0分：无控制系统。				
			分数	1分：制作简单控制系统，仅有 IK 或 FK 控制方式。				
			分数	2分：制作较为完善控制系统，有 IK 和 FK 两种控制方式。				
			分数	3分：制作较为完善控制系统，有 IK 或 FK 两种控制方式，并且上臂具备 FK/IK 切换功能。				
J3		0.5		权重绘制正确、无明显变形（任务一）				
			分数	0分：模型没有绑定骨骼。				
			分数	1分：模型有绑定骨骼、默认权重。				
			分数	2分：权重绘制基本正确。				
			分数	3分：权重绘制正确，动画中无明显变形。				
J4		1.0		符合题目设置要求,制作角色循环攻击动作（任务一）				
			分数	0分：没有制作动作。				
			分数	1分：制作非循环攻击展示动作。				
			分数	2分：制作循环攻击展示动作。				
			分数	3分：制作循环攻击展示动作，并且能体现动画的律动感。				
J5		1.0		动作设计与角色性格和职业匹配，节奏感准确（任务一）				
			分数	0分：动作设计不符合要求。				
			分数	1分：动作设计基本匹配角色性格及其职业。				
			分数	3分:动作设计匹配角色性格及其职业且节奏感较好。				
J6		1.0		合理设置环境、灯光、镜头角度等以较好地体现模型材质贴图以及动画质量（任务二）				
			分数	0分：角度随意，贴图的灯光效果显示不正确，未能展示正确的效果。				
			分数	1分：贴图显示正确，灯光基本满足效果要求。				
			分数	2分：环境、灯光、镜头均很好地体现模型材质贴图以及动画。				
			分数	3分：同上且应用后期处理效果，效果出色。				
J7		1.0		在游戏引擎中合理设置镜头，展示动画效果（任务二）				
			分数	0分：没有设置自定义镜头。				
			分数	1分：有基本镜头，但角色出境时过小或偏移严重。				
			分数	2分：镜头能基本完整体现动画效果。				
			分数	3分：动画镜头构图良好，能良好地展现角色形态与动画。				

　　视频播放：关于具体介绍，请观看本书配套视频"任务五：世界技能大赛 3D 数字游戏艺术项目的评分标准.wmv"。

六、项目拓展训练

　　请学生根据自己实际情况，确定合适的选题，与毕业设计指导教师和企业专家沟通，完成设计方案。

项目3 毕业设计流程

一、项目内容简介

本项目将重点介绍游戏动画专业毕业设计的整体流程，包括世界技能大赛 3D 数字游戏艺术项目的比赛流程、技术规范以及所需提交的相关文件要求。请注意，这里所介绍的流程仅供参考，其中的设计借鉴了世界技能大赛 3D 数字游戏艺术项目的比赛流程和技术规范要求。

二、项目效果欣赏

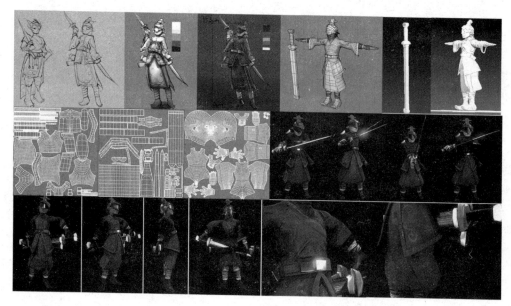

三、项目制作（步骤）流程

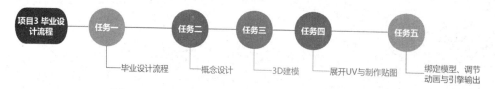

四、项目制作目的

（1）了解毕业设计流程。

（2）了解世界技能大赛 3D 数字游戏艺术项目"模块一：概念设计"的技术规范。

（3）了解世界技能大赛 3D 数字游戏艺术项目"模块二：3D 建模"的技术规范。

（4）了解世界技能大赛 3D 数字游戏艺术项目"模块三：展开 UV 与制作贴图"的技术规范。

（5）了解世界技能大赛 3D 数字游戏艺术项目"模块四：绑定模型、调节动画与引擎输出"的技术规范。

五、项目详细操作步骤

任务一：毕业设计流程

一般来说，职业院校的游戏动画专业学生虽然很难做到游戏开发和动画制作的全流程项目，但有些学生在某一些方面有特长。例如，他们在原画设计、3D 建模、制作材质贴图和引擎输出等方面具有优势。为了发挥职业院校游戏动画专业学生的优势，毕业设计指导教师在毕业设计中借鉴了 3D 数字游戏艺术项目的比赛流程作为毕业设计指导，实践证明，这种方法非常有效。

游戏动画毕业设计流程如下：

（1）了解故事概况（故事背景）。

（2）熟悉设计要求（道具、场景或角色）。

（3）把设计方案交给毕业设计指导教师或企业专家审核，由他们提出具体指导意见。

（4）收集资料，设计原画（模块一：概念设计）。

（5）根据原画设计要求，制作 3D 模型（模块二：3D 建模）。

（6）根据原画设计要求，对 3D 模型展开 UV，制作贴图（模块三：展开 UV 与制作贴图）。

（7）绑定模型，调节动画（根据毕业生的就业方向而定），将 3D 模型、制作的材质贴图和动画导入游戏引擎进行后期特效处理和渲染出图（模块四：绑定模型、调节动画与引擎输出）。

提示：在本项目中，主要以第 45 届世界技能大赛广东省选拔赛 3D 数字游戏艺术项目为例介绍制作流程。在比赛中主要以角色设计为主，作为毕业设计可以根据学生的实际情况，套用比赛要求设计道具、载具、枪械和场景等。

视频播放：关于具体介绍，请观看本书配套视频"任务一：毕业设计流程.wmv"。

任务二：概念设计

概念设计是指一个有序、可组织、有目标的设计活动序列，它始于分析用户需求，终于概念产品的生成。这个过程呈现了由粗到精、由模糊到清晰、由抽象到具体的不断演进。

概念设计也是一种贯穿整个设计过程的方法，以设计概念为主线，它涵盖了设计的各个方面，是一个完整而全面的设计过程。

下面，以第 45 届世界技能大赛广东省选拔赛 3D 数字游戏艺术项目中的概念设计为例介绍制作流程。

1. 概念设计的题目要求（模块一）

★比赛时间：2h。

★简介

为一款次世代主机游戏（Xbox One/PS4 版本）进行角色概念设计，游戏类型为 ARPG。游戏故事背景如下：在宇宙某个星球上生活着不同的种族，他们各自有着不同的本领，有个比较发达的大陆国家的国王想用武力吞并其他种族，其他种族组成联军与该国王的军团展开大战，为了取得最终的胜利，联军派出终极刺客去盗取该国王的封印以摧毁他的军团。

按下列特征设计终极刺客的角色造型：该角色性格坚韧，面孔冷峻，出生高贵，心高气傲，行动敏捷，血刃开道，绝境暴袭；所持武器乃上古神器，能刺能砍，其内涵蕴藏无穷之力。

★文件存储要求

（1）在计算机 E 盘创建一个文件夹，将它命名为 YY_MOD1（其中 YY 代表你的工作台号码）。

（2）此文件夹包括以下两个子文件夹："Task1" 和 "Task2"。

（3）这些子文件夹里必须包含以下文件夹：

① 一个名为 "Original" 的文件夹，其中包含工作过程中使用的文件。

② 另一个名为 "Final" 的文件夹，其中包含项目任务要求提交的文件。

（4）所有文件或文件夹仅允许使用英文名称，文件命名合理规范，存储路径清晰，便于后期存档查找与检查评分。源文件内部命名、结构合理规范，无多余和无用的数据。

（5）比赛结束前请把 YY_MOD1 文件夹复制到监考人员发放的 U 盘中，监考人员将在比赛结束时回收 U 盘。评分时，以 U 盘中的文件为准。

（6）请留存好 E 盘中的各模块完整文件，以供后续模块使用。

★模块一的任务一：形态设计

（1）为终极刺客这一角色设计两个形态草图方案，要求每个草图在设计上不能有相同之处。

（2）对形态草图方案进行优化设计并完成一个形态设计方案定稿。在此定稿中需要使用来自形态草图方案中的部分设计，并且细节比形态草图方案更加具体，还需要设计符合角色特征、职业特点的动态姿势。

★技术规范要求

（1）使用软件：Photoshop。

（2）图像数据类型：仅为位图。

（3）形态设计：包括身体、装备、武器 3 个方面的设计。

（4）色彩要求：黑白稿设计，要求黑白灰关系清晰，每个方案中明确使用 5 种或 5 种以上灰阶。

（5）分辨率：2560×1440 像素。

（6）色彩模式：RGB。

★必须提交的文件

（1）文件存储要求中规定的文件夹。

（2）只有存储在 Final 文件夹中的文件才会被评分。

（3）一个关于形态设计的 PSD 源文件，其中包括形态草图方案和一个形态设计方案定稿。

（4）一个关于形态设计的 JPG 格式图片，文件内容同源文件。

★模块一的任务二：配色方案

为任务一中完成的形态设计方案定稿设计完整的配色方案，需要使用阴影、高光、线条表现不同材质的质感、衣服褶皱纹理、配饰、装备及武器等细节。

★技术规范要求

（1）使用软件 Photoshop。

（2）图像数据类型：仅为位图。

（3）色彩要求：配色方案中明确使用 3 种或 3 种以上不同颜色。

（4）分辨率：2560×1440 像素。

（5）色彩模式：RGB

★必须提交的文件

（1）文件存储要求中规定的文件夹。

（2）只有存储在 Final 文件夹中的文件才会被评分。

（3）一个关于配色设计的 PSD 源文件，其中包括配色方案定稿。

（4）一个关于配色设计的 JPG 格式图片，文件内容同源文件。

2. 概念设计的输出结果（模块一）

在模块一中需要根据题目要求完成角色的形态设计和配色方案两个任务。

角色形态设计中包括两个形态草图方案和一个形态设计方案定稿。两个形态草图方案效果如图 1.5 所示，形态设计方案定稿效果如图 1.6 所示。

在完成的配色方案中需要使用阴影、高光、线条体现不同材质的质感、衣服褶皱纹理和武器等细节。完成的配色方案效果如图 1.7 所示。

图 1.5　两个形态草图方案效果　　图 1.6　形态设计方案定稿效果　　图 1.7　完成的配色方案效果

视频播放：关于具体介绍，请观看本书配套视频"任务二：概念设计.wmv"。

任务三：3D 建模

在模块二中主要使用三维建模软件（如 3DS MAX 或 Maya）根据模块一中完成的概念设计定稿制作三维模型，然后使用 ZBrush 雕刻软件雕刻出高精度的三维模型。

提示：对游戏动画中的道具、场景和角色，不需要制作低模，只要根据游戏动画要求制作这些模型的精度即可。

1. 3D 建模的题目要求（模块二）

★比赛时间：5h。

★简介

根据模块一中完成的概念设计，制作角色的三维模型，以及道具和武器等模型。说明：本项目所制作的游戏动画为高质量次世代游戏动画，需要匹配概念设计，丰富模型细节。

★文件存储要求

（1）在计算机 E 盘创建一个文件夹，将它命名为 YY_MOD2（其中 YY 代表你的工作台号码）。

（2）此文件夹包括以下两个子文件夹："Task1" 和 "Task2"。

（3）这些子文件夹里必须包含以下文件夹：

① 一个名为 "Original" 的文件夹，其中包含工作过程中使用的文件。

② 另一个名为 "Final" 的文件夹，其中包含项目任务要求提交的文件。

（4）所有文件或文件夹仅允许使用英文名称，文件命名合理规范，存储路径清晰，便于后期存档查找与检查评分。源文件内部命名、结构合理规范，无多余和无用的数据。

（5）三维源文件命名要求：ASN_YY 命名（其中 YY 代表你的工作台号码）

（6）比赛结束前请把 YY_MOD2 文件夹复制到监考人员发放的 U 盘中，监考人员将在比赛结束时回收 U 盘。评分时，以 U 盘中的文件为准。

（7）请留存好 E 盘中的各模块完整文件，以供后续模块使用。

★模块二的任务一：制作角色模型

根据模块一中完成的概念设计制作角色的 3D 模型。

★技术规范要求

（1）使用软件：Maya 或 3DS MAX。

（2）大小比例：符合真实物理尺寸，人物身高为 1.4～1.6m。

（3）多边形面数量：三边形面数量在 5 万个以内。

（4）多边形边数：不能出现 4 条边以上的多边形。

（5）对称处理：需对称处理左右结构一致的模型。

（6）法线方向：法线方向一致且朝外。

（7）需冻结模型变换属性。

（8）零件/部件模型：不允许整体合并零件/部件模型，每个零件/部件模型的命名以 "ASN_" 为前缀，后续名字清楚表明具体零件/部件模型的名称。

（9）零件/部件模型分组：将所有零件/部件模型分到一个组中，组以 "ASN_YY" 命名（其中 YY 代表你的工作台号码）。

（10）五官细节清晰明了，能完整体现角色特征，脸部肌肉需符合表情运动规律。

（11）所制作的角色身体需体现上半身肌肉形态，布线需满足动画需要，不允许删除遮挡面。

（12）角色携带的装备需用布（或皮）料与金属盔甲相结合。

（13）模型显示双面照明效果。

★必须提交的文件

（1）文件存储要求中规定的文件夹。

（2）只有存储在 Final 文件夹中的文件才会被评分。

（3）一个三维模型的 MA 源文件或 3DS MAX 源文件。

（4）一个模块一中提交的 JPG 格式配色方案定稿。

★模型二的任务二：角色模型雕刻

根据模块一中完成的概念设计，对任务一中完成的三维模型进行细节雕刻。

★技术规范要求

（1）使用软件：ZBrush。

（2）模型导入：需完整导入任务一中完成的模型。

（3）需雕刻角色身体、服饰、装备等细节。

（4）赋予材质：材质指定为 Matcap White 01。

（5）细分历史：保留细分级别历史。

★必须提交的文件

（1）文件存储要求中规定的文件夹。

（2）只有存储在 Final 文件夹中的文件才会被评分。

（3）一个 ZTL 格式文件。

2. 3D 模型输出结果（模块二）

在模块二中需要根据题目要求，使用相关软件完成模块一中概念设计的三维模型效果，包括使用 Maya 或 3DS MAX 三维软件制作低模和使用 ZBrush 软件雕刻高模。

使用三维软件制作的低模效果如图 1.8 所示，使用雕刻软件制作的高模效果如图 1.9 所示。

图 1.8　使用三维软件制作的低模效果

图 1.9　使用雕刻软件制作的高模效果

视频播放：关于具体介绍，请观看本书配套视频"任务三：3D 建模.wmv"。

任务四：展开 UV 与制作贴图

在模块三中主要使用三维建模软件（如 3DS MAX 或 Maya）对模块二中完成的低模展开 UV，根据题目要求使用高模和低模烘焙出需要的通道贴图，使用 Adobe Substance 3D Painter 软件制作贴图。

1. 展开 UV 与制作贴图的题目要求（模块三）

★比赛时间：4h。

★简介

为模块二中制作好的模型展开 UV，按照模块一中完成的概念设计制作贴图。

★文件存储要求

（1）在计算机 E 盘创建一个文件夹，将它命名为 YY_MOD3（其中 YY 代表你的工作台号码）。

（2）此文件夹包括以下两个子文件夹："Task1"和"Task2"。

（3）这些子文件夹里必须包含以下文件夹：

① 一个名为"Original"的文件夹，其中包含工作过程中使用的文件。

② 另一个名为"Final"的文件夹，其中包含项目任务要求提交的文件。

（4）所有文件或文件夹仅允许使用英文名称，文件命名合理规范，存储路径清晰，便于后期存档查找与检查评分。源文件内部命名、结构合理规范，无多余和无用的数据。

（5）比赛结束前请把 YY_MOD3 文件夹复制到监考人员发放的 U 盘中，监考人员将在比赛结束时回收 U 盘。评分时，以 U 盘中的文件为准。

（6）请留存好 E 盘中的各模块完整文件，以供后续模块使用。

★模块三的任务一：展开 UV

为模块二中制作好的模型合理展开 UV。

★技术规范要求

（1）使用软件：Maya 或 3DS MAX。

（2）对使用同一套 UV 的多个模型，需要分组处理。

（3）UV 出血：各个 UV 块不能紧挨甚至穿插，不能错误地翻转 UV 面。

（4）UV 对称处理：对左右结构一致但分离的零件/部件模型展开 UV 时，需进行对称处理，以节约贴图空间，还要对对称部分进行重叠处理。

（5）UV 重叠：对相同模型的 UV 需进行重叠处理。

（6）UV 排列：UV 区域不得超出 U1V1 象限。

（7）UV 像素比例：UV 需排列整齐，关键部位的 UV 需放大处理，以便绘制更多细节。

（8）为模型赋予黑白格子纹理，格子大小需合理体现所展开的 UV 质量。

（9）目标贴图分辨率为 2048×2048 像素。

★必须提交的文件

（1）文件存储要求中规定的文件夹。

（2）只有存储在 Final 文件夹中的文件才会被评分。

（3）一个已展开 UV 的模型 MA 源文件或 3DS MAX 源文件。

（4）一个 UV Snapshot 的 TGA 格式文件，分辨率为 2048×2048 像素。

★模块三的任务二：制作贴图

根据模块一中完成的概念设计，给任务一中已展开 UV 的模型制作贴图，并渲染静帧。

★技术规范要求

（1）使用软件：Adobe Substance 3D Painter、Marmoset Toolbag。

（2）贴图分辨率：2048×2048 像素。

（3）贴图烘焙：至少正确烘焙 AO、Curvature、Position、Normal 通道贴图。

（4）制作贴图时需遵循 PBR 流程，即要求一套完整贴图含有 Color、Roughness、Metalness、Normal 通道贴图。

（5）材质节点连接合理，体现真实材质的质感并包含 Base Color、Normal、Roughness、Metallic 节点，能够在 3D 视图中正确显示效果。

（6）使用 Marmoset Toolbag 软件导入模型及其贴图并按要求完成渲染，合理设置灯光效果、镜头角度、渲染参数。

★必须提交的文件

（1）文件存储要求中规定的文件夹。

（2）只有存储在 Final 文件夹中的文件才会被评分。

（3）一个已完成的 SPP 源文件。

（4）提交 6 张最终渲染效果图，分别为正面渲染效果图、背面渲染效果图、正侧面渲染效果图、45°渲染效果图以及两个任选的局部特写，文件格式为 PNG 格式，分辨率为 1920×1080 像素。

（5）Final 文件夹中应含有模块一中完成的概念设计定稿配色方案。

（6）Final 文件夹中应含有 PNG 格式 PBR 贴图一套，分辨率为 2048×2048 像素。

（7）Final 文件夹中应含有已展开 UV 的模型 FBX 格式文件。

（8）Final 文件夹中应含有已导入的模型贴图、灯光和 Marmoset Toolbag 源文件。

（9）文件夹中不允许出现其他无关文件。

2. 展开 UV 与制作贴图之后的输出结果（模块三）

在模块三中主要对低模展开 UV，进行高模和低模法线的烘焙，参考模块一中绘制的原画，使用 Adobe Substance 3D Painter 软件制作贴图并输出通道贴图，使用 Marmoset Toolbag 软件进行后期调节和渲染。

角色低模的 UV 效果如图 1.10 所示，角色低模的渲染效果图如图 1.11 所示。

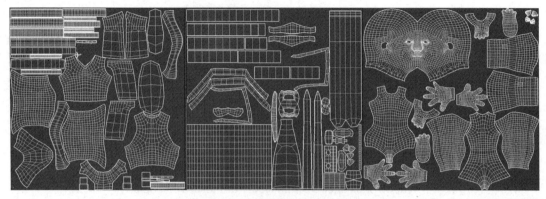

图 1.10　角色低模的 UV 效果

图 1.11　角色低模的渲染效果图

视频播放: 关于具体介绍,请观看本书配套视频"任务四: 展开 UV 与制作贴图.wmv"。

任务五: 绑定模型、调节动画与引擎输出

在模块四中,主要使用三维软件(如 Maya 或 3DS MAX),给低模创建骨骼、制作控制器、绑定骨骼和蒙皮、制作一段展示攻击行为的动画。将动画导入 Marmoset Toolbag 软件,根据题目要求输出动画。

1. 绑定模型、调节动画与引擎输出的题目要求(模块四)

★比赛时间: 2h。

★简介

为模块二中制作好的模型绑定骨骼和蒙皮,然后为角色制作几个连续的动作,并导入游戏引擎进行渲染出图。要求角色的动作为连续的攻击动作。

★文件存储要求

(1)在计算机 E 盘创建一个文件夹,将它命名为 YY_MOD4(其中 YY 代表你的工作台号码)。

(2)此文件夹包括以下两个子文件夹:"Task1"和"Task2"。

(3)这些子文件夹里必须包含以下文件夹:

①　一个名为"Original"的文件夹，其中包含工作过程中使用的文件。

②　另一个名为"Final"的文件夹，其中包含项目任务要求提交的文件。

（4）所有文件或文件夹仅允许使用英文名称，文件命名合理规范，存储路径清晰，便于后期存档查找与检查评分。源文件内部命名、结构合理规范，无多余和无用的数据。

（5）比赛结束前请把 YY_MOD4 文件夹复制到监考人员发放的 U 盘中，监考人员将在比赛结束时回收 U 盘。评分时，以 U 盘中的文件为准。

（6）请留存好 E 盘中的各模块完整文件，以供后续模块使用。

★模块四的任务一：绑定模型和调节动画

为模块二中制作好的模型绑定骨骼和蒙皮，然后为角色制作几个连续的动作，并导入游戏引擎进行渲染出图。要求角色的动作为连续的攻击动作。

★技术规范要求

（1）使用软件：Maya 或 3DS MAX。

（2）绑定骨骼：骨骼数量完整，骨骼和控制器的命名规范。

（3）绘制权重：完整绘制蒙皮权重。

（4）完成动画：完成连续的攻击动作设计。

（5）导出动画：烘焙动画并把它导出为 FBX 格式文件。

（6）帧速率：24 帧/秒。

★必须提交的文件

（1）文件存储要求中规定的文件夹。

（2）只有存储在 Final 文件夹中的文件才会被评分。

（3）一个已绑定蒙皮与模型的 MA 源文件。

（4）一个已完成动画烘焙的 FBX 格式文件。

★模块四的任务二：引擎输出

把任务一中完成的动画导入游戏引擎并渲染出图。

★技术规范要求

（1）使用软件：Marmoset Toolbag。

（2）文件内命名与结构：结构整洁合理，命名必须便于他人阅读理解。

（3）导入动画：导入任务一中完成的 FBX 格式文件。

（4）导入贴图：导入完整的 PBR 贴图，要求至少含有 Albedo、Roughness、Metalness、Normal 通道贴图。

（5）灯光和渲染参数设置：合理布置环境，调节灯光照射角度，设置渲染参数，以便更好地体现模型及其贴图质量。

（6）渲染出图：动画文件格式为 MP4，分辨率为 1920×1080 像素，编码为 H.264。

★必须提交的文件

（1）文件存储要求中规定的文件夹。

（2）只有存储在 Final 文件夹中的文件才会被评分。

（3）一个已完成的动画和已设置灯光效果的材质贴图的 TBSCENE 源文件（此文件目

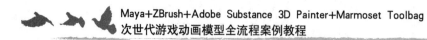
录中应含有模块二中完成的一套 PBR 贴图，以及任务一中完成的 FBX 格式文件）。

（4）一个已渲染的 MP4 格式动画文件，分辨率为 1920×1080 像素，编码为 H.264。

2. 绑定模型、调节动画与引擎输出结果（模块四）

在模块四中主要对低模进行绑定、调节动画和引擎输出。所制作的动画视频部分截图效果如图 1.12 所示。

图 1.12   所制作的动画视频部分截图效果

视频播放： 关于具体介绍，请观看本书配套视频"任务五：绑定模型、调节动画与引擎输出.wmv"。

六、项目拓展训练

（1）通过网络收集参考资料，了解游戏动画行业的发展现状，了解世界技能大赛的背景，熟悉 3D 数字游戏艺术项目的比赛流程和技术规范要求。

（2）安装好相应的软件并熟悉这些软件的相关功能。

项目4 毕业设计答辩技巧与成果评价

一、项目内容简介

本项目主要介绍毕业设计答辩的意义、准备工作、流程、方法与技巧、注意事项，以及成绩评定和展示内容与要求。特别强调掌握毕业流程和答辩技巧。

二、项目效果欣赏

本项目为理论部分，无效果图

三、项目制作（步骤）流程

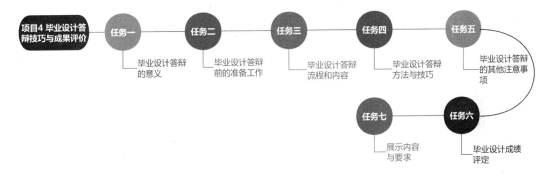

四、项目制作目的

（1）了解毕业设计答辩的意义和准备工作。
（2）熟悉毕业设计答辩流程、方法与技巧。
（3）熟悉毕业设计答辩的其他注意事项。
（4）熟悉毕业设计成绩评定、展示内容与要求。

五、项目详细操作步骤

任务一：毕业设计答辩的意义

毕业设计答辩体现学生的综合素质。

职业院校游戏动画专业学生参加毕业设计答辩的意义主要体现在以下4个方面。

（1）在毕业设计答辩中，学生能够锻炼写作能力、语言表达能力、归纳能力、应变能力和动手能力，促进理论与实践的综合应用，进一步提升综合表达和沟通交流能力。

（2）毕业设计答辩能够促使学生全面回顾、认真总结并客观评价自己的毕业设计作品，进一步学习、巩固和拓展所学理论知识和专业技能。

（3）毕业设计答辩是学生向参加答辩的教师学习和请教的绝佳机会，有助于学生进一

步提升专业能力和学术水平。

（4）毕业设计答辩也是学生向参加答辩的企业专家展示自身实力并请教的良机，同时也是向企业推销自己的机会。

视频播放： 关于具体介绍，请观看本书配套视频"任务一：毕业设计答辩的意义.wmv"。

任务二：毕业设计答辩前的准备工作

毕业设计答辩以审查学生毕业设计作品和知识掌握程度为目的，是一种有组织、有领导、有计划、有分工、有鉴定、有总结的公开活动。答辩工作应在毕业设计答辩委员会的统一指导下，由毕业设计指导教师、企业专家和学生认真有序地完成。

做好毕业设计答辩前的准备工作是顺利完成答辩的基础。在这个环节中，毕业设计指导教师和企业专家写好评语，并指导学生应对答辩。学生在毕业设计答辩前要认真填写答辩提纲，调整好心态，并满怀信心迎接答辩，这是顺利完成答辩的前提条件。企业专家和毕业设计指导教师对毕业设计作品进行公平、公正和客观的评审。

掌握这些要点将有助于学生在毕业设计答辩中取得成功。在本项目中，重点介绍毕业设计答辩前的准备工作、答辩流程、方法与技巧，以及其他需要注意的事项。此外，还详细说明成绩评定的标准，以及答辩时展示的内容和要求。

1. 毕业设计答辩委员会的成立

毕业设计答辩委员会一般是在二级学院的组织下成立的，负责整个答辩过程的管理和组织。该委员会由 1 名主任、2 名副主任和 5 名委员组成，委员会的成员主要由本专业的骨干教师和企业专家组成，他们必须具备高级职称，企业专家还必须是企业技术骨干。二级学院根据答辩学生的人数进行组织，将学生分成小组进行答辩和考评。每个答辩小组应至少有 4 名答辩教师和 2 名企业专家，其中一个委员担任组长，负责组织答辩考评。答辩小组还应有一个书记员，负责记录答辩内容和成绩汇总。请注意，毕业设计指导教师不得参加答辩小组。

2. 学生在答辩前的准备工作

毕业设计答辩是考核学生综合素质和毕业设计指导教师教学能力的重要方式，也是对毕业设计作品的全面检验和总结。在进行毕业设计答辩前，学生需要充分准备以下 5 个方面的工作。

（1）将毕业设计策划书、毕业设计作品说明书和作品画册的电子版提交给毕业设计指导教师审核。在确认无误后，打印并装订成册，然后交给毕业设计答辩委员会的资料收集负责人。

（2）充分了解答辩的流程和相关要求，明确答辩的时间、地点和分组情况。

（3）精心准备答辩稿、PPT 演示文稿及其他需要展示的材料（如作品集、动画视频等），以展示自己的成果和能力。

（4）制作陈述提纲，认真撰写答辩大纲，确保表达清晰、准确。

（5）可以与其他学生进行互相答辩训练，以提升口头表达能力和演讲技巧。

3. 毕业设计指导教师在答辩前的准备工作

（1）毕业设计指导教师需要对学生在毕业设计过程中的表现、实践能力、工作态度、学习态度、学习能力、团结协作精神和综合素质进行评价，从而给出一个总结性的评价。这有助于了解学生在毕业设计中的综合能力和个人特质。

（2）毕业设计指导教师还需要评阅学生的毕业设计说明书，并签字确认是否批准该生参与答辩。这是为了确保学生的毕业设计符合要求，并达到答辩的标准。

4. 毕业设计答辩委员会在答辩前的准备工作

（1）毕业设计答辩委员会评委需要提前对学生提交的毕业设计作品说明书和设计作品进行评阅，记录其毕业设计中存在的问题，以便对该学生在答辩时的放矢地提问。

（2）公布答辩程序、答辩要求、答辩时间、答辩地点、分组情况和答辩人员顺序。

（3）制作评委提问记录表格，制定评分标准。

（4）布置答辩会场，准备答辩时需要用到的相关设备和资料等。

视频播放：关于具体介绍，请观看本书配套视频"任务二：毕业设计答辩前的准备工作.wmv"。

任务三：毕业设计答辩流程和内容

毕业设计答辩是一场对学生毕业设计质量进行评估的重要"口试"。通过这个环节，学生能够进一步总结自己的毕业设计过程，提升应变能力和自信心，同时也为展示自身实力提供一个舞台，为就业打下坚实的基础。答辩委员会评委在这个过程中扮演着积极引导的角色，他们帮助学生总结设计过程中的经验，分析设计效果，找出作品中的不足，并提出改进的方法，帮助学生将毕业设计实践转化为知识和技能。这个过程对学生顺利就业、提升个人能力和进一步学习都具有重要意义。

1. 答辩流程

（1）各小组通过抽签确定答辩顺序，答辩小组组长宣布答辩人员顺序和选题名称。

（2）答辩委员会再次重申答辩规则，强调答辩纪律，并宣布答辩正式开始。

（3）学生按照答辩顺序进行答辩。毕业设计组组长演示学生毕业设计作品并进行介绍，学生陈述时间为 10～15min。

（4）陈述完毕，评委根据学生的陈述以及阅读毕业设计作品说明书和相关资料提问。

（5）学生需要对评委提出的问题进行回答陈述，原则上由毕业设计组组长回答问题，如有需要，也可由其他成员回答。每个选题的陈述总时间为 15～20min。

（6）一个学生完成答辩后，毕业设计组组长宣布该学生退场（其他人可留下旁听，因为毕业设计答辩为开放式）。

2. 答辩内容

答辩开始时，学生向答辩委员会（或答辩小组）做简要陈述，陈述内容主要包括以下几点：

（1）自我简介。简明而准确地介绍自己的姓名、专业、班级和选题名称，态度礼貌而得体。

（2）陈述设计内容。重点阐述选题的背景和意义，详细介绍毕业设计过程中的主要工作和关键点，阐明解决问题的对策和论据，以及设计的特色和结论。简要陈述设计内容的目的是让答辩委员会评委对毕业设计作品有全面而简洁的印象，同时也展示了学生对毕业设计选题的理解和把握程度。

（3）自我评价。用简明的语言进行自我评价，可以谈论设计的价值、对自身认识的提高，以及对自己在毕业设计过程中的心得和存在的不足等。

（4）把握时间。学生需要很好地掌握时间，在给定的时间内充分回答问题，避免回答内容过于冗长而超过规定时间，同时也不要过于简短而导致词不达意，使人无法理解。

在答辩过程中，答辩委员会评委通常会根据毕业设计的陈述和对选题的了解提出 2～3 个问题。这些问题一般都与毕业设计直接关联，涉及设计创意、设计构思、设计来源、新技术的应用以及在设计过程中遇到的问题等。这些问题往往是毕业设计的重要部分，或者是学生可能忽视的弱点和不足之处。可以说，答辩委员会评委提出的问题总体上是能够真实衡量学生知识水平和技能水平的关键问题，主要包括以下 7 个方面问题：

（1）考查毕业设计策划书、毕业设计作品说明书和相关资料是否学生本人所写，检查学生在毕业设计过程中的工作情况。同时，考查学生对毕业设计的理解、掌握程度和具体设计思路。

（2）引导学生对毕业设计中的风格深入解析、阐述和发挥，指出学生可能未能意识到的重要发现以及相关专业发展前景。

（3）询问毕业设计中存在的缺陷、模糊之处或设计不到位之处，以及学生本人未意识到的重要发现或工作。

（4）指出毕业设计作品等资料中的不清楚、不详细、不完备、不规范、不确切或不适当的地方，启发学生寻找正确的设计思路和方法，修改不足之处，明确方向。

（5）提出与毕业设计相关的问题，如工作原理、设计方案比较，这些问题涉及选题的基础理论与专业知识、毕业设计过程中出现的现象，以及分析和解决问题的具体方法等，旨在考查学生对基础理论知识和专业技能的掌握程度，对生产工艺的了解程度，运用知识解决问题的能力，以及评估学生的思维能力、适应能力、学习能力、发现和解决问题的综合能力和口头表达能力等。

（6）要求学生进行自我评价，并谈论今后在这项工作上的打算。

（7）帮助学生总结、掌握和提高设计技巧与方法，鼓励学生进一步思考和拓展毕业设计选题或相关内容；使学生意识到应该从哪些方面发挥自己的优势和特点，以便确定和选择今后的就业方向。

视频播放：关于具体介绍，请观看本书配套视频"任务三：毕业设计答辩流程和内容.wmv"。

任务四：毕业设计答辩方法与技巧

毕业设计指导教师应针对如何应对答辩及掌握答辩方法与技巧对学生进行指导，使学生从思想上重视答辩，使学生有针对性地进行答辩，取得好的毕业成绩。

1. 听明题意，把握题旨，紧扣要义

通常情况下毕业设计答辩委员会成员会提出 2~3 个问题，学生要集中注意力认真听问题，可将问题大致内容记在纸上，做到从容应对。在听明题意的基础上，仔细推敲问题的关键、要义和本质，在心中理清答题的脉络，避免在没有弄清题意之前匆忙作答。如果没有听清楚问题，可以要求提问者再说一遍；如果对问题中的某个概念理解不清楚，也可以请提问者解释或说明，等提问者答复后再回答。

2. 先易后难，条理清晰，切中主题

对毕业设计答辩委员会评委提出的问题可以不按提问顺序回答，而可以按先易后难的原则回答。如果容易的问题回答好了，学生就不会紧张，增强了回答问题的信心，有利于在回答后续问题时正常发挥自己的水平。

回答问题时，需要注意以下四点。

（1）条理清楚，脉络清晰，层次分明。

（2）切中主题，突出重点，简明扼要。

（3）力求客观，全面准确，留有余地。

（4）文明礼貌，谈吐大方，语速适中。

3. 坦诚直言，失者莫辩，善于进退

对提出的问题，知道多少就回答多少，实事求是，一定不要含糊其词；对不知道的问题不要张冠李戴、东拉西扯、漫无边际地回答，更不能对答错的问题强词夺理地争辩。对自己没有搞清楚的问题，就如实地讲明自己目前还没有搞清楚，会在今后认真研究这个问题。要学会能进能退，善于进退，也有利于毕业后的就业面试。

4. 巧妙应对，谦虚大方，求同存异

在回答问题时要表现得谦虚大方，给毕业设计答辩委员会评委留下好的印象，对有些不能直接回答的问题，可迂回应答，巧妙应对。对个别有异议的问题可以采取以下两种方式处理。

（1）不要在答辩会议上讨论，求同存异，在会后再与毕业设计答辩委员会相关成员交谈。应该充分利用有限的答辩时间，尽情展示自己的才华。

（2）为自己的观点辩护时，需要注意分寸，讲究策略，可以采用委婉的语言、请教的口气，平和地陈述自己的观点，让提问者既能接受你的观点，又觉得受到了尊重。

视频播放： 关于具体介绍，请观看本书配套视频"任务四：毕业设计答辩方法与技巧.wmv"。

任务五：毕业设计答辩的其他注意事项

1. 学生答辩时需要注意的问题

学生在答辩时需要注意以下 3 个方面的问题。

（1）参加答辩时着装要整洁，调整好心态，稳定情绪；面对毕业设计答辩委员会评委陈述时，最好使用 PPT 演示文稿，注意语速适中。

（2）简述毕业设计选题的题目、目的、要求、设计理念、设计风格和毕业设计作品说明书的主要特点，以及作品的使用价值和意义，设计过程中的体会、收获，存在的不足及改进方法等。

（3）把握好答辩时间，一定要在规定的时间内完成陈述，重点突出，反映自己承担的工作在毕业设计中的作用；表述简洁，用语规范。

2. 毕业设计答辩委员会评委在提问时需要注意的问题

毕业设计答辩委员会评委在提问时需要注意以下 5 个方面的问题。

（1）毕业设计答辩委员会评委都已经阅读过学生的设计方案、毕业设计作品说明书和作品画册，并记录了问题，也归纳了应提的问题。因此，在提问时最好分工，哪几个选题由哪几位评委提问。这样，既能确保提问质量，又能确保答辩进度。

（2）提问难易程度应视具体情况和毕业设计选题而定，原则上不要过深过偏，使学生过分紧张，而达不到答辩的目的。最好将一个大问题分解成几个小问题，采取逐步深入的提问方法。这样，更有利于考查学生掌握基础知识和专业技能的情况。

（3）在答辩过程中，允许毕业设计答辩委员会评委对基础比较差的学生进行启发和引导，使答辩成为该学生推敲、深化、完善毕业设计的一次机会。当学生回答不确切、不全面或暂时回答不出来时，可以采取启发式、引导式提问。

（4）毕业设计答辩委员会评委应在答辩过程中做好每个学生的答辩情况记录，这些记录可作为评定毕业设计成绩的依据。

（5）答辩小组组长要注意控制好提问时间，控制答辩总时间不超过 30min。

视频播放： 关于具体介绍，请观看本书配套视频"任务五：毕业设计答辩的其他注意事项.wmv"。

任务六：毕业设计成绩评定

毕业设计成绩由平时考核成绩、中期考核成绩、毕业设计作品的客观分得分、毕业设计作品的裁决分得分和答辩成绩五部分组成，各部分成绩的比例为 1∶2∶2∶2∶3。

1. 平时考核成绩

平时考核成绩是指由毕业设计指导教师根据学生在毕业设计过程中的表现、实践能力、工作态度、学习态度、团结协作精神等情况评定的成绩。

2. 中期考核成绩

中期考核成绩是指由教务处组织本专业骨干教师进行中期考核，根据学生的毕业设计进展情况评定的成绩。在中期考核过程中，要对未达到进度要求的学生提出指导意见并提出警告。

3. 毕业设计作品的客观分得分

毕业设计作品客观分的评定主要参考《世界技能大赛 3D 数字游戏艺术项目客观分评定标准》。

4. 毕业设计作品的裁决分得分

毕业设计作品裁决分的评定主要参考《世界技能大赛 3D 数字游戏艺术项目裁决分评定标准》。

5. 答辩成绩

由答辩小组指导教师根据学生对自己的毕业设计作品的陈述和答辩过程中的表现进行评分，从而得出答辩成绩。

毕业设计总结与答辩成绩评定项目见表 1-1。

表 1-1　毕业设计总结与答辩成绩评定

姓名		班级			学号	
专业			毕业时间			
毕业设计题目						
项　　目	优秀	良好	中等	及格	不及格	评分
毕业设计作品说明书						
作品评审成绩						
答辩成绩						
答辩委员会评定总分： 毕业设计作品说明×20%+作品评审成绩×20%+答辩成绩×20%						
学生签名				评委签名		

视频播放：关于具体介绍，请观看本书配套视频"任务六：毕业设计成绩评定.wmv"。

任务七：展示内容与要求

1. 展示的内容

毕业设计成果展示的内容如下。

（1）毕业设计计划与设计方案。

（2）毕业设计实施过程的具体安排与做法，毕业设计指导教师的指导计划、毕业设计作品说明书的评审意见、作品评审成绩和答辩成绩等。

（3）毕业设计成果（如 3D 打印模型、作品画册和展板等）。

（4）对每个项目，做好展示牌，标明班级、项目名称、设计人员和毕业设计指导教师等信息。

（5）对每个项目，至少安排一名学生进行介绍。

2. 制作宣传海报和宣传视频

制作好海报和宣传视频，在答辩前一周发布在学校公众号、教师和学生的公众号上。海报和宣传视频主要包括展示的目的、展示时间、展示地点、展示项目、展示内容及部分优秀作品等，邀请广大师生和企业参观指导，引导下一届毕业生做好毕业设计准备。展示项目表见表 1-2。相关海报、展示现场情况和展示作品等参考本书提供的素材文件。

表 1-2　展示项目

序号	专业	班级	设计项目	指导教师	班主任
1					
2					
3					

3. 展示工作安排

（1）学校教务处负责场地设计、宣传画册设计、各项工作的汇总和统筹等，保卫科和总务科协助展位的布置和现场管理，宣传科负责拍摄和宣传工作。

（2）各个二级学院负责各自展位的具体布置，介绍项目的立项、设计、准备和实施等工作。

（3）后勤部门做好保障工作，包括场地布置、电源安装和设备搬运等工作。

视频播放：关于具体介绍，请观看本书配套视频"任务七：展示内容与要求.wmv"。

六、项目拓展训练

（1）熟悉毕业设计流程。

（2）完成毕业设计选题和毕业设计计划。

第2章　制作次世代游戏动画模型——电话机

说明：

本章通过 3 个项目全面介绍次世代游戏动画模型——电话机的制作流程。

教学建议课时数：

一般情况下需要 20 课时，其中理论课时为 4 课时，实际操作课时为 16 课时（特殊情况下可做相应调整）。

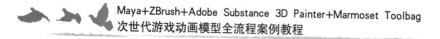

　　本章主要通过 3 个项目介绍"次世代游戏动画模型——电话机"这个毕业设计选题。该选题依据世界技能大赛 3D 数字游戏艺术项目竞赛流程和技术规范、游戏动画行业标准和制作流程、游戏动画专业特点三大维度进行全流程制作。

　　该选题介绍了游戏动画模型——电话机制作全流程：任务分析、参考图搜集、原画设定、中模制作、高模制作、低模制作、对低模展开 UV、高模和低模法线的烘焙、材质贴图的制作和最终模型的输出。

　　本选题的最终展板效果如下图所示。

项目 1 制作电话机中模

一、项目内容简介

本项目主要进行任务分析，以及介绍电话机中模的制作原理、方法和技巧。

二、项目效果欣赏

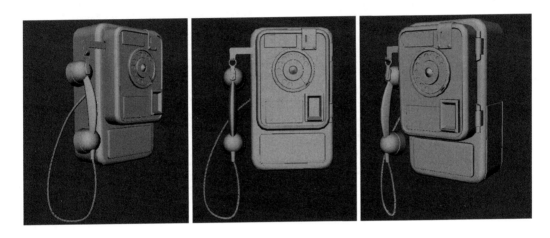

三、项目制作（步骤）流程

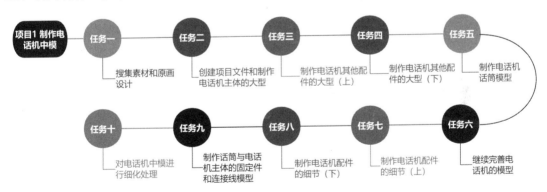

四、项目制作目的

（1）熟悉任务分析的基本方法。

（2）掌握项目的命名规则。

（3）能够熟练进行游戏动画模型的全流程制作。

（4）掌握电话机中模的制作原理、方法和技巧。

五、项目详细操作步骤

任务一：搜集素材和原画设计

本任务主要为××游戏设计一个电话机道具。该道具要与场景协调，体现出岁月沧桑的氛围。

根据任务要求，通过多渠道收集参考图，搜集的参考图如图 2.1 所示。根据搜集的参考图和客户需求，最终确定的原画效果如图 2.2 所示。

图 2.1   搜集的参考图

图 2.2   最终确定的原画效果

视频播放：关于具体介绍，请观看本书配套视频"任务一: 搜集素材和原画设计.wmv"。

任务二：创建项目文件和制作电话机主体的大型

本任务主要包括创建项目文件、根据项目要求创建相应的文件夹和制作电话机主体大型。

步骤 01：启动 Maya 软件，创建一个名为"gydhj"的项目文件。

步骤 02：在项目文件夹"gydhj/scenes"下根据项目文件分类存储要求，创建分类存储文件夹。创建的分类存储文件夹如图 2.3 所示。

步骤 03：在项目文件夹"gydhj/sourceimages"下根据项目素材分类存储要求，创建素材存储文件夹。创建的素材存储文件夹如图 2.4 所示。

步骤 04：根据原画设计要求，制作电话机主体大型。制作的电话机主体大型效果如图 2.5 所示。

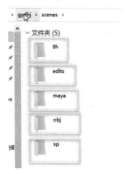

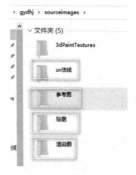

图 2.3   创建的分类存储
文件夹

图 2.4   创建的素材存储
文件夹

图 2.5   制作的电话机
主体大型效果

步骤 05：使用【倒角】命令，对电话机主体的大型进行倒角处理，倒角处理之后的效果如图 2.6 所示。

步骤 06：方法同上，制作电话机主体下部分的大型。电话机主体下部分的大型效果如图 2.7 所示。

步骤 07：使用【多边形圆柱体】命令，制电话机中间圆形配件的大型。制作的电话机中间圆形配件大型如图 2.8 所示。

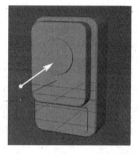

图 2.6　倒角处理之后的效果　　　图 2.7　电话机主体下部分的　　　图 2.8　制作的电话机
　　　　　　　　　　　　　　　　　　　　　大型效果　　　　　　　　　　　中间圆形配件大型

视频播放：关于具体介绍，请观看本书配套视频"任务二：创建项目文件和制作电话机主体的大型.wmv"。

任务三：制作电话机其他配件的大型（上）

本任务主要介绍电话机其他配件（如电话机右侧固定件、话筒挂钩等）大型的制作方法和技巧。

步骤 01：使用【多边形圆柱体】命令、【多切割】命令、【挤出】命令和【合并到中心】命令制作电话机右侧固定件大型。制作的电话机右侧固定件大型如图 2.9 所示。

步骤 02：使用【多边形立方体】、命令【多切割】命令、【倒角】命令和【挤出】命令制作电话机话筒挂钩大型。制作的电话机话筒挂钩大型如图 2.10 所示。

步骤 03：继续使用【多边形立方体】命令、【倒角】命令和【多切割】命令制作电话机主体表面的铁片大型。电话机主体表面的铁片大型如图 2.11 所示。

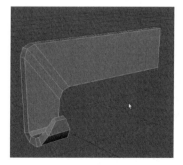

图 2.9　制作的电话机　　　图 2.10　制作的电话机话筒　　　图 2.11　电话机主体表面的
　　　　右侧固定件大型　　　　　　　　挂钩大型　　　　　　　　　　　铁片大型

步骤 04：使用【多切割】命令给制作完成的模型重新布线，将其中边数大于 4 的多边形面转化为三边形面或四边形面。

视频播放：关于具体介绍，请观看本书配套视频"任务三：制作电话机其他配件的大型（上）.wmv"。

任务四：制作电话机其他配件的大型（下）

本任务继续制作电话机其他配件大型。

步骤 01：使用【复制】命令、【挤出】命令和【删除边/顶点】命令，制作电话机主体表面的其他几块铁片大型。制作完成的铁片大型效果如图 2.12 所示。

步骤 02：使用【提取】命令、【挤出】命令和【多切割】命令，制作电话机主体背面的模型，电话机主体背面的模型效果如图 2.13 所示。

步骤 03：使用【挤出】命令和缩放操作，制作电话机主体模型和铁片大型的侧面弧度效果。电话机主体模型和铁片大型的侧面弧度效果如图 2.14 所示。

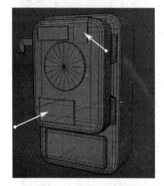
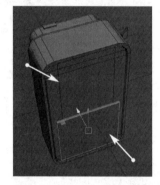

图 2.12　制作完成的铁片大型效果　　图 2.13　电话机主体背面的模型效果　　图 2.14　电话机主体模型和铁片大型的侧面弧度效果

步骤 04：使用【多边形圆柱体】命令、【挤出】命令和【倒角】命令，制作电话机话筒的环扣大型。电话机话筒的环扣大型效果如图 2.15 所示。

视频播放：关于具体介绍，请观看本书配套视频"任务四：制作电话机其他配件的大型（下）.wmv"。

任务五：制作电话机话筒模型

本任务主要制作电话机话筒模型。

步骤 01：使用【多边形立方体】命令、【平滑】命令、【倒角】命令、【挤出】命令和【合并到中心】命令，制作电话机话筒的听筒模型。听筒模型效果如图 2.16 所示。

步骤 02：将完成的听筒模型复制一份，调节好其位置，然后使用【多边形圆柱体】命令、【倒角】命令、【插入循环边】命令、【弯曲】命令和【晶格】命令，制作电话机话筒的手柄模型。电话机话筒的手柄模型如图 2.17 所示。

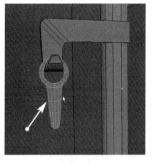

图 2.15　电话机话筒的
环扣大型效果

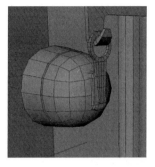

图 2.16　听筒模型效果

图 2.17　电话机话筒的手柄模型

视频播放：关于具体介绍，请观看本书配套视频"任务五：制作电话机话筒模型.wmv"。

任务六：继续完善电话机的模型

本任务主要根据原画设计要求，继续完善电话机的模型。

步骤 01：将电话机话筒的所有配件模型分成一个组，然对这些模型进行旋转和调节位置。调节之后的电话机话筒模型效果如图 2.18 所示。

步骤 02：使用【复制】命令、【挤出】命令、【插入循环边】命令和【镜像】命令，继续完善电话机主体右侧固定件模型。完善之后的电话机主体右侧固定件模型如图 2.19 所示。

步骤 03：使用【多边形立方体】命令、【插入循环边】命令、【提取】命令和【挤出】命令，制作电话机主体正面右下角的配件模型。制作的电话机主体正面右下角的配件模型如图 2.20 所示。

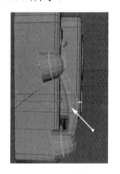

图 2.18　调节之后的电话机
话筒模型效果

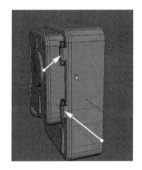

图 2.19　完善之后的电话机
主体右侧固定件模型

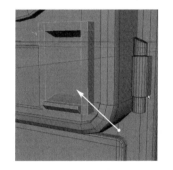

图 2.20　制作的电话机主体
正面右下角的配件模型

视频播放：关于具体介绍，请观看本书配套视频"任务六：继续完善电话机的模型.wmv"。

任务七：制作电话机配件的细节（上）

本任务主要制作电话机配件的细节。

步骤 01：使用【多切割】命令和【倒角】命令，对电话机主体正面右下角配件进行倒角处理。倒角处理之后的电话机主体正面右下角配件效果如图 2.21 所示。

步骤 02：使用【多切割】命令、【挤出】命令和【倒角】命令，对电话机主体右上角的铁片进行挤出和倒角处理。挤出和倒角处理的铁片效果如图 2.22 所示。

步骤 03：使用【插入循环边】命令和【挤出】命令，制作电话机主体侧面的凹槽效果。制作的凹槽效果如图 2.23 所示。

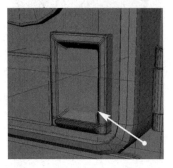  

图 2.21　倒角处理之后的电话机　　图 2.22　挤出和倒角处理的　　图 2.23　制作的凹槽效果
主体正面右下角配件效果　　　　　　铁片效果

步骤 04：使用【挤出】命令，制作电话机拨号盘的细节。制作的电话机拨号盘细节效果如图 2.24 所示。

步骤 05：使用【多边形平面】命令和【多边形圆锥】命令，制作电话机拨号盘号码片配件和电话机拨号盘中间的圆锥形配件。制作的号码片配件和圆锥形配件效果如图 2.25 所示。

视频播放：关于具体介绍，请观看本书配套视频"任务七：制作电话机配件的细节（上）.wmv"。

任务八：制作电话机配件的细节（下）

本任务主要制作电话机配件的铆钉和拨号盘中的拨号指针。

步骤 01：使用【多边形球体】命令和【删除边/顶点】命令，制作电话机配件的铆钉。制作的铆钉效果如图 2.26 所示。

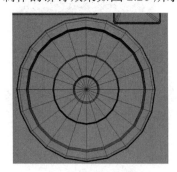  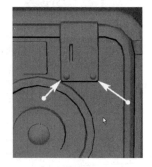

图 2.24　制作的电话机　　　图 2.25　制作的号码片配件和　　图 2.26　制作的铆钉效果
拨号盘细节效果　　　　　　　圆锥形配件效果

步骤 02：使用【挤出】命令和【填充洞】命令，制作电话机拨号盘右下角的凹槽效果。制作的电话机拨号盘右下角的凹槽效果如图 2.27 所示。

步骤 03：使用【多边形立方体】命令、【倒角】命令和【挤出】命令，制作电话机拨号盘右下角的拨号指针模型。制作的拨号指针模型如图 2.28 所示。

步骤 04：使用【多边形平面】命令、【切角顶点】命令、【多切割】命令、【结合】命令、【合并】命令、【弯曲】命令和【挤出】命令，制作拨号盘中的环形配件模型。制作的拨号盘中的环形配件模型如图 2.29 所示。

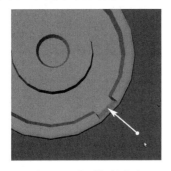
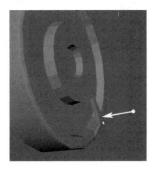

图 2.27　电话机拨盘右
下角的凹槽效果

图 2.28　制作的拨号
指针模型

图 2.29　制作的拨号盘中的
环形配件模型

视频播放：关于具体介绍，请观看本书配套视频"任务八：制作电话机配件的细节（下）.wmv"。

任务九：制作话筒与电话机主体的固定件和连接线模型

本任务主要制作话筒与电话机主体的连接线模型。

步骤 01：使用【多边形圆柱体】命令，制作话筒与电话线的固定件模型。制作的话筒与电话线的固定件模型如图 2.30 所示。

步骤 02：使用【多边形圆柱体】命令和【挤出】命令，制作电话机主体与电话线的固定件模型。制作的电话机主体与电话线的固定件模型如图 2.31 所示。

步骤 03：使用【CV 曲线工具】命令创建电话线的引导曲线。创建的引导曲线如图 2.32 所示。

图 2.30　制作的话筒与电话线的
固定件模型

图 2.31　制作的电话机主体与
电话线的固定件模型

图 2.32　创建的引导曲线

步骤 04：使用【螺旋线】命令，创建一个螺旋线模型。创建的螺旋线模型如图 2.33 所示。

步骤 05：使用【曲线扭曲】命令，将创建的螺旋线模型匹配到引导曲线上。匹配之后的螺旋线模型如图 2.34 所示。

步骤 06：使用【多边形圆柱体】命令和【曲线扭曲】命令，将创建的圆柱体模型匹配到步骤 03 中创建的引导曲线上。匹配之后的圆柱体模型如图 2.35 所示。

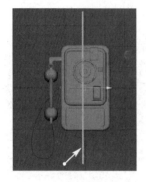  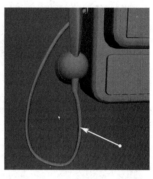

图 2.33　创建的螺旋线模型　　图 2.34　匹配之后的螺旋线模型　　图 2.35　匹配之后的圆柱体模型

视频播放：关于具体介绍，请观看本书配套视频"任务九：制作话筒与电话机主体的固定件和连接线模型.wmv"。

任务十：对电话机中模进行细化处理

本任务主要使用【倒角】命令，根据中模要求对模型进行倒角处理。

步骤 01：使用【倒角】命令，对电话机话筒的听筒进行倒角处理。倒角处理之后的听筒效果如图 2.36 所示。

步骤 02：继续使用【倒角】命令，对电话机的话筒环扣进行倒角处理。倒角处理之后的话筒环扣效果如图 2.37 所示。

步骤 03：方法同上，继续使用【倒角】命令，根据中模要求对电话机模型的其他部分进行倒角处理。倒角处理之后的电话机中模效果如图 2.38 所示。

图 2.36　倒角处理之后的　　图 2.37　倒角处理之后的　　图 2.38　倒角处理之后的
　　　　听筒效果　　　　　　　　话筒环扣效果　　　　　　电话机中模效果

提示：在制作过程中，读者可以先观察本书配套素材中已经制作完成的中模效果，再对自己制作的模型进行细化处理。在细化处理的过程中遇到问题，可以观看本书配套视频。

视频播放：关于具体介绍，请观看本书配套视频"任务十：对电话机中模进行细化处理.wmv"。

六、项目拓展训练

根据以下参考图，自行设计一个旧式电话机大型，并根据设计的大型制作旧式电话机的中模。

项目2　制作电话机高模和低模

一、项目内容简介

本项目主要介绍在电话机中模的基础上制作高模和低模的原理、方法与技巧。

二、项目效果欣赏

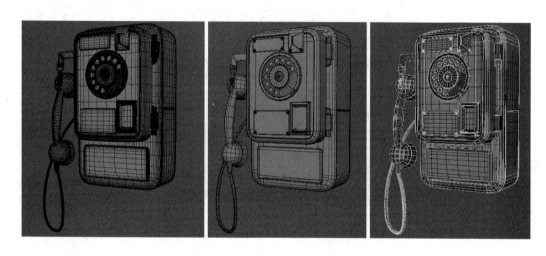

三、项目制作（步骤）流程

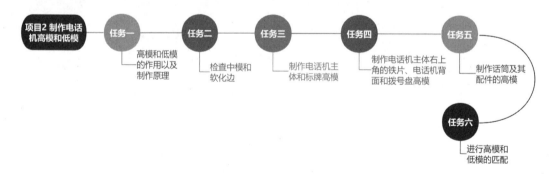

四、项目制作目的

（1）了解高模和低模的作用。

（2）熟悉高模和低模的制作原理。

（3）熟练掌握高模和低模的制作方法和技巧。

五、项目详细操作步骤

任务一：高模和低模的作用以及制作原理

高模的主要作用是为模型烘焙提供丰富的细节。高模的制作原理是在中模的基础上进行倒角，并使用【多切割】命令给模型重新布线，进一步刻画模型的细节。

低模主要用于展开 UV 与制作贴图，以及作为游戏资产被导入游戏软件进行游戏开发。低模的制作原理是在中模的基础上，在不改变模型结构的前提下删减多余边。

提示：在完成低模制作之后，一定要使用【清理】命令对低模进行检查，避免出现边数大于 4 的多边形面或重叠面。

视频播放：关于具体介绍，请观看本书配套视频"任务一：高模和低模的作用以及制作原理.wmv"。

任务二：检查中模和软化边

在制作高模之前，先要对中模进行【清理】处理，检查中模是否出现边数大于 4 的多边形面或重叠面。如果有边数大于 4 的多边形面，就需要将这些多边形面修改为四边形面或三边形面；如果有重叠面，就需要将重叠面修改为单面。然后使用【软化边】命令，对中模进行软化边处理。

软化边处理的方法非常简单，选择需要软化的边，执行【软化边】命令即可。

视频播放：关于具体介绍，请观看本书配套视频"任务二：检查中模和软化边.wmv"。

任务三：制作电话机主体和标牌高模

在制作高模之前先整理场景中的中模。

步骤 01：框选场景中的所有模型，执行【分组】命令（或按键盘上的"Ctrl+G"组合键），对所选模型进行分组，组名为"1"（"1"表示低模组），然后删除多余空组。

步骤 02：执行【历史】命令（或按键盘上的"Alt+Shift+D"组合键），清除场景中的历史记录。

步骤 03：将"1"组复制一份，将复制的组重命名为"h"，将"1"组隐藏。使用"h"组中的模型制作高模。

步骤 04：使用【多切割】命令、【插入循环边】命令和【删除边/顶点】命令，给模型的结构添加保护线，以便制作电话机主体的高模。电话机主体的高模效果如图 2.39 所示。

步骤 05：使用【多切割】命令、【插入循环边】命令和【删除边/顶点】命令，制作电话机左上角标牌的高模。电话机左上角标牌的高模效果如图 2.40 所示。

步骤 06：使用【倒角】命令，对电话机左下角的标牌中模进行倒角处理，以便制作高模。电话机左下角标牌的高模如图 2.41 所示。

视频播放：关于具体介绍，请观看本书配套视频"任务三：制作电话机主体和标牌高模.wmv"。

任务四：制作电话机主体右上角的铁片、电话机背面和拨号盘高模

本任务主要制作电话机主体右上角的铁片、电话机背面和拨号盘的高模。

步骤01：使用【多切割】命令、【插入循环边】命令和【删除边/顶点】命令，制作电话机主体右上角铁片包裹效果。铁片的高模如图 2.42 所示。

图 2.39　电话机主体的　　　　图 2.40　电话机左上角标牌的　　　图 2.41　电话机左下角标
　　　　　　高模效果　　　　　　　　　　　　高模效果　　　　　　　　　　牌的高模

步骤02：使用【倒角】命令，对电话机背面中模进行倒角处理，以便制作高模。电话机背面的高模效果如图 2.43 所示。

步骤03：使用【倒角】命令和【插入循环边】命令，对电话机主体侧面的固定件进行倒角和插入循环边，以便制作高模。侧面固定件的高模效果如图 2.44 所示。

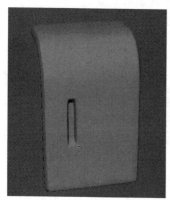

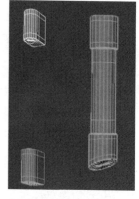

图 2.42　铁片的高模效果　　　　　图 2.43　电话机背面　　　　　图 2.44　侧面固定件的
　　　　　　　　　　　　　　　　　　　　　模型的高模　　　　　　　　　高模效果

步骤04：使用【倒角】命令和【多切割】命令，对电话机拨号盘主体进行切割和倒角处理，以便制作高模。电话机拨号盘主体的高模效果如图 2.45 所示。

步骤05：使用【倒角】命令和【多切割】命令，对电话机拨号盘的其他配件进行切割和倒角，以便制作高模。电话机拨号盘的其他配件高模如图 2.46 所示。

视频播放：关于具体介绍，请观看本书配套视频"任务四：制作电话机主体右上角的铁片、电话机背面和拨号盘高模.wmv"。

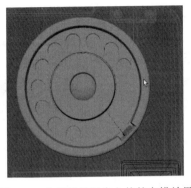

图 2.45　电话机拨号盘主体的高模效果

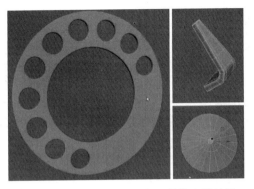

图 2.46　电话机拨号盘其他配件的高模效果

任务五：制作话筒及其配件的高模

本任务主要制作话筒及其配件（如话筒挂钩、话筒环扣和话筒与电话线的固定件等）的高模。

步骤 01： 使用【倒角】命令，对话筒挂钩进行倒角处理，以便制作高模。话筒挂钩高模效果如图 2.47 所示。

步骤 02： 使用【倒角】命令，对话筒环扣进行倒角处理，以便制作高模。话筒环扣的高模效果如图 2.48 所示。

步骤 03： 使用【倒角】命令，对电话机主体与电话线的固定件进行倒角处理，以便制作高模。制作的电话机主体与电话线固定件的高模效果如图 2.49 所示。

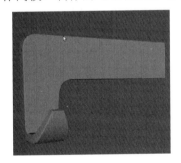

图 2.47　话筒挂钩的
高模效果

图 2.48　话筒环扣的
高模效果

图 2.49　制作的电话机主体与
电话线固定件的高模效果

步骤 04： 使用【倒角】命令，对话筒的听筒部分进行倒角处理，以便制作听筒的高模。听筒的高模效果如图 2.50 所示。

步骤 05： 使用【倒角】命令，对话筒与电话线的固定件进行倒角处理，以便制作话筒与电话线的固定件高模。制作的话筒与电话线固定件的高模效果如图 2.51 所示。

步骤 06： 高模制作完成之后，按键盘上的"3"键，检查高模是否存在缺陷。若存在缺陷，则继续修改。修改之后，使用【平滑网格预览到多边形】命令，完成高模的制作。制作的话筒及其配件的高模效果如图 2.52 所示。

图 2.50 听筒的高模效果

图 2.51 制作的话筒与电话线
固定件的高模效果

图 2.52 制作的话筒及其配件的
高模效果

视频播放：关于具体介绍，请观看本书配套视频"任务五：制作话筒及其配件的高模.wmv"。

任务六：进行高模和低模的匹配

本任务主要通过调节低模的布线或顶点位置，使其包裹住高模，完成高模和低模的匹配。

步骤 01：对完成的高模进行整理。创建一个图层，将完成的高模添加到创建的图层中，将图层命名为"layer_h"（表示存放高模的图层）。

步骤 02：将"1"组复制一份，将复制的组重命名为"11"。

步骤 03：创建一个图层，将创建的图层重命名为"layer_1"（表示存放低模的图层）。将"11"组中的所有模型添加到"layer_1"图层中。

步骤 04：将电话机主体的高模和低模孤立显示，使用【倒角】命令和【切角】命令，给低模重新布线并进行调节，使低模包裹高模。电话机主体高模和低模的包裹效果如图 2.53 所示。

步骤 05：调节电话机标牌和铁片的低模，使其包裹住高模。电话机标牌和铁片的高模和低模的包裹效果如图 2.54 所示。

步骤 06：调节电话机拨号盘低模顶点的位置，使其包裹住高模。电话机拨号盘的高模和低模包裹效果如图 2.55 所示。

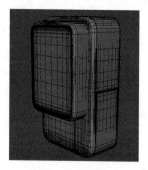

图 2.53 电话机主体
高模和低模的包裹效果

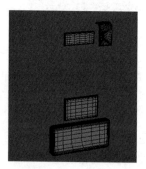

图 2.54 电话机标牌和铁片
高模和低模的包裹效果

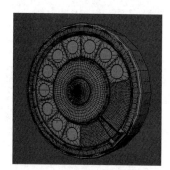

图 2.55 电话机拨号盘
高模和低模的包裹效果

步骤 07：调节电话机插卡低模的顶点位置，使其包裹住高模。电话机插卡的高模和低模的包裹效果如图 2.56 所示。

步骤 08：调节话筒及其配件低模的顶点位置，使其包裹住高模。话筒及其配件的高模和低模的包裹效果如图 2.57 所示。

步骤 09：方法同上，继续调节电话机其他配件的低模，使其包裹住高模。电话机高模和低模的包裹效果如图 2.58 所示。

图 2.56 电话机插卡
高模和低模的包裹效果

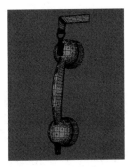
图 2.57 话筒及其配件
高模和低模的包裹效果

图 2.58 电话机高模和低模的
包裹效果

视频播放：关于具体介绍，请观看本书配套视频"任务六：进行高模和低模的匹配.wmv"。

六、项目拓展训练

根据项目 1 中制作的旧式电话机大型，制作旧式电话机的高模和低模，调节低模的布线和顶点位置，进行高模和低模的匹配。

项目3 电话机模型 UV 的展开、法线的烘焙和材质贴图的制作

一、项目内容简介

本项目主要介绍电话机低模的 UV 编辑、高模和低模法线的烘焙和电话机材质贴图的制作原理、方法和技巧。

二、项目效果欣赏

三、项目制作（步骤）流程

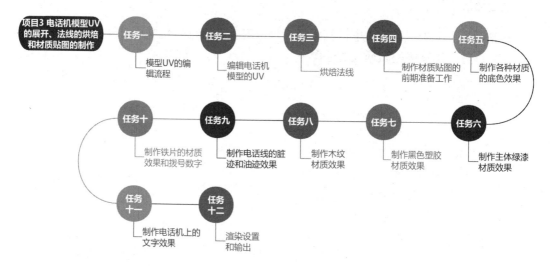

四、项目制作目的

（1）掌握模型的 UV 编辑原理、方法和技巧。

（2）掌握高模和低模法线的烘焙原理、方法和技巧。

（3）熟练掌握电话机材质贴图的制作原理、方法和技巧。

五、项目详细操作步骤

任务一：模型 UV 的编辑流程

本任务操作步骤如下。

步骤 01： 选择所有模型，打开【UV 编辑器】面板。

步骤 02： 根据模型的造型，在【创建】命令组中选择最佳 UV 创建命令，创建模型的 UV。

步骤 03： 根据材质贴图制作要求，在【切割和缝合】命令组使用切割或缝合命令，对模型的 UV 进行切割或缝合处理。

步骤 04： 在【展开】命令组中使用 UV 展开命令，把切割或缝合的 UV 展开。

步骤 05： 对展开的 UV 进行排列和布局。

步骤 06： 根据项目要求，输出 UV，然后关闭【UV 编辑器】面板。

视频播放： 关于具体介绍，请观看本书配套视频"任务一：模型 UV 的编辑流程.wmv"。

任务二：编辑电话机模型的 UV

本任务主要根据材质贴图制作要求，在【UV 编辑器】面板中对电话机低模的 UV 进行编辑。

步骤 01： 使用【清理】命令，对需要展开 UV 的模型进行清理，确保模型的所有面为四边形面或三边形面。

步骤 02： 打开【UV 编辑器】面板，在场景中选择所有模型。在【UV 编辑器】面板中使用【基于摄影机】命令，给所选模型创建 UV。所选模型的 UV 效果如图 2.59 所示。

步骤 03： 选择电话机主体部分需要剪切的边，使用【剪切】命令，将选择的边剪切。剪切边之后的电话机主体模型效果如图 2.60 所示。

步骤 04： 使用【展开】命令组中的命令，先将剪切边之后的 UV 展开，再对展开的 UV 进行排列。电话机主体模型的 UV 排列效果如图 2.61 所示。

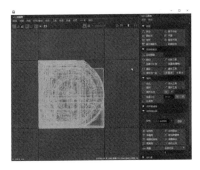
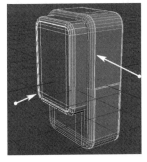
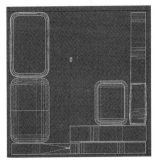

图 2.59　所选模型的 UV 效果　　　图 2.60　剪切边之后的　　　图 2.61　电话机主体模型的
　　　　　　　　　　　　　　　　电话机主体模型效果　　　　　　UV 排列效果

步骤 05：使用【剪切】命令，剪切选定的边。剪切边之后的模型效果如图 2.62 所示。

步骤 06：使用【展开】命令组中的命令，先把剪切边之后的 UV 展开，再对展开的 UV 进行排列。展开和排列 UV 之后的效果如图 2.63 所示。

步骤 07：方法同上，将电话机其他配件模型的 UV 展开和排列。电话机模型 UV 的最终效果如图 2.64 所示。

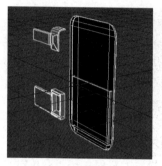
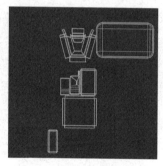
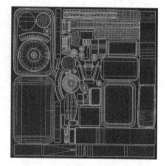

图 2.62　剪切边之后的　　　　图 2.63　展开和排列 UV　　　　图 2.64　电话机模型 UV 的
模型效果　　　　　　　　　之后的效果　　　　　　　　最终效果

视频播放：关于具体介绍，请观看本书配套视频"任务二：编辑电话机模型的 UV.wmv"。

任务三：烘焙法线

本任务主要介绍烘焙法线的准备工作、原理、流程、方法和技巧。

1. 烘焙法线的准备工作

在烘焙法线之前，先要做好烘焙法线的准备工作。

步骤 01：选择电话机的低模，打开【UV 编辑器】面板，检查电话机低模的 UV，确保 UV 没有问题。

步骤 02：将电话机的低模导出并保存为 OBJ 格式文件，将其命名为"1"。

步骤 03：将电话机的高模导出并保存为 OBJ 格式文件，将其命名为"h"。

2. 烘焙法线的原理、流程、方法和技巧

步骤 01：启动 Marmoset Toolbag 软件。

步骤 02：将"h"文件和"1"文件拖到 Marmoset Toolbag 软件中。两个文件的位置如图 2.65 所示。

步骤 03：单击【New Bake Project】按钮 ，生成一个新的"Bake Project 1"文件夹，将"h"文件和"1"文件拖到对应的文件夹中。"h"文件和"1"文件的位置如图 2.66 所示。

步骤 04：选择"Bake Project 1"文件夹，在参数面板中调节需要烘焙的法线位置、采样率和法线尺寸等参数。

步骤 05：选择"Low"文件夹，在参数面板中调节需要烘焙的法线的最大和最小包裹参数。调节包裹参数之后的效果如图 2.67 所示。

图 2.65　两个文件的位置

图 2.66　"h"文件和"1"
文件的位置

图 2.67　调节包裹参数
之后的效果

步骤 06：参数调节完毕，选择"Bake Project1"文件夹，单击【Bake（烘焙）】按钮，即可开始烘焙。烘焙的法线效果如图 2.68 所示。

提示：如果有个别模型出现穿插，那么可以将穿插的低模和高模进行独立烘焙，然后使用 Photoshop 软件，将独立烘焙的法线与总法线进行合成。

步骤 07：检查法线是否出现颜色扩散和高反差等问题。法线有缺陷的位置如图 2.69 所示。

步骤 08：使用 Photoshop 软件对法线存在缺陷的位置进行处理。处理缺陷之后的法线效果如图 2.70 所示。

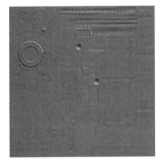

图 2.68　烘焙的法线效果

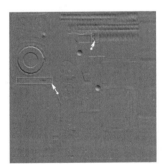

图 2.69　法线有缺陷的位置

图 2.70　处理缺陷之后的法线效果

视频播放：关于具体介绍，请观看本书配套视频"任务三：烘焙法线.wmv"。

任务四：制作材质贴图的前期准备工作

本任务主要使用 Adobe Substance 3D Painter 软件新建项目，根据材质贴图制作要求，对新建项目进行分区整理。

步骤 01：对收集的素材和原画进行分析，确定材质贴图的制作思路。

步骤 02：选择电话机低模，给电话机赋予一个"lambert"材质，将赋予材质的电话机低模导出并保存为 OBJ 格式文件，将其命名为"1"。

步骤 03： 启动 Adobe Substance 3D Painter 软件，新建一个项目文件。

步骤 04： 使用任务三烘焙的法线，对低模进行烘焙，烘焙出其他通道贴图，如 AO、Curvature、Position 和 OCC 等贴图。烘焙之后的效果如图 2.71 所示。

步骤 05： 根据材质贴图制作要求，使用遮罩功能对材质进行分区管理，一个分区为一个文件夹。分区后的文件夹列表如图 2.72 所示。

步骤 06： 给不同分区赋予不同的颜色，以便查看。赋予颜色之后的效果如图 2.73 所示。

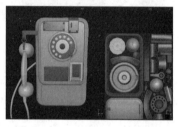

图 2.71　烘焙之后的效果　　图 2.72　分区后的文件夹列表　　图 2.73　赋予颜色之后的效果

视频播放： 关于具体介绍，请观看本书配套视频"任务四：制作材质贴图的前期准备工作.wmv"。

任务五：制作各种材质的底色效果

本任务主要介绍各种材质底色效果的制作原理、方法和技巧。

步骤 01： 在"主体绿漆"文件夹中创建"底色"、"脏迹"和"破损"三个子文件夹，分别在这三个子文件夹中创建其他图层，以便制作材质效果。创建的文件列表如图 2.74 所示。

步骤 02： 将这三个子文件夹复制到其他材质分区文件夹中。

步骤 03： 制作主体绿漆的底色效果，主体绿漆的底色效果如图 2.75 所示。

步骤 04： 制作黑色塑胶的底色效果，黑色塑胶的底色效果如图 2.76 所示。

图 2.74　创建的文件列表　　图 2.75　主体绿漆的底色效果　　图 2.76　黑色塑胶的底色效果

步骤 05： 制作铁片的底色效果，铁片的底色效果如图 2.77 所示。

步骤 06： 制作其他材质的底色效果，其他材质的底色效果如图 2.78 所示。

步骤 07：根据原画设计要求，对所有材质的底色进行整体调节。整体调节之后的材质底色效果如图 2.79 所示。

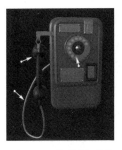

图 2.77　铁片的
底色效果

图 2.78　其他材质的
底色效果

图 2.79　整体调节之后的材质
底色效果

视频播放：关于具体介绍，请观看本书配套视频"任务五：制作各种材质的底色效果.wmv"。

任务六：制作主体绿漆材质效果

本任务主要介绍主体绿漆材质中的脏迹效果、破损效果和划痕效果的制作原理、方法和技巧。

步骤 01：使用填充图层、遮罩、程序纹理、模糊滤镜和色阶滤镜制作主体绿漆的脏迹效果。主体绿漆的脏迹效果如图 2.80 所示。

步骤 02：复制主体绿漆的脏迹效果图层，调节复制的脏迹效果图层的参数，以便制作主体绿漆的边缘脏迹效果。主体绿漆的边缘脏迹效果如图 2.81 所示。

步骤 03：复制主体绿漆的边缘脏迹效果图层，调节复制的主体绿漆的边缘脏迹效果图层属性参数，以便制作主体绿漆的边缘勾勒脏迹效果。主体绿漆的边缘勾勒脏迹效果如图 2.82 所示。

图 2.80　主体绿漆的脏迹效果

图 2.81　主体绿漆的
边缘脏迹效果

图 2.82　主体绿漆的边缘
勾勒脏迹效果

步骤 04：从主体绿漆的整体材质效果来看，还没有达到要求，需要调节平铺脏迹图层属性参数。调节参数之后的平铺脏迹效果如图 2.83 所示。

步骤 05：使用填充图层、遮罩、绘画图层、透贴程序纹理和程序纹理，通过调节参数和画笔，以便制作主体绿漆材质表面的油迹效果。主体绿漆表面的油迹效果如图 2.84 所示。

步骤 06：使用填充图层、遮罩、绘画图层、色阶滤镜、系统自带的 Materials 材质球，通过调节参数制作主体绿漆的破损效果。主体绿漆的破损效果如图 2.85 所示。

图 2.83　调节参数之后的　　　图 2.84　主体绿漆表面的　　　图 2.85　主体绿漆的破损效果
　　　　　平铺脏迹效果　　　　　　　　　油迹效果

视频播放：关于具体介绍，请观看本书配套视频"任务六：制作主体绿漆材质效果.wmv"。

任务七：制作黑色塑胶材质效果

本任务主要介绍黑色塑胶底色、斑驳效果和脏迹效果的制作原理、方法和技巧。

步骤 01：使用填充图层、遮罩、Grunges 脏迹程序纹理和模糊滤镜，通过参数调节制作黑色塑胶的底色效果。黑色塑胶的底色效果如图 2.86 所示。

步骤 02：使用填充图层和系统自带的 Materials 材质球，通过参数调节制作黑色塑胶的斑驳效果。黑色塑胶的斑驳效果如图 2.87 所示。

步骤 03：使用填充图层、遮罩、程序纹理、模糊滤镜和色阶滤镜制作"黑色塑胶"的脏迹效果。黑色塑胶的脏迹效果如图 2.88 所示。

图 2.86　黑色塑胶材质的底色效果　　图 2.87　黑色塑胶的斑驳效果　　图 2.88　黑色塑胶的脏迹效果

步骤 04：使用填充图层、色阶滤镜和智能材质球，通过调节参数制作黑色塑胶的斑迹效果。黑色塑胶的斑迹效果如图 2.89 所示。

步骤 05：使用填充图层、色阶滤镜和透贴程序纹理，通过参数调节制作黑色塑胶的破损效果。黑色塑胶的破损效果如图 2.90 所示。

步骤 06：使用填充图层、色阶滤镜、绘画图层和画笔程序纹理，通过调节参数和笔刷制作黑色塑胶的划痕效果。黑色塑胶的划痕效果如图 2.91 所示。

图 2.89　黑色塑胶的斑迹效果　　图2.90　黑色塑胶的破损效果　　图 2.91　黑色塑胶的划痕效果

视频播放：关于具体介绍，请观看本书配套视频"任务七：制作黑色塑胶材质效果.wmv"。

任务八：制作木纹材质效果

木纹材质效果的制作通过调节智能材质的相关参数完成。

步骤 01：给模型添加系统自带的木纹智能材质球。添加智能材质球之后的效果如图 2.92 所示。

步骤 02：从效果来看，并不符合要求，需要根据要求调节参数。调节参数之后的木纹材质效果如图 2.93 所示。

步骤 03：木纹材质效果已制作完成，需要给木纹制作脏迹效果、破损效果和油迹效果。脏迹效果、破损效果和油迹效果的制作方法同上。木纹材质的最终效果如图 2.94 所示。

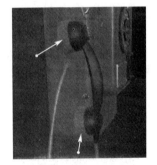

图 2.92　添加智能材质球　　　　图 2.93　调节参数之后的　　　　图 2.94　木纹材质的最终效果
　　　　　之后的效果　　　　　　　　　　　木纹材质效果

视频播放：关于具体介绍，请观看本书配套视频"任务八：制作木纹材质效果.wmv"。

任务九：制作电话线的脏迹和油迹效果

本任务主要介绍拨号数字周围及电话线的脏迹和油迹效果的制作原理、方法和技巧。

步骤 01：使用填充图层、绘画图层、脏迹程序纹理、色阶滤镜和手绘图层，通过调节参数和手动绘制，制作拨号数字周围的脏迹效果。拨号数字周围的脏迹效果如图 2.95 所示。

步骤 02：使用填充图层、程序纹理、系统自带的透贴和滤镜，通过调节参数制作电话线的脏迹效果。电话线的脏迹效果如图 2.96 所示。

步骤 03：使用填充图层、脏迹程序纹理、绘画图层和滤镜，通过调节参数和手动绘制制作电话线的油迹效果。电话线的油迹效果如图 2.97 所示。

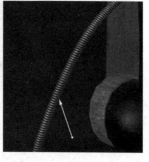

图 2.95 拨号数字周围的脏迹效果   图 2.96 电话线的脏迹效果   图 2.97 电话线的油迹效果

视频播放：关于具体介绍，请观看本书配套视频"任务九：制作电话线的脏迹和油迹效果.wmv"。

任务十：制作铁片的材质效果和拨号数字

本任务主要介绍铁片的脏迹效果、锈迹效果、凹凸效果的制作，以及电话机拨号数字的制作原理、方法和技巧。

步骤 01：使用智能材质，通过调节智能材质的参数制作铁片的浅度脏迹效果。铁片的浅度脏迹效果如图 2.98 所示。

步骤 02：使用填充图层、绘画图层和遮罩，通过手动绘制和调节参数制作铁片的破损效果。铁片的破损效果如图 2.99 所示。

步骤 03：使用填充图层、绘画图层、遮罩和划痕程序纹理，通过调节图层的高度值和其他参数制作铁片的凹凸效果。铁片的凹凸效果如图 2.100 所示。

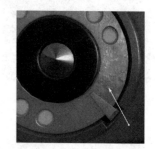

图 2.98 铁片的浅度脏迹效果   图 2.99 铁片的破损效果   图 2.100 铁片的凹凸效果

步骤 04：复制主体绿漆材质的脏迹效果图层，把它粘贴到铁片材质图层中，通过调节所复制的脏迹效果图层的参数制作铁片的深度脏迹效果。铁片的深度脏迹效果如图 2.101 所示。

步骤 05：使用填充图层、绘画图层、遮罩、自带的程序纹理和色阶滤镜，通过调节参数和使用笔刷手动制作铁片的油迹效果。铁片的油迹效果如图 2.102 所示。

步骤 06：方法同上，制作电话机背面的铁片锈迹效果。铁片的锈迹效果如图 2.103 所示。

图 2.101　铁片的深度脏迹效果　　　　图 2.102　铁片的油迹效果　　　　图 2.103　铁片的锈迹效果

步骤 07：使用系统自带的透贴数字程序纹理和画笔图层，通过编辑程序纹理制作拨号数字。制作的拨号数字效果如图 2.104 所示。

视频播放：关于具体介绍，请观看本书配套视频"任务十：制作铁片的材质效果和拨号数字.wmv"。

任务十一：制作电话机上的文字效果

本任务主要使用 Photoshop 软件制作 Alpha 字母素材，以及在 Adobe Substance 3D Painter 软件中应用 Alpha 字母素材制作凹凸的文字效果。

步骤 01：使用 Photoshop 软件制作拨号盘中的 Alpha 字母素材，并将制作好的 Alpha 字母素材导入 Adobe Substance 3D Painter 软件。导入的 Alpha 字母素材效果如图 2.105 所示。

提示：在保存 Alpha 字母素材时，文件格式为 PNG。Alpha 字母素材的使用原理是黑色部分透明，白色部分不透明。

步骤 02：使用填充图层和绘画图层，通过画笔手动绘制字母，将字母绘制到拨号盘上。绘制的字母效果如图 2.106 所示。

图 2.104　制作的拨号　　　　图 2.105　导入的 Alpha 字母　　　　图 2.106　绘制的字母效果
　　　　　数字效果　　　　　　　　　　素材效果

步骤 03：方法同上，使用画笔继续绘制其他文字。其他文字效果如图 2.107 所示。

视频播放：关于具体介绍，请观看本书配套视频"任务十一：制作电话机上的文字效果.wmv"。

任务十二：渲染设置和输出

本任务主要介绍效果图的输出与贴图的导出方法和技巧。

步骤 01：调节好镜头角度。

步骤 02：设置效果图的尺寸大小。

步骤 03：调节灯光照射角度和渲染参数。

步骤 04：设置完毕进行渲染，渲染之后保存效果图。不同角度的渲染效果如图 2.108 所示。

图 2.107　其他文字效果

图 2.108　不同角度的渲染效果

步骤 05：渲染完毕，通过【导出文件…】对话框，将贴图导出，以便在其他渲染软件中使用。导出的贴图如图 2.109 所示。

lambert6SG_Ba　　lambert6SG_Hei　　lambert6SG_Me　　lambert6SG_Mi　　lambert6SG_No
se_Color　　　　　ght　　　　　　　tallic　　　　　　xed_AO　　　　　　rmal

lambert6SG_No　　lambert6SG_Ro
rmal_OpenGL　　　ughness

图 2.109　导出的贴图

步骤 06：完成渲染和导出贴图之后，保存整个项目文件。

视频播放：关于具体介绍，请观看本书配套视频"任务十二：渲染设置和输出.wmv"。

六、项目拓展训练

根据项目 2 制作的旧式电话机模型，制作旧式电话机模型的材质贴图，输出 3 个以上不同角度的效果图。

第 3 章　制作次世代游戏动画模型——兽笼

知识点：

项目 1　制作兽笼大型和中模
项目 2　制作兽笼高模
项目 3　制作兽笼低模
项目 4　制作兽笼材质贴图

说明：

本章通过 4 个项目全面介绍次世代游戏动画模型——兽笼的制作流程。

教学建议课时数：

一般情况下需要 20 课时，其中理论课时为 4 课时，实际操作课时为 16 课时（特殊情况下可做相应调整）。

通过"制作次世代游戏动画模型——兽笼"选题的学习，要求掌握以下几点。

（1）掌握次世代游戏动画模型的制作流程。

（2）高模和低模的制作原理、方法和技巧。

（3）木头和金属高模的雕刻原理、方法和技巧。

（4）木头和金属材质贴图的制作原理、方法和技巧。

（5）能够举一反三，制作其他木头和金属材质贴图。

（6）能够使用 Maya、ZBrush、Adobe Substance 3D Painter、Photoshop 和 Marmoset Toolbag 这 5 款常用软件，相互协作完成"制作次世代游戏动画模型——兽笼"选题的全流程工作。

本选题的最终展板效果如下图所示。

项目 1　制作兽笼大型和中模

一、项目内容简介

本项目主要分析游戏动画模型——兽笼及其制作流程，同时介绍兽笼大型和中模的制作原理、方法和技巧。

二、项目效果欣赏

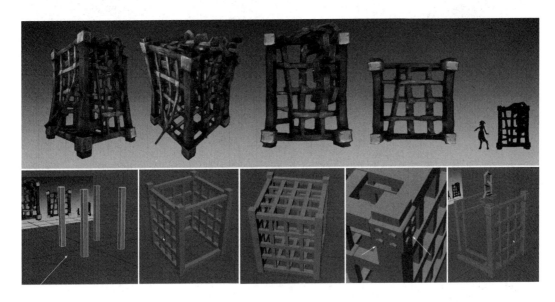

三、项目制作（步骤）流程

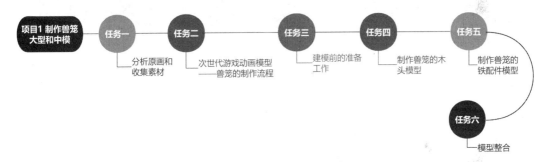

四、项目制作目的

（1）熟悉次世代游戏动画模型的制作流程。

（2）熟悉次世代游戏动画模型——兽笼的结构。

（3）掌握次世代游戏动画模型——兽笼中模的制作原理、方法和技巧。

五、项目详细操作步骤

任务一：分析原画和收集素材

本章主要根据原画设计要求，为××次世代游戏中的野兽制作一个兽笼三维模型并制作其材质贴图。提供的兽笼原画设计效果如图 3.1 所示。

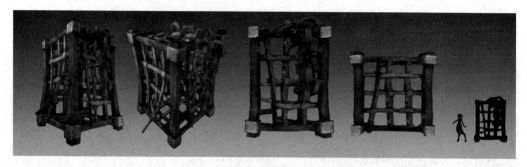

图 3.1　提供的兽笼原画设计效果

　　兽笼原画中包括两个透视图、一个正视图、一个顶视图和一个比例参考图，但看不到兽笼背面的细节，需要搜集一些参考图，通过二次创作，完善兽笼背面的细节。根据项目要求搜集的参考图如图 3.2 所示。这些参考图的大图请参考本书提供的配套资源素材库。

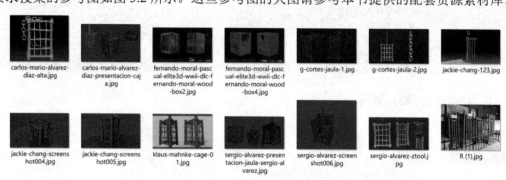

图 3.2　根据项目要求搜集的参考图

　　根据提供的原画和收集的参考图，对兽笼的结构和形态进行简化。兽笼结构简化图如图 3.3 所示。

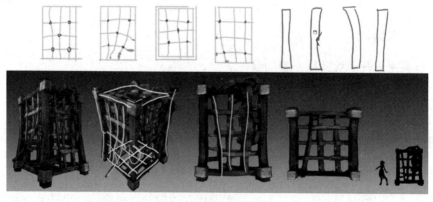

图 3.3　兽笼结构简化图

　　视频播放：关于具体介绍,请观看本书配套视频"**任务一: 分析原画和收集素材.mpg4**"。

任务二：次世代游戏动画模型——兽笼的制作流程

次世代游戏动画模型——兽笼的制作流程如下。

步骤 01：根据提供的原画，分析兽笼的结构和比例大小。

步骤 02：使用 Maya 软件制作兽笼的大型。

步骤 03：在兽笼大型的基础上制作兽笼的中模。

步骤 04：给兽笼中模添加保护线，然后将中模导入 Zbrush 软件，以便雕刻出高模。

步骤 05：将雕刻完成的高模导出为 OBJ 格式文件。

步骤 06：将导出的高模导入 Maya 软件，使用拓扑命令，以高模作为拓扑对象，制作兽笼的低模。对低模展开 UV 和排列 UV，然后将低模导出为 OBJ 格式文件。

步骤 07：使用 Marmoset Toolbag 软件烘焙法线。

步骤 08：将低模和烘焙完成的法线导入 Adobe Substance 3D Painter 软件，使用高模烘焙出其他绘图通道。

步骤 09：根据原画、收集的参考图和分析结果，制作兽笼的材质贴图。

步骤 10：制作完成材质贴图后，开始渲染兽笼效果图。

步骤 11：将制作完成的材质贴图导出，以供其他渲染软件使用。

视频播放：关于具体介绍，请观看本书配套视频"任务二：次世代游戏动画模型——兽笼的制作流程.mpg4"。

任务三：建模前的准备工作

建模前的准备工作主要包括项目文件的创建、分类文件夹的创建、单位设置、场景保存和原画的导入等。

步骤 01：启动 Maya 软件，创建一个名为"sl"的项目文件。

步骤 02：在"sl/scenes"文件夹中根据项目要求，创建分类文件夹。创建的分类文件夹如图 3.4 所示。

步骤 03：在"sl/sourceimages"文件夹中根据项目要求，创建素材保存文件夹。创建的素材保存文件夹如图 3.5 所示。

图 3.4　创建的分类文件夹

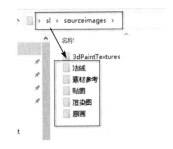
图 3.5　创建的素材保存文件夹

步骤 04：将场景文件保存到"sl/scenes/maya"文件夹中。

步骤 05：将单位设为米（m）。在菜单栏单击【窗口】→【设置/首选项】→【首选项】

→【设置】命令，打开【首选项】面板中的【设置】选项卡。单位的具体设置如图 3.6 所示。

步骤 06：使用【立方体】命令和【定位器】命令，创建立方体和定位器，把它们作为兽笼制作比例的参照物。创建的立方体和定位器如图 3.7 所示。

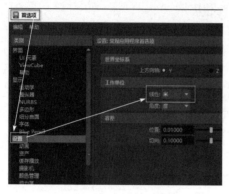

图 3.6 单位的具体设置   图 3.7 创建的立方体和定位器

步骤 07：将原画导入前视图编辑区，根据参考图调节原画的大小和位置。导入的原画如图 3.8 所示。原画在透视图编辑区的效果如图 3.9 所示。

图 3.8 导入的原画   图 3.9 原画在透视图编辑区的效果

步骤 08：在【显示】面板中创建一个图层，将导入的原画放到该图层，将该图层锁定。

视频播放：关于具体介绍，请观看本书配套视频"任务三：建模前的准备工作.mpg4"。

任务四：制作兽笼的木头模型

本任务主要使用【立方体】命令和【复制】命令制作兽笼的木头型，然后根据原画设计要求调节模型的大小和位置。

步骤 01：使用【立方体】命令，创建一个立方体，根据参考图调节立方体的大小。立方体的大小和位置如图 3.10 所示。

步骤 02：将创建好的立方体复制 3 份，根据参考图调节好其大小和位置。复制和调节之后的立方体如图 3.11 所示。

步骤 03：使用【立方体】命令和【复制】命令，根据参考图制作兽笼侧面的木头模型。侧面木头模型如图 3.12 所示。

图 3.10　立方体的大小和位置

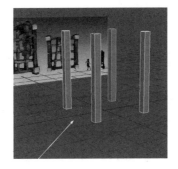

图 3.11　复制和调节之后的立方体

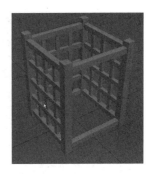

图 3.12　侧面木头模型

步骤 04：使用【立方体】命令和【复制】命令并进行缩放操作，根据参考图创建兽笼顶面和底面的木头模型。兽笼顶面和底面的木头模型如图 3.13 所示。

步骤 05：方法同上，继续使用【立方体】命令和【复制】命令制作兽笼的门模型。兽笼的门模型如图 3.14 所示。

视频播放：关于具体介绍，请观看本书配套视频"任务四：制作兽笼的木头模型.mpg4"。

任务五：制作兽笼的铁配件模型

本任务主要使用【立方体】命令、【圆环】命令、【倒角】命令、【挤出】命令和【桥接】命令，制作兽笼的铁配件——铁链模型、铁钉模型和包裹木头的铁块模型。

步骤 01：创建一个立方体，根据参考图和兽笼的木头模型，调节立方体的大小和位置。调节之后的立方体的大小和位置如图 3.15 所示。

图 3.13　兽笼顶面和底面的木头模型

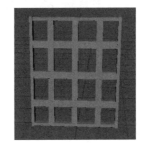

图 3.14　兽笼的门模型

图 3.15　调节之后的立方体的
大小和位置

步骤 02：对创建并调节好位置之后的立方体进行倒角处理。倒角处理之后的立方体效果如图 3.16 所示。

步骤 03：复制倒角处理之后的立方体，根据原画设计要求调节好其位置，复制和调节好位置的立方体如图 3.17 所示。

步骤 04：使用【圆环】命令，创建一个圆环，然后根据原画设计要求调节圆环的参数。调节之后的圆环效果如图 3.18 所示。

步骤 05：复制调节好的圆环，根据参考图调节该圆环的位置、大小和形态。复制和调节之后的圆环效果如图 3.19 所示。

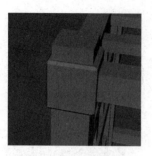

图 3.16 倒角处理之后的
立方体效果

图 3.17 复制和调节好
位置的立方体

图 3.18 调节之后的
圆环效果

步骤 06：创建一个立方体，先删除立方体两侧的面，再使用【挤出】命令、【桥接】命令和【倒角】命令进行挤出、桥接和倒角操作，以便制作包裹木头的铁块效果。包裹木头的铁块效果如图 3.20 所示。

步骤 07：复制前面创建的圆环模型，根据原画设计要求，制作铁链的固定件。铁链的固定件如图 3.21 所示。

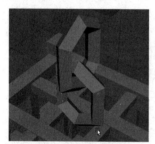

图 3.19 复制和调节之后的
圆环效果

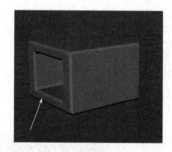

图 3.20 包裹木头的铁块效果

图 3.21 铁链的固定件

步骤 08：使用【圆柱体】命令、【倒角】命令和【复制】命令，制作铁块上的铁钉模型。制作的铁钉模型如图 3.22 所示。

视频播放：关于具体介绍，请观看本书配套视频"任务五：制作兽笼的铁配件模型.mpg4"。

任务六：模型整合

本任务主要使用【分离】命令、【平滑网格预览到多边形】命令、【倒角】命令、【分组】命令和【导出】命令，对兽笼模型进行整理和导出。

步骤 01：选择所有模型，使用【分离】命令，将所有模型分离成独立模型，对模型进行清理，将所有模型分到一个组中，使用【历史】命令删除所有的历史记录。

步骤 02：将创建的组复制一份，将其隐藏，作为备份使用。

步骤 03：对原画进行分析，保留需要导入 ZBrush 软件进行雕刻的模型，删除不需要雕刻的模型。需要雕刻的模型如图 3.23 所示。

步骤 04：使用【倒角】命令对剩余模型进行倒角处理。倒角处理之后的模型如图 3.24 所示。

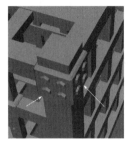

图 3.22　制作的铁钉模型　　　　图 3.23　需要雕刻的模型　　　　图 3.24　倒角处理之后的模型

步骤 05：选择所有已进行倒角处理的模型，按键盘上的"3"键进入平滑预览模式，预览平滑处理之后的效果。

步骤 06：在平滑预览模式下，在菜单栏单击【修改】→【转化】→【平滑网格预览到多边形】命令，对模型进行平滑处理。

步骤 07：将平滑处理之后的模型导出并命名为"dx.obj"文件，用于导入 ZBrush 软件，以便雕刻出高模。

步骤 08：保存文件，完成兽笼中模的制作。

视频播放：关于具体介绍，请观看本书配套视频"任务六：模型整合.mpg4"。

六、项目拓展训练

根据以下参考图，自行设计兽笼原画，根据兽笼原画制作兽笼的中模。

项目 2　制作兽笼高模

一、项目内容简介

本项目主要介绍使用 ZBrush 软件雕刻次世代游戏动画模型——兽笼高模的原理、方法和技巧。

二、项目效果欣赏

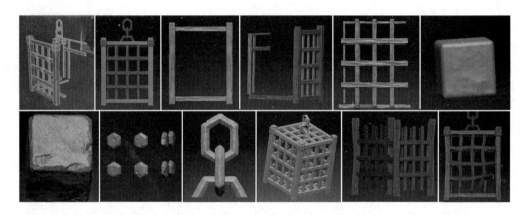

三、项目制作（步骤）流程

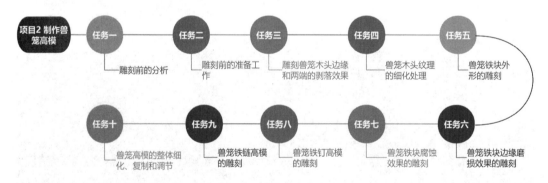

四、项目制作目的

（1）了解兽笼高模的雕刻流程。

（2）掌握雕刻前的分析方法和技巧。

（3）熟练掌握兽笼木头高模的雕刻原理、方法和技巧。

（4）熟练掌握兽笼铁块高模和铁链高模的雕刻原理、方法和技巧。

五、项目详细操作步骤

任务一：雕刻前的分析

兽笼的雕刻主要包括木头和铁块的雕刻。在雕刻之前建议收集有关木头和铁块的纹理素材，分析木头和铁块的各种纹理结构及纹理走势，然后进行雕刻。木头和铁块的纹理参考图如图 3.25 所示。

图 3.25　木头和铁块的纹理参考图

为了雕刻出更加逼真的木头和铁块的纹理，建议通过多渠道收集多一些纹理参考图。

在雕刻之前需要结合收集的纹理参考图和原画分析兽笼特征，研究怎么雕刻才能表现出更好的效果。建议从以下 4 个方面分析。

（1）分析兽笼原画中木纹的效果和缺失情况，研究怎么通过雕刻表现纹理。

（2）分析兽笼原画中铁块、铁钉和铁链的纹理和腐蚀情况。一般来说，这些铁配件在原画中不太逼真，因此需要收集大量的纹理参考图进行二次创作。

（3）分析使用什么样的笔刷才能更好地表现兽笼的纹理。

（4）收集有关木头纹理雕刻和金属纹理雕刻的笔刷。

视频播放：关于具体介绍，请观看本书配套视频"任务一：雕刻前的分析.mpg4"。

任务二：雕刻前的准备工作

在雕刻之前做好各种准备工作，为后续顺利雕刻提供有力保障。

步骤 01：在 Maya 软件中清理兽笼的中模，将不需要雕刻的模型删除，只保留需要雕刻的模型。需要雕刻的模型如图 3.26 所示。

步骤 02：将雕刻的模型分成一个组，导出为 OBJ 格式文件。

步骤 03：启动 ZBrush 软件，将需要雕刻的模型导入 ZBrush 软件。需要雕刻的模型如图 3.27 所示。

步骤 04：根据雕刻的需要，使用【遮罩】命令、【显示/隐藏】命令和【分组】命令，对导入的模型进行分组，然后拆分出 5 个子工具。子工具列表如图 3.28 所示。

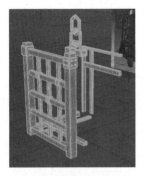

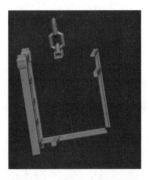

图 3.26　需要雕刻的模型　　　图 3.27　需要雕刻的模型　　　图 3.28　子工具列表

步骤 05：使用【ZRemesher】命令，重新拓扑模型。重新拓扑的布线效果如图 3.29 所示。

步骤 06：使用【细分网格】命令，给重新拓扑之后的模型添加细分级别。根据硬件的实际情况添加细分级别，此处建议添加 5 级细分。

步骤 07：使用【另存为】命令，将重新拓扑和添加细分级别之后的模型另存为 ZTL 格式文件。

视频播放：关于具体介绍，请观看本书配套视频"任务二：雕刻前的准备工作.mpg4"。

任务三：雕刻兽笼木头边缘和两端的剥落效果

本任务主要使用【Clay Buildup】笔刷、【Smooth】笔刷、【Trim Smooth Bord】笔刷、【Morph】笔刷和【Inflat】笔刷雕刻兽笼木头边缘和两端的剥落效果。

步骤 01：启动 ZBrush 软件，使用【载入工具】命令，将需要雕刻的模型导入 ZBrush 软件。导入的模型效果如图 3.30 所示。

步骤 02：将常用笔刷的启用设置成快捷键，重新布局 ZBrush 软件的界面，以提高雕刻效率。

步骤 03：使用【Clay Buildup】笔刷和【Smooth】笔刷，对兽笼木头大型进行雕刻。兽笼木头大型的雕刻效果如图 3.31 所示。

图 3.29　重新拓扑的布线效果　　　图 3.30　导入的模型效果　　　图 3.31　兽笼木头大型的雕刻效果

步骤 04：使用【Trim Smooth Bord】笔刷，适当压平兽笼木头大型中的凸起。压平之后的木头大型效果如图 3.32 所示。

步骤 05：使用【Clay Buildup】笔刷、【Morph】笔刷和【Smooth】笔刷，雕刻兽笼某根主干木头顶端的剥落效果。兽笼某根主干木头顶端的剥落效果如图 3.33 所示。

步骤 06：继续使用【Clay Buildup】笔刷、【Morph】笔刷和【Smooth】笔刷，雕刻兽笼某根主干木头底端的剥落效果。兽笼某根主干木头的底端剥落效果如图 3.34 所示。

图 3.32　压平之后的　　　图 3.33　兽笼某根主干木头顶端　　图 3.34　兽笼某根主干木头的底
　　　　木头大型效果　　　　　　　　的剥落效果　　　　　　　　　　端剥落效果

步骤 07：继续使用【Clay Buildup】笔刷、【Morph】笔刷和【Smooth】笔刷，雕刻兽笼其他主干木头两端的剥落效果。兽笼其他主干木头的剥落效果如图 3.35 所示。

步骤 08：使用【Trim Smooth Bord】笔刷、【Inflat】笔刷和【Smooth】笔刷对木头的横向和竖向边缘进行雕刻。雕刻之后兽笼木头边缘的剥落效果如图 3.36 所示。

步骤 09：方法同上，继续对其他木头的大型和剥落效果进行雕刻。雕刻之后的木头效果如图 3.37 所示。

图 3.35　兽笼其他主干木头的剥　　图 3.36　雕刻之后兽笼木头边缘　　图 3.37　雕刻之后的
　　　　落效果　　　　　　　　　　的剥落效果　　　　　　　　　　木头效果

视频播放：关于具体介绍，请观看本书配套视频"任务三：雕刻兽笼木头边缘和两端的剥落效果.mpg4"。

任务四：兽笼木头纹理的细化处理

主要通过加载笔刷和 Alpha 纹理，以及配合笔刷的拖拽功能制作木头纹理细节。

1. 加载笔刷

步骤 01：在笔刷库中单击【加载笔刷】按钮，弹出【Load Brush Preset...】窗口。

步骤 02：在【Load Brush Preset...】窗口中，选择需要加载的笔刷。选择的笔刷如图 3.38 所示。

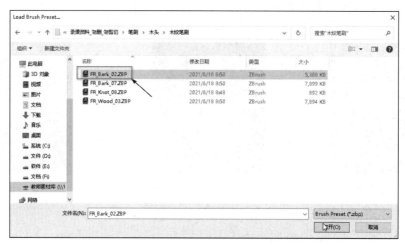

图 3.38　选择的笔刷

步骤 03：单击【打开】按钮，即可将选择的笔刷加载到笔刷库中。

步骤 04：方法同上，继续将其他 3 个笔刷加载到笔刷库中。

2. 导入 Alpha 纹理

步骤 01：选择【Standard】笔刷，单击【Alpha】按钮，弹出 Alpha 纹理库界面。Alpha 纹理库界面如图 3.39 所示。

图 3.39　Alpha 纹理库界面

步骤 02：在 Alpha 纹理库界面中单击【导入】按钮，弹出【Import Image】对话框。

步骤 03：在【Import Image】对话框中选择需要导入的纹理贴图。单击【打开】按钮，

即可将选择的纹理贴图导入 Alpha 纹理库。

3. 使用笔刷拖拽功能雕刻木头纹理细节

1）使用导入的纹理贴图雕刻木头纹理细节

步骤 01：选择【Standard】笔刷，将绘制模式设为拖拽模式，将 Alpha 纹理设为导入的纹理贴图。【Standard】笔刷设置如图 3.40 所示。

步骤 02：调节好笔刷的强度，在需要添加木头纹理的位置拖拽笔刷，拖拽到合适大小之后松开左键即可。使用导入的纹理贴图雕刻的木头纹理细节如图 3.41 所示。

2）使用加载的笔刷雕刻木头纹理细节

步骤 01：选择加载的笔刷，调节笔刷的强度。调节后的笔刷如图 3.42 所示。

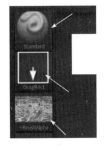  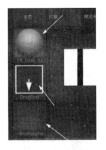

图 3.40　【Standard】笔刷设置　　图 3.41　使用导入的纹理贴图　　图 3.42　调节后的笔刷
雕刻的木头纹理细节

步骤 02：在需要添加木头纹理细节的位置拖拽笔刷，拖拽到合适大小之后松开左键即可。使用加载的笔刷拖拽功能雕刻的木头纹理效果如图 3.43 所示。

步骤 03：顺着木头纹理方向继续拖拽加载的笔刷，雕刻的木头纹理细节效果如图 3.44 所示。

提示：在使用笔刷拖拽功能雕刻木头纹理时，需要开启【背面遮罩】和【表面】这两个功能，避免影响背面和侧面的木头纹理细节。

步骤 04：使用【Smooth】笔刷，对使用笔刷拖拽功能雕刻的木头纹理中较锐利的地方进行模糊处理。最终的木头纹理细节如图 3.45 所示。

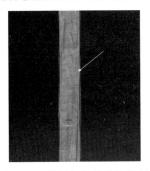  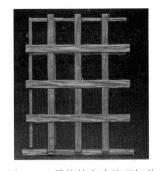

图 3.43　使用加载的笔刷拖拽　　图 3.44　雕刻的木头　　图 3.45　最终的木头纹理细节
功能雕刻的木头纹理效果　　纹理细节效果

视频播放：关于具体介绍，请观看本书配套视频"任务四：兽笼木头纹理的细化处理.mpg4"。

任务五：兽笼铁块外形的雕刻

1. 金属纹理的雕刻原理

雕刻金属纹理时，首先，雕刻金属的颗粒感，在此基础上雕刻金属的斑驳效果。其次，雕刻金属的边缘破损效果。最后，雕刻金属的腐蚀效果和划痕效果。

2. 铁块外形的雕刻

步骤 01：选择【Standard】笔刷，将笔刷的雕刻模式设为拖拽模式，选择导入的图片纹理。【Standard】笔刷的具体设置如图 3.46 所示。

步骤 02：调节笔刷的强度大小，在需要雕刻的位置拖拽笔刷，拖拽到合适大小松开左键即可。雕刻的铁块外形效果如图 3.47 所示。

步骤 03：方法同上，继续拖拽笔刷雕刻铁块纹理。铁块的纹理效果如图 3.48 所示。

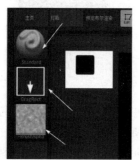  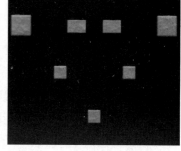

图 3.46 【Standard】笔刷的　　　图 3.47 雕刻的铁块　　　图 3.48 铁块的纹理效果
　　　　具体设置　　　　　　　　　　外形效果

3. 给铁块外形添加噪波

步骤 01：创建一个图层，打开图层的录制功能。

步骤 02：在【表面】面板中单击【噪波】按钮，弹出【Noise Make】对话框，在该对话框中设置噪波参数。噪波参数设置和添加噪波后的铁块效果如图 3.49 所示。

步骤 03：单击【确定】按钮，返回雕刻模式，单击【应用于网格】按钮，将噪波应用于兽笼铁块模型上。添加噪波后的铁块最终效果如图 3.50 所示。

4. 雕刻铁块的斑驳效果

步骤 01：加载所提供的剥落效果雕刻笔刷，选择加载的笔刷。笔刷的具体设置如图 3.51 所示。

步骤 02：在需要雕刻斑驳效果的位置拖拽笔刷。雕刻的斑驳效果如图 3.52 所示。

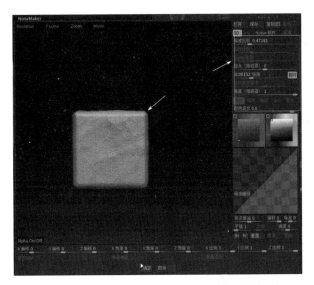

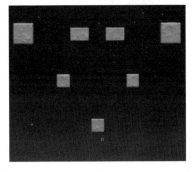

图 3.49 噪波参数设置和添加噪波后的铁块效果　　　图 3.50 添加噪波后的铁块最终效果

步骤 03：方法同上，继续拖拽笔刷雕刻铁块的斑驳效果。最终的铁块斑驳效果如图 3.53 所示。

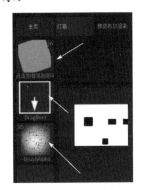

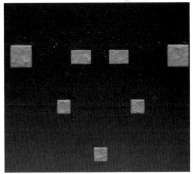

图 3.51 笔刷的具体设置　　　图 3.52 雕刻的斑驳效果　　　图 3.53 最终的铁块斑驳效果

视频播放：关于具体介绍，请观看本书配套视频"任务五：兽笼铁块外形的雕刻.mpg4"。

任务六：兽笼铁块边缘磨损效果的雕刻

本任务主要使用【Trim Smooth Bord】笔刷，雕刻兽笼铁块边缘磨损效果。

步骤 01：选择【Trim Smooth Bord】笔刷，调节笔刷的强度和雕刻模式。【Trim Smooth Bord】笔刷的具体设置如图 3.54 所示。

步骤 02：在铁块边缘拖拽笔刷进行雕刻。雕刻的铁块边缘磨损效果如图 3.55 所示。

步骤 03：方法同上，继续在铁块边缘拖拽笔刷进行雕刻。最终的铁块边缘磨损效果如图 3.56 所示。

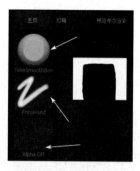

图 3.54 【TrimSmoothBord】
笔刷的具体设置

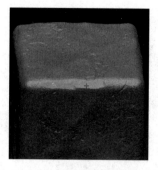

图 3.55 雕刻的铁块
边缘磨损效果

图 3.56 最终铁块边缘磨损效果

提示：在雕刻铁块边缘磨损效果时，需要注意笔刷的力度，不能把边缘雕刻得太整齐，需要在边缘雕刻出不同大小和深浅的不规则破损效果，以此体现铁块的厚重感。

视频播放：关于具体介绍，请观看本书配套视频"任务六：兽笼铁块边缘磨损效果的雕刻.mpg4"。

任务七：兽笼铁块腐蚀效果的雕刻

本任务主要使用本书配套素材中提供的两套笔刷，雕刻兽笼铁块腐蚀效果。

1. 笔刷的导入

步骤 01：将光标移到桌面的 ZBrush 软件的快捷图标 上，单击右键，弹出快捷菜单。在弹出的快捷菜单中单击【打开文件所在的位置（I）】命令，打开 ZBrush 软件运行文件所在的位置。

步骤 02：将提供的配套笔刷复制到 ZBrush 软件用于保存笔刷的文件中。具体保存位置和笔刷如图 3.57 所示。

步骤 03：重新启动 ZBrush 软件。导入的笔刷所在位置如图 3.58 所示。

图 3.57 具体保存位置和笔刷

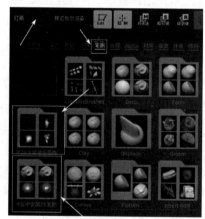

图 3.58 导入的笔刷所在位置

2. 使用导入的笔刷雕刻腐蚀效果

步骤 01：选择导入的【Metal_Chip_3】笔刷，调节笔刷的强度和雕刻模式。【Metal_Chip_3】笔刷的具体设置如图 3.59 所示。

步骤 02：在需要雕刻的位置拖拽笔刷雕刻腐蚀效果，雕刻的腐蚀效果如图 3.60 所示。

步骤 03：方法同上，继续使用不同的笔刷，拖拽笔刷雕刻其他位置的腐蚀效果。最终的腐蚀效果如图 3.61 所示。

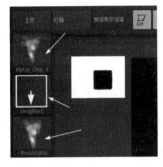

图 3.59 【Metal_Chip_3】笔刷的具体设置　　图 3.60 雕刻的腐蚀效果　　图 3.61 最终的腐蚀效果

视频播放：关于具体介绍，请观看本书配套视频"任务七：兽笼铁块腐蚀效果的雕刻.mpg4"。

任务八：兽笼铁钉高模的雕刻

本任务主要使用本书配套素材中提供的笔刷，雕刻铁钉的纹理、磨损效果和腐蚀效果。雕刻方法与前面铁块的雕刻方法基本相同。

步骤 01：给兽笼铁钉模型添加噪波。添加噪波后的铁钉效果如图 3.62 所示。

步骤 02：使用所提供的配套笔刷雕刻铁钉的纹理效果。铁钉的纹理效果如图 3.63 所示。

步骤 03：使用所提供的配套笔刷雕刻出铁钉的磨损效果。铁钉的磨损效果如图 3.64 所示。

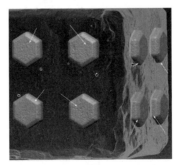

图 3.62 添加噪波后的铁钉效果　　图 3.63 铁钉的纹理效果　　图 3.64 铁钉的磨损效果

视频播放：关于具体介绍，请观看本书配套视频"任务八：兽笼铁钉高模的雕刻.mpg4"。

任务九：兽笼铁链高模的雕刻

本任务主要使用所提供的笔刷和基础笔刷，雕刻兽笼铁链高模效果。

步骤 01：在【图层】面板中添加一个图层，开启图层录制功能，开启【背面遮罩】和【表面】功能。

步骤 02：选择【Standard】笔刷，调节笔刷的强度和参数。【Standard】笔刷的具体设置如图 3.65 所示。

步骤 03：在需要雕刻的位置拖拽笔刷，雕刻出兽笼铁链底层纹理效果。兽笼铁链底层纹理效果如图 3.66 所示。

步骤 04：方法同上，继续拖拽笔刷，雕刻铁链底层纹理效果。最终的兽笼铁链底层纹理效果如图 3.67 所示。

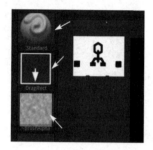

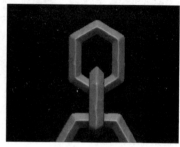

图 3.65　【Standard】笔刷的具体设置　　图 3.66　兽笼铁链底层纹理效果　　图 3.67　最终的兽笼铁链底层纹理效果

步骤 05：创建一个图层，给兽笼铁链添加噪波。添加噪波后的兽笼铁链效果如图 3.68 所示。

步骤 06：使用所提供的笔刷，雕刻兽笼铁链的斑驳效果。兽笼铁链的斑驳效果如图 3.69 所示。

步骤 07：方法同上，雕刻兽笼铁链边缘磨损效果。兽笼铁链边缘磨损效果如图 3.70 所示。

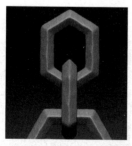

图 3.68　添加噪波后的兽笼铁链效果　　图 3.69　兽笼铁链的斑驳效果　　图 3.70　兽笼铁链边缘磨损效果

视频播放：关于具体介绍，请观看本书配套视频"任务九：兽笼铁链高模的雕刻.mpg4"。

任务十：兽笼高模的整体细化、复制和调节

本任务主要介绍兽笼高模划痕效果的制作、变形操作、减面操作和高模的导出等。

1. 给兽笼高模添加划痕效果

步骤 01：选择【Standard】笔刷和划痕 Alpha 贴图。【Standard】笔刷的具体设置如图 3.71 所示。

步骤 02：给兽笼高模制作划痕效果。制作的划痕效果如图 3.72 所示。

2. 复制兽笼高模变形简图

步骤 01：将 Maya 软件中导出的中模导入 ZBrush 软件，导入的中模与高模的匹配效果如图 3.73 所示。

图 3.71　【Standard】笔刷的　　图 3.72　制作的添加划痕效果　　图 3.73　导入的中模与高模的
　　　　　具体设置　　　　　　　　　　　　　　　　　　　　　　　　　　匹配效果

步骤 02：根据原画设计要求，画出兽笼每个面的变形简图。原画和兽笼变形简图如图 3.74 所示。根据变形简图复制雕刻好的兽笼高模，用于下一步的变形操作。

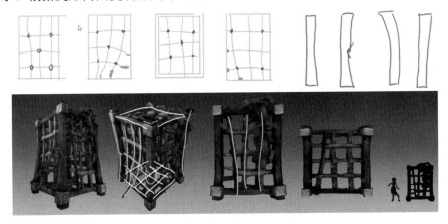

图 3.74　原画和兽笼变形简图

步骤 03：将雕刻完成的兽笼高模全部拆分成单个模型，复制兽笼主干木头高模，对复制的主干木头高模进行镜像或旋转操作。复制和旋转的主干木头高模如图 3.75 所示。

步骤 04：复制兽笼隔栏木头高模和门木头高模，并对复制的隔栏木头高模进行移动、镜像和旋转操作。复制和调节后的隔栏木头高模效果如图 3.76 所示。

3. 对兽笼高模进行变形操作

主要通过【Transform Type（变形类型）】面板中的【曲线弯折】命令完成兽笼高模的变形操作。

步骤 01：选择需要变形操作的木头高模，在变形操作模式下单击【设置】按钮，弹出【Transform Type（变形类型）】面板，在该面板中单击【曲线弯折】命令，如图 3.77 所示。

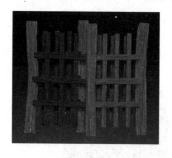

图 3.75　复制和旋转的主干　　图 3.76　复制和调节后的隔栏　　图 3.77　单击【曲线弯折】命令
　　　　　木头高模　　　　　　　　　　　木头高模效果

步骤 02：调节待弯折曲线的操纵杆和控制点。曲线弯折效果如图 3.78 所示。

步骤 03：方法同上，继续对兽笼的主干木头高模和隔栏木头高模的曲线进行弯折操作和局部缩放调节。兽笼木头高模的变形效果如图 3.79 所示。

步骤 04：将完成变化的高模另存一份。

步骤 05：根据项目和硬件要求，需要对高模进行抽面处理。在菜单栏单击【Z 插件】命令，在弹出的下拉菜单中，找到"抽取百分比"对应的数值框，在其中输入抽取百分比的数值。若输入 20，则将高模的面保留为原面的 20%，此时，ZBrush 软件开始预抽面。如果效果令人满意的话，就在菜单栏单击【Z 插件】→【抽取当前】命令，完成高模的减面操作。减面之后的兽笼木头高模效果如图 3.80 所示。

图 3.78　曲线弯折效果　　　图 3.79　兽笼木头高模的变形效果　　图 3.80　减面之后的兽笼
　　　　　　　　　　　　　　　　　　　　　　　　　　　　　　　　　　　木头高模效果

步骤 06：在菜单栏单击【Z 插件】→【导出所有子工具】命令，弹出【Export to Obj file】对话框。在该对话框中输入名称，单击【保存】按钮，即可将所有减面的高模导出为 OBJ 格式文件。

视频播放：关于具体介绍，请观看本书配套视频"任务十：兽笼高模的整体细化、复制和调节.mpg4"。

六、项目拓展训练

在项目 1 中的原画和中模的基础上，使用 ZBrush 软件雕刻高模。

项目3　制作兽笼低模

一、项目内容简介

本项目主要介绍使用 Maya 软件中的拓扑工具制作兽笼低模，以及对兽笼低模展开 UV 和法线烘焙。

二、项目效果欣赏

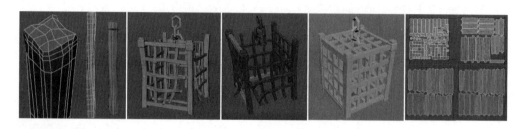

三、项目制作（步骤）流程

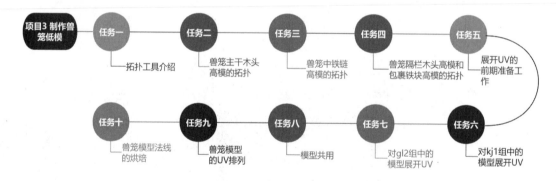

四、项目制作目的

（1）了解兽笼低模的制作流程。

（2）掌握兽笼低模的制作原理、方法和技巧。

（3）熟练掌握兽笼低模 UV 的展开技巧。

（4）熟练掌握兽笼法线烘焙的方法。

五、项目详细操作步骤

任务一：拓扑工具介绍

在 Maya 软件中将高模拓扑成低模的主要方法是使用【四边形绘制】命令，根据高模形态和项目要求绘制四边形。

1. 绘制四边形

步骤 01：选择需要拓扑的高模，在工具栏单击【激活选定对象】按钮，激活选定的高模。

步骤 02：单击【显示/隐藏建模工具包】按钮，显示建模工具包，然后在【建模工具包】面板中单击【四边形绘制】命令。

步骤 03：在高模上单击左键，创建 4 个绘制点。创建的 4 个绘制点如图 3.81 所示。

步骤 04：按住键盘上的"Shift"键不放，将光标移到上述 4 个绘制点形成的平面范围内。此时，出现一个绿色平面（参考本书配套视频），如图 3.82 所示。

步骤 05：单击左键，即可生成一个粉红色的面（参考本书配套视频），表示绘制成功。绘制的平面如图 3.83 所示。

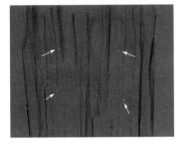

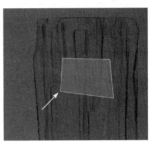

图 3.81　创建的 4 个绘制点　　　　图 3.82　绿色平面　　　　图 3.83　绘制的平面

2. 插入循环边

步骤 01：按住键盘上的"Ctrl"键不放的同时，将光标移到需要插入循环边的位置。此时，出现一条绿色的循环线和起始点在边上的百分比。绿色循环线（参考本书配套视频）如图 3.84 所示。

步骤 02：单击左键，即可插入一条循环边。插入的循环边如图 3.85 所示。

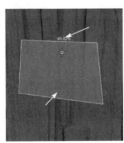

图 3.84　绿色循环线　　　　图 3.85　插入的循环边

3. 拖拽出循环面

步骤 01：将光标移到需要拖拽的循环边的任意一段边上。光标所在的边如图 3.86 所示。

步骤 02：按住"Tab"键+中键不放的同时，拖拽上一步骤选定的边，即可拖拽出一条新的循环边。拖拽出的循环边如图 3.87 所示。

步骤 03：把新的循环边拖拽到需要的位置，松开中键，即可拖拽出循环面。拖拽出的循环面如图 3.88 所示。

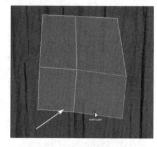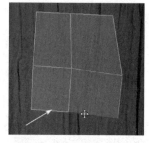

图 3.86　光标所在的边　　　　图 3.87　拖拽出的循环边　　　　图 3.88　拖拽出的循环面

4. 拖拽出面

步骤 01：将光标移到需要拖拽的边上，如图 3.89 所示。

步骤 02：按住"Tab"键+左键不放的同时拖拽上一步骤选定的边，即可拖拽出一条新边。拖拽出的新边如图 3.90 所示。

步骤 03：把新边拖拽到需要的位置，松开左键，即可生成一个面。拖拽出的面如图 3.91 所示。

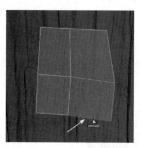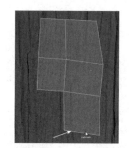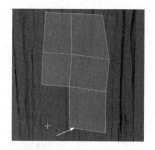

图 3.89　需要拖拽的边　　　　图 3.90　拖拽出的新边　　　　图 3.91　拖拽出的面

5. 删除边或循环边

步骤 01：将光标移到需要删除的边或循环边的任意一段边上，按住键盘上的"Ctrl+Shift"组合键，此时，光标右下角出现一个图标█。光标所在的位置如图 3.92 所示。

步骤 02：单击左键，即可将此循环边删除。删除循环边之后的效果如图 3.93 所示。

6. 边或顶点的合并

在绘制过程中可以将两条断开的边合并为一条边，也可以将两个顶点合并成一个顶点。

步骤 01：将光标移到需要合并的边上。光标所在的边如图 3.94 所示。

图 3.92　光标所在的位置

图 3.93　删除循环边之后的效果

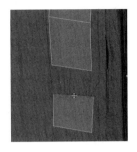

图 3.94　光标所在的边

步骤 02：按住左键不放的同时，把上一步骤选定的边移到被合并的边上，松开左键，即可将这两条边合并成一条边。合并边之后的效果如图 3.95 所示。

顶点的合并步骤可参考边的合并步骤。

7. 面的平滑处理

可以移动顶点位置完成面的平滑处理。

步骤 01：将光标移到需要进行平滑处理的面上，按住 "shift" 键不放，此时，光标下方出现 "relax" 的提示。光标状态如图 3.96 所示。

步骤 02：按住左键进行涂抹，即可对绘制的面进行平滑处理。平滑处理之后的效果如图 3.97 所示。

图 3.95　合并边之后的效果

图 3.96　光标状态

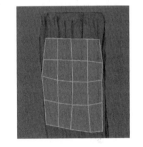

图 3.97　平滑处理之后的效果

步骤 3：按键盘上的 "W" 键结束四边形的绘制，单击【激活选定对象】按钮 退出模型激活状态，完成拓扑操作。

视频播放：关于具体介绍，请观看本书配套视频 "任务一：拓扑工具介绍.mpg4"。

任务二：兽笼主干木头高模的拓扑

1. 第 1 种拓扑方法

使用【四边形绘制】命令绘制顶点，通过顶点生成面，然后对生成的面的边进行挤出，插入循环边并调节顶点，把高模拓扑成低模。

步骤 01：选择兽笼第 1 根主干木头高模，开启【激活选定对象】功能，单击【四边形绘制】命令。

　　步骤 02：在兽笼第 1 根主干木头高模上绘制四边形面。绘制的四边形面如图 3.98 所示。

　　步骤 03：根据兽笼主干木头的形态，绘制用于包裹该木头的大块面。绘制的大块面如图 3.99 所示。

　　步骤 04：通过插入横向和竖向的循环边，细化绘制的四边形面，使其更好地包裹住兽笼主干木头。插入循环边之后的四边形面效果如图 3.100 所示。

　　步骤 05：绘制兽笼第 1 根主干木头两端的四边形面和侧面细节。拓扑得到的兽笼第 1 根主干木头低模效果如图 3.101 所示。

  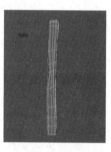 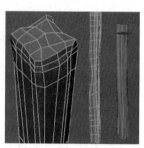

图 3.98　绘制的
四边形面　　图 3.99　绘制的
大块面　　图 3.100　插入循环边
之后的四边形面效果　　图 3.101　拓扑得到的兽笼
第 1 根主干木头低模效果

　　步骤 06：方法同上，继续对兽笼第 2 根主干木头高模进行拓扑。拓扑得到的兽笼第 2 根主干木头低模效果如图 3.102 所示。

　　2. 第 2 种拓扑方法

　　选择兽笼主干木头的大型，先将大型切换到绘制模式，再使用【四边形绘制】命令对其进行拓扑。

　　步骤 01：选择兽笼第 3 根主干木头大型，单击【激活选定对象】按钮，在【建模工具包】面板中单击【四边形绘制】按钮，将兽笼第 3 根主干木头大型切换到绘制模式，如图 3.103 所示。

　　步骤 02：给绘制模式下的大型插入横向和竖向的循环边，然后调节绘制点和面的平滑处理。拓扑得到的兽笼第 3 根主干木头低模效果如图 3.104 所示。

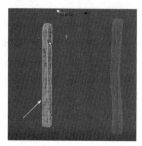 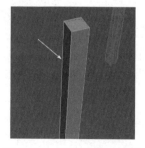 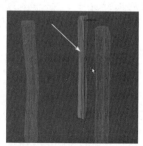

图 3.102　拓扑得到的兽笼
第 2 根主干木头低模效果　　图 3.103　切换到绘制模式　　图 3.104　拓扑得到的兽笼
第 3 根主干木头低模效果

步骤 03：兽笼第 4 根主干木头的拓扑方法与前面的拓扑方法完全相同，这里不再介绍。读者可以采用前面两种方法之一进行拓扑。拓扑得到的兽笼 4 根主干木头低模效果如图 3.105 所示。

视频播放：关于具体介绍，请观看本书配套视频"任务二：兽笼主干木头高模的拓扑.mpg4"。

任务三：兽笼中铁链高模的拓扑

兽笼中的铁链高模拓扑的方法是将铁链大型转换为四边形绘制模型，然后使用【四边形绘制】命令拓扑。

步骤 01：选择兽笼中的铁链高模，单击【激活选定对象】按钮，选择对应的铁链大型。激活并选择的铁链大型如图 3.106 所示。

步骤 02：在【建模工具包】面板中单击【四边形绘制】按钮，将选择的大型转换为四边形绘制模型。转换之后的模型效果如图 3.107 所示。

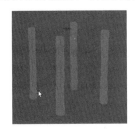 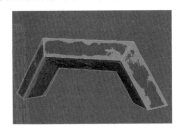 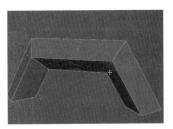

图 3.105   拓扑得到的兽笼 4 根主干木头低模效果　　图 3.106   激活并选择的铁链大型　　图 3.107   转换之后的模型效果

步骤 03：使用【四边形绘制】命令插入循环边并调节循环边，通过这种方法进行拓扑，然后对拓扑得到的低模进行软化边处理。软化边处理之后的铁链低模效果如图 3.108 所示。

步骤 04：方法同上，继续使用【四边形绘制】命令对剩余的铁链高模进行拓扑，最终的铁链低模效果如图 3.109 所示。

视频播放：关于具体介绍，请观看本书配套视频"任务三：兽笼中铁链高模的拓扑.mpg4"。

任务四：兽笼隔栏木头高模和包裹铁块高模的拓扑

本任务主要介绍兽笼隔栏木头高模和包裹铁块高模的拓扑原理、方法和技巧。

1. 兽笼隔栏木头高模的拓扑

步骤 01：选择需要拓扑的兽笼隔栏木头高模。选择的兽笼隔栏木头高模如图 3.110 所示。

步骤 02：单击【激活选定对象】按钮，激活需要拓扑的兽笼隔栏木头高模，然后使用【四边形绘制】命令对其进行拓扑。兽笼隔栏木头高模的拓扑效果如图 3.111 所示。

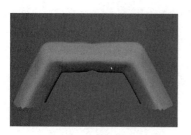

图 3.108　软化边处理之后的　　　　图 3.109　最终的铁链　　　　图 3.110　选择的兽笼隔栏
　　　　铁链低模效果　　　　　　　　　　低模效果　　　　　　　　　　木头高模

2. 兽笼包裹铁块高模的拓扑

步骤 01：选择需要拓扑的兽笼铁块高模，单击【激活选定对象】按钮，激活该高模，然后使用【四边形绘制】命令对其进行拓扑。兽笼铁块高模的拓扑效果如图 3.112 所示。

步骤 02：将拓扑得到的兽笼低模进行软化边处理。软化边处理之后的兽笼低模效果如图 3.113 所示。

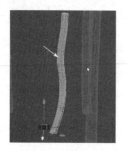

图 3.111　兽笼隔栏木头　　　　图 3.112　兽笼铁块高模的　　　　图 3.113　软化边处理之后的
　　　　高模的拓扑效果　　　　　　　　　　拓扑效果　　　　　　　　　　兽笼低模效果

视频播放：关于具体介绍，请观看本书配套视频"任务四：兽笼隔栏木头高模和包裹铁块高模的拓扑.mpg4"。

任务五：展开 UV 的前期准备工作

在对低模展开 UV 时，需要根据项目要求分析 UV 的组合方式和排列方式，使展开和排列的 UV 更符合项目要求。

在本项目中，将兽笼主要框架模型和所有铁块模型分成一个组，将兽笼所有隔栏模型分成一个组。

步骤 01：选择需要分成一个组的模型，如图 3.114 所示。按键盘上的"Ctrl+G"组合键，完成分组，将第 1 组命名为"kj1"。

步骤 02：选择剩余的模型，如图 3.115 所示。按键盘上的"Ctrl+G"组合键，完成分组，将第 2 组命名为"gl2"。

步骤 03：在菜单栏单击【UV】→【UV 编辑器】命令，打开【UV 编辑器】面板。

步骤 04：框选"kj1"组中的所有模型。选择的模型及其 UV 排列效果如图 3.116 所示。

图 3.114　选择分组的模型

图 3.115　选择剩余的模型

图 3.116　选择的模型及其
UV 排列效果

步骤 05：在【UV 工具包】面板中单击【基于摄影机】按钮，给选择的模型创建 UV。

步骤 06：选择创建的 UV，单击【UV 工具包】面板中的【排列】按钮，完成 UV 的排列，兽笼框架和铁块模型的 UV 排列效果如图 3.117 所示。

步骤 07：方法同上，创建 "gl2" 组模型的 UV，对创建的 UV 进行排列。兽笼隔栏低模的 UV 排列效果如图 3.118 所示。

图 3.117　兽笼框架和铁块模型的 UV 排列效果

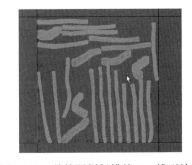

图 3.118　兽笼隔栏低模的 UV 排列效果

步骤 08：分别将上述两个组中的模型 UV 放到坐标点（0，1）和（1，0）以外的象限中，方便后续展开 UV 并排列。

视频播放：关于具体介绍，请观看本书配套视频 "任务五：展开 UV 的前期准备工作.mpg4"。

任务六：对 "kj1" 组中的模型展开 UV

本任务主要介绍如何对兽笼主干木头模型、铁钉模型、包裹铁块模型和铁链及其固定铁块模型展开 UV。

1. 对兽笼主干木头模型展开 UV

步骤 01：选择兽笼主干木头中的 1 根，将其孤立显示。该主干木头模型在场景和【UV 编辑器】面板中的效果如图 3.119 所示。

步骤 02：在【Persp（透视图）】面板中，选择模型中需要剪切的边，如图 3.120 所示。

提示：选择需要剪切的边时，尽量选择比较隐蔽的边和折边，方便贴图的制作。

步骤 03：在【UV 编辑器】面板中单击【UV 工具包】窗格中的【剪切】按钮，即可完成边的剪切。

步骤 04：选择剪切之后的边，切换到"UV 壳"编辑模式，在【UV 工具包】窗格中单击【展开】按钮，即可展开 UV。兽笼主干木头模型展开 UV 之后的效果如图 3.121 所示。

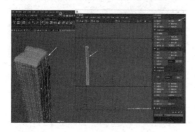
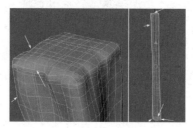

图 3.119　该主干木头在场景和　　图 3.120　选择需要剪切的边　　图 3.121　兽笼主干木头
【UV 编辑器】面板中的效果　　　　　　　　　　　　　　　　　模型展开 UV 之后的效果

步骤 05：单击【UV 工具包】窗格中的【优化】命令，对展开的 UV 进行优化处理。然后单击【定向壳】按钮，对优化处理之后的 UV 进行定向排列。定向排列之后的效果如图 3.122 所示。

步骤 06：方法同上，继续对兽笼其余主干木头模型中的边进行剪切、展开 UV、优化处理和定向排列等操作。

2. 对兽笼铁钉模型展开 UV

步骤 01：选择铁钉模型中需要剪切的边。选择的边如图 3.123 所示。

步骤 02：单击【UV 工具包】窗格中的【剪切】按钮，即可完成边的剪切。

步骤 03：切换到"UV 壳"编辑模式，在【UV 工具包】窗格中单击【展开】按钮，即可展开 UV。对铁钉模型展开 UV 之后的效果如图 3.124 所示。

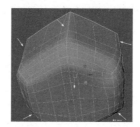
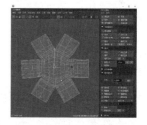

图 3.122　定向排列之后的效果　　　图 3.123　选择的边　　　图 3.124　铁钉模型展开
　　　　　　　　　　　　　　　　　　　　　　　　　　　　　　　UV 之后的效果

步骤 04：检查展开的 UV 是否存在拉伸现象。在【UV 编辑器】面板中单击【UV 棋盘格贴图】图标▓，在模型上显示 UV 棋盘格贴图。UV 棋盘格贴图显示效果如图 3.125 所示。

提示：当 UV 棋盘格贴图在模型上显示正方形时，表明 UV 无拉伸现象；当 UV 棋盘格贴图出现扭曲形态和其他非正方形时，表明 UV 存在拉伸现象。此时，需要重新剪切边和展开 UV。

步骤 05：方法同上，继续对兽笼的其他铁钉模型中的边进行剪切、展开 UV 和优化处理等操作。

3. 对兽笼包裹铁块模型展开 UV

步骤 01：选择兽笼包裹铁块模型中需要剪切的边。选择的边如图 3.126 所示。

步骤 02：单击【UV 工具包】窗格中的【剪切】按钮，即可完成边的剪切。

步骤 03：切换到"UV 壳"编辑模式，在【UV 工具包】窗格中单击【展开】按钮，即可展开 UV。包裹铁块模型展开 UV 之后的效果如图 3.127 所示。

图 3.125　UV 棋盘格贴图显示效果

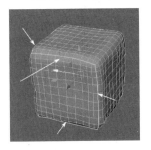

图 3.126　选择的边

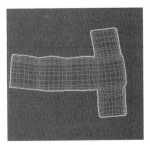

图 3.127　包裹铁块模型展开 UV 之后的效果

步骤 04：方法同上。继续对兽笼的其他包裹铁块模型中的边进行剪切、展开 UV 和优化处理等操作。

4. 对兽笼中的铁链模型展开 UV

步骤 01：选择铁链模型中需要剪切的边。选择的边如图 3.128 所示。

步骤 02：单击【UV 工具包】窗格中的【剪切】按钮，即可完成边的剪切。

步骤 03：切换到"UV 壳"编辑模式，在【UV 工具包】窗格中单击【展开】按钮，即可展开 UV。铁链模型展开 UV 之后的效果如图 3.129 所示。

步骤 04：方法同上，继续对兽笼的其他铁链模型中的边进行剪切、展开 UV 和优化处理等操作。

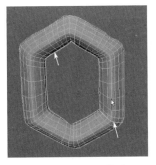

图 3.128　选择的边

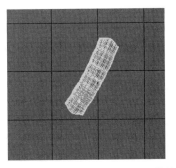

图 3.129　铁链模型展开 UV 之后的效果

5. 对兽笼中的铁链固定铁块模型展开 UV

对兽笼中的铁链固定铁块模型展开 UV 的方法与前面对铁链模型展开 UV 的方法基本相同，在此不再介绍。兽笼中的铁链固定铁块模型展开 UV 之后的效果如图 3.130 所示。

6. 对 "kj1" 组中的模型 UV 进行排列

步骤 01：选择 "kj1" 组中的所有模型，在【UV 编辑器】面板中框选所有模型的 UV。

步骤 02：切换到 "UV 壳" 编辑模式，单击【定向壳】按钮，对所选 UV 进行定向操作。定向之后的 UV 效果如图 3.131 所示。

步骤 03：单击【排列】按钮，对 "kj1" 组中的模型 UV 进行排列。"kj1" 组中的模型 UV 排列效果如图 3.132 所示。

视频播放：关于具体介绍，请观看本书配套视频 "任务六：对 "kj1" 组中的模型展开 UV.mpg4"。

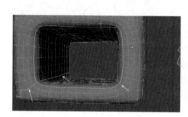 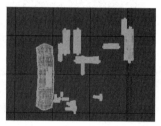 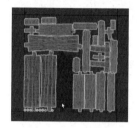

图 3.130　兽笼中的铁链固定　　图 3.131　定向之后的 UV 效果　　图 3.132　"kj1" 组中的模型
铁块模型展开 UV 之后的效果　　　　　　　　　　　　　　　　　　　　　　　UV 排列效果

任务七：对 "gl2" 组中的模型展开 UV

本任务主要对兽笼隔栏木头模型展开 UV。

1. 对 "gl2" 组中的模型展开 UV

步骤 01：选择 "gl2" 组中的兽笼隔栏木头模型中需要剪切的边。选择的边如图 3.133 所示。

步骤 02：单击【UV 工具包】窗格中的【剪切】按钮，即可完成边的剪切。

步骤 03：切换到 "UV 壳" 编辑模式，在【UV 工具包】窗格中单击【展开】按钮，即可展开 UV。兽笼隔栏木头模型展开 UV 之后的效果如图 3.134 所示。

步骤 04：方法同上，继续对兽笼其他隔栏木头模型中的边进行剪切、展开 UV 和优化处理等操作。

2. 对 "gl2" 组中的模型 UV 进行排列

步骤 01：选择 "gl2" 组中的所有模型，在【UV 编辑器】面板中框选所有模型的 UV。

步骤 02：切换到 "UV 壳" 编辑模式，单击【定向壳】按钮，对所选 UV 进行定向操作。定向之后的 UV 效果如图 3.135 所示。

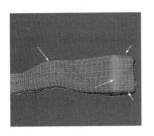

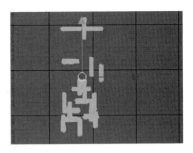

图 3.133　选择的边　　图 3.134　兽笼隔栏木头　　图 3.135　定向之后的 UV 效果
　　　　　　　　　　　　模型展开 UV 之后的效果

步骤 03：单击【排列】按钮，对 "gl2" 组中的模型 UV 进行排列。"gl2" 分组中的模型 UV 排列效果如图 3.136 所示。

视频播放：关于具体介绍，请观看本书配套视频 "任务七：对 "gl2" 组中的模型展开 UV.mpg4"。

任务八：模型共用

模型共用是指对低模展开 UV 之后，把它与高模进行位置调节和包裹匹配，匹配之后复制高模和低模，然后进行位置调节，以达到重复利用的目的。

1. 模型共用前期的准备工作

步骤 01：选择已制作完成的兽笼高模，如图 3.137 所示。将兽笼高模导出并命名为 "h111.obj" 文件。

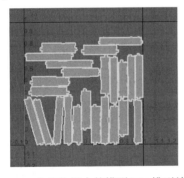

图 3.136　"gl2" 组中的模型 UV 排列效果　　　　图 3.137　兽笼高模

步骤 02：选择已制作完成的兽笼低模，如图 3.138 所示。将兽笼低模导出并命名为 "1123.obj" 文件。

步骤 03：重新启动 Maya 软件，新建一个场景，将导出的兽笼高模 "h111.obj" 文件和低模 "1123.obj" 文件导入该场景。

步骤 04：将本章项目 1 中制作完成的兽笼大型也导入该场景。兽笼的大型、高模和低模在场景中的位置如图 3.139 所示。

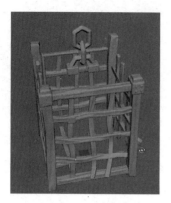

图 3.138　兽笼低模　　　　图 3.139　兽笼的大型、高模和低模在场景中的位置

步骤 05：创建三个图层，分别将兽笼的大型、高模和低模放到对应的图层。将兽笼大型所在图层冻结，使其线框显示灰色，把它作为后续共用时的参考。

步骤 06：将不需要共用的兽笼高模和低模的配件隐藏，只显示兽笼高模和低模的共用配件。兽笼高模和低模的共用配件如图 3.140 所示。

2. 对模型进行共用操作

步骤 01：选中兽笼高模和低模。

步骤 02：在工具栏先单击【中心枢轴】按钮 ，再单击【按类型删除：历史】按钮 ，冻结所有模型变换属性和删除历史记录。

步骤 03：框选需要共用的木头高模和低模。选择的木头高模和低模如图 3.141 所示。

步骤 04：按键盘上的"Ctrl+D"组合键（在 Maya 软件中，该组合键兼有复制和粘贴功能），将选择的木头高模和低模各复制一份作为共用模型。将复制的木头高模和低模移到底端，把它们旋转-180°。移动和旋转之后的木头高模和低模位置如图 3.142 所示。

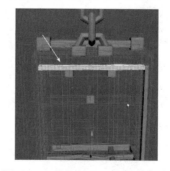
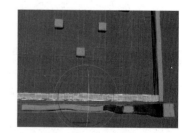

图 3.140　兽笼高模和低模的　图3.141　选择的木头高模和低模　图 3.142　移动和旋转之后的
　　　　　共用配件　　　　　　　　　　　　　　　　　　　　　　　木头高模和低模位置

步骤 05：方法同上，继续复制兽笼高模和低模共用的配件，调节它们的位置和旋转方向。最终的兽笼高模和低模效果如图 3.143 所示。

视频播放：关于具体介绍，请观看本书配套视频"任务八：模型共用.mpg4"。

任务九：兽笼模型的 UV 排列

在进行 UV 排列之前，需要检查兽笼低模的软硬边。如果兽笼低模存在硬边，需要对其进行软化处理。

根据项目精度的要求和模型特征，先将模型 UV 分成 4 个 UV 块，然后进行排列。在排列之前将每个 UV 块对应的模型分成一个组。

1. 根据 UV 排列情况对兽笼低模进行分组

步骤 01：选择兽笼铁质部分的低模，如图 3.144 所示。

步骤 02：按键盘上的"Ctrl+G"组合键，完成分组，将该组命名为"t1"。

步骤 03：选择兽笼框架和门框部分的木头低模，如图 3.145 所示。

图 3.143　最终的兽笼　　　图 3.144　选择兽笼铁质　　　图 3.145　选择兽笼框架和
高模和低模效果　　　　　　部分的低模　　　　　　　　门框部分的木头低模

步骤 04：按键盘上的"Ctrl+G"组合键，完成分组，将该组命名为"zt1"。

步骤 05：选择兽笼两个侧面和顶面的隔栏低模，如图 3.146 所示。

步骤 06：按键盘上的"Ctrl+G"组合键，完成分组，将该组命名为"g1"。

步骤 07：方法同上，将剩余侧面和底面的隔栏分成一个组，将该分组命名为"g2"。

2. 按组排列 UV

1）UV 排列的原则

（1）UV 不能跨象限排列。

（2）各个 UV 块不能堆叠。

（3）每个 UV 块之间的空隙至少大于 4 个像素的间隔。

（4）先排列占用空间比较大的 UV 块，再将占用空间较小的 UV 块放在占用空间比较大的 UV 之间的空隙。

（5）在排列 UV 时，应尽量根据材质纹理进行同向排列。

（6）尽量将 UV 排列成横平竖直的效果，方便绘制 UV。

2）排列 UV

步骤 01：根据 UV 排列的原则，排列"t1"组中的模型 UV。"t1"组中的模型 UV 排列效果如图 3.147 所示。

步骤 02：根据 UV 排列的原则，排列"zt1"组中的模型 UV。"zt1"组中的模型 UV 排列效果如图 3.148 所示。

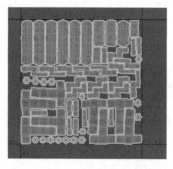

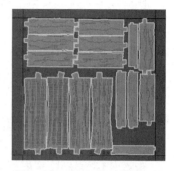

图 3.146　选择兽笼两个　　　图 3.147　"t1"组中的模型　　　图 3.148　"zt1"组中的模型
侧面和顶面隔栏低模　　　　　　UV 排列效果　　　　　　　　UV 排列效果

步骤 03：根据 UV 排列的原则，排列"g1"组中的模型 UV。"g1"组中的模型 UV 排列效果如图 3.149 所示。

步骤 04：根据 UV 排列的原则，排列"g2"组中的模型 UV。"g2"组中的模型 UV 排列效果如图 3.150 所示。

步骤 05：给每组中的模型赋予不同的材质。

步骤 06：选中 4 个组，按键盘上的"Ctrl+G"组合键，将 4 个组合并为 1 个大组，组名为"l3"。"l3"组及其模型效果如图 3.151 所示。

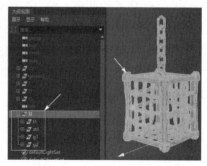

图 3.149　"g1"组中的模型　　　图 3.150　"g2"组中的模型　　　图 3.151　"l3"组及其模型效果
UV 排列效果　　　　　　　　　UV 排列效果

步骤 07：将"l3"组模型导出并命名为"L.obj"文件，完成兽笼低模的 UV 排列。

视频播放：关于具体介绍，请观看本书配套视频"任务九：兽笼模型的 UV 排列.mpg4"。

任务十：兽笼模型法线的烘焙

1. 将兽笼低模各组导出为 OBJ 格式文件

为了方便在 Marmoset Toolbag 软件中烘焙法线，建议在 Maya 软件中将每组导出为 OBJ

格式文件。

步骤 01：将"t1"组导出并命名为"t1.obj"文件。

步骤 02：将"zt1"组导出并命名为"z2.obj"文件。

步骤 03：将"g1"组导出并命名为"g3.obj"文件。"

步骤 04：将"g2"组导出并命名为"g4.obj"文件。"

2. 将兽笼高模各组导出为 OBJ 格式文件

步骤 01：在 Maya 软件中选择兽笼高模的所有铁质模型。选择的铁质模型如图 3.152 所示。

步骤 02：按键盘上的"Ctrl+G"组合键，将选择的铁质模型分为一组，将该组命名为 "group11"。

步骤 03：选择兽笼高模中的框架和门框木头的高模。选择的框架和门框木头高模 如图 3.153 所示。

步骤 04：按键盘上的"Ctrl+G"组合键，将选择的框架和门框木头的高模分为一组， 将该组命名为"group12"。

步骤 05：选择兽笼高模中的隔栏两侧和顶面木头高模。选择的隔栏两侧和顶面木头高 模如图 3.156 所示。

图 3.152　选择的铁质模型　　　图 3.153　选择的框架和　　　图 3.154　选择的隔栏两侧和
　　　　　　　　　　　　　　　　门框木头的高模　　　　　　　顶面木头高模

步骤 06：按键盘上的"Ctrl+G"组合键，将选择的隔栏木头高模分为一组，将该组命 名为"group13"。

步骤 07：方法同上，将剩余的兽笼隔栏木头高模分为一组，将该组命名为"group14"。

步骤 08：将"group11"组中的模型导出并命名为"ht1.obj"文件。

步骤 09：将"group12"组中的模型导出并命名为"hz2.obj"文件。

步骤 10：将"group13"组中的模型导出并命名为"hg3.obj"文件。

步骤 11：将"group14"组中的模型导出并命名为"hg4.obj"文件。

3. 法线烘焙

步骤 01：启动 Marmoset Toolbag 软件。

步骤 02：将兽笼低模"t1.obj"文件导入 Marmoset Toolbag 软件。

步骤 03：将兽笼高模"ht1.obj"文件导入 Marmoset Toolbag 软件。导入的文件和模型效果如图 3.155 所示。

步骤 04：在【Scene】面板中单击【New Bake Project】按钮■，生成一个"Bake Project 1"文件。生成的烘焙项目如图 3.156 所示。

步骤 05：将"ht1"组拖到"High"项目下，将"t1"组拖到"Low"项目下。高模和低模的文件位置如图 3.157 所示。

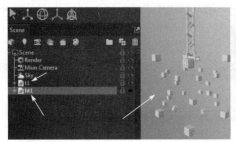

图 3.155　导入的文件和模型效果　　　图 3.156　生成的　　　图 3.157　高模和低模的
　　　　　　　　　　　　　　　　　　　　烘焙项目　　　　　　　　文件位置

步骤 06：选择"Low"项目，调节该项目的参数。"Low"项目的参数设置如图 3.158 所示。

步骤 07：单击"Bake Project 1"项目，设置其参数。"Bake Project 1"项目的参数设置如图 3.159 所示。

步骤 08：单击【Bake】按钮，开始烘焙。烘焙之后的法线效果如图 3.160 所示。

图 3.158　"Low"项目的参数设置　　图 3.159　"Bake Project 1"项　　图 3.160　烘焙之后的法线效果
　　　　　　　　　　　　　　　　　　目的参数设置

步骤 09：方法同上，继续对其余 3 个组的高模和低模法线进行烘焙。

视频播放：关于具体介绍，请观看本书配套视频"任务十：兽笼模型法线的烘焙.mpg4"。

六、项目拓展训练

根据项目 2 雕刻的高模，制作低模，烘焙法线。

项目 4　制作兽笼材质贴图

一、项目内容简介

本项目主要介绍使用 Adobe Substance 3D Painter 软件制作兽笼材质贴图、导出贴图和渲染出图。

二、项目效果欣赏

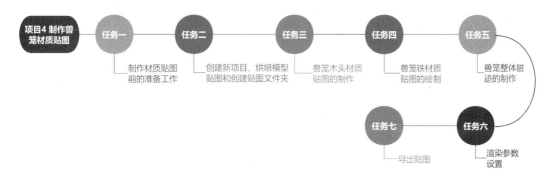

三、项目制作（步骤）流程

项目4 制作兽笼材质贴图 — **任务一** 制作材质贴图前的准备工作 — **任务二** 创建新项目、烘焙模型贴图和创建贴图文件夹 — **任务三** 兽笼木头材质贴图的制作 — **任务四** 兽笼铁材质贴图的绘制 — **任务五** 兽笼整体脏迹的制作 — **任务六** 渲染参数设置 — **任务七** 导出贴图

四、项目制作目的

（1）了解 Adobe Substance 3D Painter 软件中的材质贴图的制作流程和原理。

（2）熟练掌握兽笼木头材质贴图的制作原理、方法和技巧。

（3）熟练掌握兽笼铁材质贴图的制作原理、方法和技巧。

（4）熟练掌握材质贴图的输出方法。

五、项目详细操作步骤

任务一：制作材质贴图前的准备工作

在制作材质贴图之前，需要做好以下准备工作。

（1）根据原画设计要求，收集足够多的参考图，供制作材质贴图时参考。

（2）使用 Photoshop 软件和参考图制作色卡。图 3.161 所示为制作木头材质贴图时所用的色卡。

提示：建议多收集木头纹理和铁纹理参考图，多制作几套不同的色卡，从其中选择适合项目和原画设计要求的色卡，也可以综合使用其中的几套色卡。适用于制作兽笼木头材质贴图的色卡如图 3.162 所示。

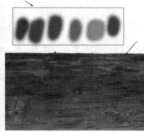

图 3.161　制作木头材质贴图时所用的色卡　　图 3.162　适用于制作兽笼木头材质贴图的色卡

（3）启动 Adobe Substance 3D Painter 软件，根据用户自己的使用习惯，调节好该软件的界面布局。

视频播放：关于具体介绍，请观看本书配套视频"任务一：制作材质贴图前的准备工作.mpg4"。

任务二：创建新项目、烘焙模型贴图和创建贴图文件夹

本任务主要介绍新项目的创建、制作材质贴图前的相关设置、模型贴图的烘焙和图层文件夹的创建。

1. 创建新项目

步骤 01：在菜单栏单击【文件】→【新建】命令，弹出【新项目】对话框。

步骤 02：在【新项目】对话框中单击【选择…】按钮，弹出【打开文件】对话框。在该对话框中选择需要导入的兽笼低模"1.obj"文件，单击【打开】按钮，然后返回【新项目】对话框。

步骤 03：在【新项目】对话框中单击【添加】按钮，弹出【导入图像】对话框。在该对话框中选择事先烘焙的 4 个法线贴图。选择的 4 个法线贴图如图 3.163 所示。

步骤 04：单击【打开】按钮，然后返回【新项目】对话框，设置【新项目】对话框参数。具体参数设置和导入的法线贴图如图 3.164 所示。

图 3.163　选择的 4 个法线贴图

图 3.164　具体参数设置和导入的法线贴图

步骤 05：单击【OK】按钮，完成新项目的创建。新建的项目界面如图 3.165 所示。

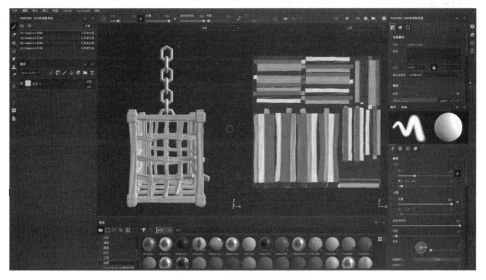

图 3.165　新建的项目界面

2. 修改纹理集列表名称

根据兽笼低模的分组名称，修改纹理集列表名称。修改前后的纹理集列表名称如图 3.166 所示。

3. 烘焙模型贴图

步骤 01：在【纹理集列表】面板中，选择"t1"组。

步骤 02：为"t1"组中的模型选择法线，然后选择模型贴图。选择的模型贴图如图 3.167 所示。

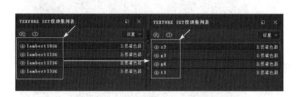

图 3.166　修改前后的纹理集列表名称　　　　　图 3.167　选择的模型贴图

步骤 03：单击【烘焙模型贴图】按钮，弹出【烘焙】对话框，【烘焙】对话框的参数设置如图 3.168 所示。

步骤 04：单击【烘焙】按钮，开始烘焙。烘焙之后的模型贴图如图 3.169 所示。

图 3.168　【烘焙】对话框的参数设置　　　　　图 3.169　烘焙之后的模型贴图

步骤 05：方法同上，对"z2"、"g3"和"g4"组中的模型贴图进行烘焙。最终的模型效果如图 3.170 所示。

步骤 06：保存文件。

4. 创建图层文件夹

步骤 01：在【纹理集列表】面板中，选择"z2"组。

步骤 02：在【图层】面板中创建"底色"、"脏迹"和"破损"3 个图层文件夹。创建的 3 个图层文件夹如图 3.171 所示。

步骤 03：测试烘焙效果是否符合要求。将本书配套资源中已做好的材质球拖到模型中，以测试烘焙效果。拖拽材质球之后的模型效果如图 3.172 所示。

图 3.170　烘焙之后的　　　图 3.171　创建的 3 个　　　图 3.172　拖拽材质球之后的模型效果
　　　　　模型效果　　　　　　　　图层文件夹

步骤 04：从测试效果可知，模型贴图烘焙正确，模型法线也正确。此时，可以删除测试用图层，以便制作兽笼材质贴图。

视频播放：关于具体介绍，请观看本书配套视频"任务二：创建新项目、烘焙模型贴图和创建贴图文件夹.mpg4"。

任务三：兽笼木头材质贴图的制作

本任务主要介绍兽笼木头材质贴图的制作原理、方法和技巧。

1."z2"组中兽笼木头材质贴图的制作

1）"z2"组中兽笼木头材质底色的制作

"z2"组中兽笼木头材质底色的制作比较简单，在"底色"图层文件夹中添加一个填充图层，将该填充图层的颜色调节为深黄色，把粗糙度参数设为"0.3"。添加底色之后的木头材质效果如图 3.173 所示。

2）"z2"组中兽笼木头材质脏迹的制作

该脏迹包括平铺脏迹和边缘脏迹。

（1）平铺脏迹的制作。

步骤 01：在"脏迹"图层文件夹中添加一个填充图层，调节填充图层的颜色，颜色值为（R:0.106,G:0.082,B:0.069）。调节颜色之后的效果如图 3.174 所示。

步骤 02：给填充图层添加一个黑色遮罩，给黑色遮罩添加填充图层，给黑色遮罩中的填充图层添加一个程序纹理，调节程序纹理的参数。

步骤 03：给黑色遮罩添加一个滤镜图层，给滤镜图层设置模糊滤镜，调节模糊滤镜的颜色。调节模糊滤镜参数之后的效果如图 3.175 所示。

（2）边缘脏迹的制作。

步骤 01：复制平铺脏迹图层，清除该图层中的黑色遮罩，将该图层的颜色调为偏紫的蓝色。

图 3.173 添加底色之后的   图 3.174 调节颜色之后的效果   图 3.175 调节模糊滤镜
          木头材质效果   参数之后的效果

步骤 02：给修改之后的图层添加一个用于勾勒边缘的智能遮罩，调节智能遮罩的参数。添加智能遮罩之后的效果如图 3.176 所示。

步骤 03：在智能遮罩中添加一个绘画图层，使用画笔在需要添加边缘脏迹的位置涂抹。制作的边缘脏迹如图 3.177 所示。

（3）青苔和发霉效果的制作。

步骤 01：添加一个填充图层，将填充图层的颜色调为青绿色，将粗糙度的参数调为"0.55"。

步骤 02：给填充图层添加一个黑色遮罩，给黑色遮罩添加一个脏迹程序纹理。调节脏迹程序纹理参数，直到效果令人满意为止。

步骤 03：给黑色遮罩添加一个色阶滤镜和一个模糊滤镜，调节这两种滤镜参数。调节滤镜参数之后的效果如图 3.178 所示。

图 3.176 添加智能遮罩   图 3.177 制作的边缘脏迹   图 3.178 调节滤镜参数
            之后的效果   之后的效果

3）"z2"组中兽笼木头材质破损效果的制作

步骤 01：在"破损"图层文件夹中，添加一个填充图层，将填充图层的颜色调为偏亮的颜色。调节填充图层颜色之后的效果如图 3.179 所示。

步骤 02：给填充图层添加一个黑色遮罩，给黑色遮罩添加一个填充图层。给黑色遮罩中的填充图层添加划痕程序纹理，调节划痕程序纹理参数。调节划痕程序纹理参数之后的效果如图 3.180 所示。

步骤 03：添加一个图层文件夹，将该图层文件夹命名为"兽笼木"，将"破损"、"脏迹"和"底色"图层文件夹及其中的内容拖到"兽笼木"图层文件夹中。添加的"兽笼木"图层文件夹如图 3.181 所示。

图 3.179　调节填充图层颜色
之后的效果

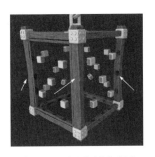

图 3.180　调节划痕程序
纹理参数之后的效果

图 3.181　添加的"兽笼木"
图层文件夹

步骤 04：完成"z2"组中兽笼木头材质贴图的制作。将光标移到"兽笼木"图层文件夹上，单击右键，弹出快捷菜单。在快捷菜单中单击【创建智能材质】命令，创建一个名为"兽笼木"的智能材质。在后续制作木头纹理时，根据需要调节该智能材质的相关参数即可。

2. "g4"组中兽笼木头材质贴图的制作

通过修改前面步骤创建的"兽笼木"智能材质，完成"g4"组中兽笼木头材质贴图的制作。

步骤 01：在【纹理集列表】面板中选择"g4"组，在【图层】面板中删除默认图层。

步骤 02：将前面创建的"兽笼木"智能材质拖到【图层】面板中。"兽笼木"智能材质图层如图 3.182 所示，添加"兽笼木"智能材质之后的木头效果如图 3.183 所示。

步骤 03：将"兽笼木"智能材质图层中的"绘画"图层全部删除。

3. "g3"组中兽笼木头材质贴图的制作

步骤 01：在"g4"组中选择修改后的"兽笼木"智能材质图层，按键盘上的"Ctrl+C"组合键，复制该智能材质图层。

步骤 02：按键盘上的"Ctrl+V"组合键，在"g3"组中粘贴智能材质图层并删除默认空白图层。复制的智能材质图层如图 3.184 所示。

图 3.182　"兽笼木"智能材质图层

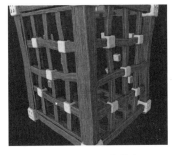

图 3.183　添加"兽笼木"
智能材质之后的木头效果

图 3.184　复制的智能
材质图层

步骤 03：根据项目和原画设计要求，适当调节复制的智能材质参数。调节智能材质参数之后的木头效果如图 3.185 所示。

4. 修改木头材质底色效果

步骤 01：选择"z2"组中的"底色 1"填充图层，将其颜色调为浅黄色，即颜色值为（R:0.238,G:0.147,B:0.093）。

步骤 02：按键盘上的"Ctrl+D"组合键，将"底色 1"填充图层复制一份，将其命名为"底色 2"。把"底色 2"填充图层的颜色调为深黄色，即颜色值为（R:0.093,G:0.068,B:0.054）。

步骤 03：选择"底色 2"填充图层，按键盘上的"Ctrl+D"组合键，复制该填充图层。将复制的填充图层命名为"底色 3"，将其颜色调为浅红色，即颜色值为（R:0.141,G:0.078,B:0.050）。

步骤 04：给"底色 2"填充图层添加一个生成器。选择"Dirt"生成器，调节"Dirt"生成器参数。调节"Dirt"生成器参数之后的效果如图 3.186 所示。

步骤 05：给"底色 3"填充图层添加一个黑色遮罩，给黑色遮罩添加一个生成器，选择"Metal Edge Wear"生成器，调节"Metal Edge Wear"生成器参数。调节"Metal Edge Wear"生成器参数之后的效果如图 3.187 所示。

图 3.185　调节智能材质参数之后的木头效果　图 3.186　调节"Dirt"生成器参数之后的效果　图 3.187　调节"Metal Edge Wear"生成器参数之后的效果

视频播放：关于具体介绍，请观看本书配套视频"任务三：兽笼木头材质贴图的制作.mpg4"。

任务四：兽笼铁材质贴图的制作

本任务主要介绍兽笼铁材质的制作原理、方法和技巧。

1. 创建图层文件夹

步骤 01：在【纹理集列表】面板中，选择"t1"组。

步骤 02：在【图层】面板中，创建"底色"、"破损"和"脏迹"3 个图层文件夹。创建的 3 个图层文件夹如图 3.188 所示。

2. 铁材质底色的制作

步骤 01：将系统提供的"Steel Rough"智能材质拖到"底色"图层文件夹中，如图 3.189 所示。

步骤 02：调节"Steel Rough"智能材质参数。调节"Steel Rough"智能材质参数之后的效果如图 3.190 所示。

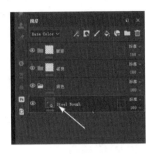
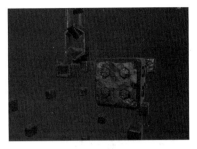

图 3.188　创建的 3 个　　　图 3.189　　"Steel Rough"　　图 3.190　调节"Steel Rough"
　　图层文件夹　　　　　　　智能材质　　　　　　智能材质参数之后的效果

步骤 03：在"底色"图层文件夹中添加一个填充图层，调节填充图层的颜色和粗糙度。

步骤 04：给填充图层添加一个黑色遮罩，给黑色遮罩添加一个填充图层。给黑色遮罩中的填充图层添加程序纹理，调节程序纹理参数后，再添加一个模糊滤镜和一个色阶滤镜，调节这两种滤镜的参数。调节滤镜参数之后的效果如图 3.191 所示。

步骤 05：将调节好的填充图层复制一份，将其颜色调为紫色，修改黑色遮罩中填充图层的程序纹理和滤镜参数。调节参数之后的效果如图 3.192 所示。

2. 铁材质破损效果的制作

步骤 01：将"Steel Painted Scraped…"智能材质拖到"破损"图层文件夹中，调节该智能材质的参数。调节"Steel Painted Scraped…"智能材质参数之后的效果如图 3.193 所示。

图 3.191　调节滤镜参数之后的　　图 3.192　调节参数之后　　图 3.193　调节"Steel Painted Scraped…"
　　　　效果　　　　　　　　　的效果　　　　　　　智能材质参数之后的效果

步骤 02：选择"Edges Damages"图层，按"Ctrl+D"组合键，将该图层复制一份，将其颜色调为绿色，调节该图层的程序纹理参数。调节程序纹理参数之后的效果如图 3.194 所示。

步骤 03：根据项目和原画设计要求，对智能材质各个图层中的遮罩、色阶和滤镜参数进行微调。微调参数之后的破损效果如图 3.195 所示。

3. 铁材质脏迹的制作

一般通过调节图层的颜色和粗糙度，以及添加遮罩实现铁材质脏迹的制作。

铁材质脏迹主要包括平铺脏迹、勾勒边缘脏迹和勾勒实边脏迹。

步骤 01：在"脏迹"图层文件夹中添加一个填充图层，将填充图层命名为"平铺脏迹"，将该填充图层的颜色调为深黄色。

步骤 02：给"平铺脏迹"填充图层添加一个黑色遮罩，给黑色遮罩添加一个生成器，选择"Dirt"生成器，调节"Dirt"生成器的参数。调节"Dirt"生成器参数之后的效果如图 3.196 所示。

图 3.194　调节程序纹理参数之后的效果　　图 3.195　微调参数之后的破损效果　　图 3.196　调节"Dirt"生成器参数之后的效果

步骤 03：按键盘上的"Ctrl+D"组合键，复制"平铺脏迹"填充图层，将其命名为"勾勒边缘"，调节"勾勒边缘"填充图层生成器的参数。调节"勾勒边缘"填充图层生成器参数之后的效果如图 3.197 所示。

步骤 04：将"勾勒边缘"填充图层复制一份，将其命名为"勾勒实边"，调节"勾勒实边"填充图层的程序纹理参数，以及图层颜色、粗糙度和高度等参数。调节"勾勒实边"填充图层属性参数之后的效果如图 3.198 所示。

步骤 05：根据项目和原画设计要求，对"脏迹"图层文件夹中新添加的 3 个填充图层的参数进行微调。微调参数之后的效果如图 3.199 所示。

图 3.197　调节"勾勒边缘"填充图层生成器参数之后的效果　　图 3.198　调节"勾勒实边"填充图层属性参数之后的效果　　图 3.199　微调参数之后的效果

视频播放：关于具体介绍，请观看本书配套视频"任务四：兽笼铁材贴图的制作.mpg4"。

任务五：兽笼整体脏迹的制作

通过前面几个任务，兽笼的木头材质贴图和铁材质贴图制作完毕，但从整体效果看，

还缺少脏迹的效果。本任务介绍兽笼整体脏迹的制作。

步骤 01：在【纹理集列表】面板中选择"z2"组。

步骤 02：在【图层】面板中选择"脏迹"图层文件夹中的"脏迹"图层，按"Ctrl+D"组合键，复制该脏迹图层。

步骤 03：给复制的图层添加一个黑色遮罩，给黑色遮罩添加一个绘画图层，使用画笔工具制作兽笼整体脏迹。制作的兽笼整体脏迹效果如图 3.200 所示。

步骤 04：给黑色遮罩添加一个色阶图层，通过调节色阶图层属性参数控制脏迹的多少和虚实。调节色阶图层属性参数之后的效果如图 3.201 所示。

步骤 05：将制作好的兽笼整体脏迹图层复制一份，然后在【纹理集列表】面板中选择"g4"组，在【图层】面板中选择"脏迹"图层文件夹，把复制的兽笼整体脏迹图层粘贴到"脏迹"图层文件夹中，将复制的兽笼整体脏迹图层黑色遮罩图中的绘画图层删除，重新添加一个绘画图层，使用画笔工具制作兽笼隔栏木头的整体脏迹。兽笼隔栏木头的整体脏迹如图 3.202 所示。

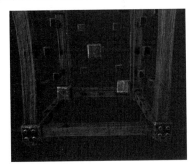

图 3.200　制作的兽笼整体
脏迹效果　　　　　图 3.201　调节色阶图层
属性参数之后的效果　　　　　图 3.202　隔栏木头的
整体脏迹

步骤 06：方法同上，在【纹理集列表】面板中选择"g3"组，在【图层】面板中选择"脏迹"图层文件夹，将"z2"组中的兽笼整体脏迹图层复制到"g3"组的"脏迹"图层文件夹中，删除复制的整体脏迹图层黑色遮罩中的绘画图层，重新添加一个绘画图层，使用画笔工具制作兽笼隔栏木头的整体脏迹，制作的整体脏迹效果如图 3.203 所示。

视频播放：关于具体介绍，请观看本书配套视频"任务五：兽笼整体脏迹的制作.mpg4"。

任务六：渲染参数设置

本任务主要介绍兽笼模型的渲染。

步骤 01：调节灯光照射角度。调节灯光照射角度之后的效果如图 3.204 所示。

步骤 02：单击渲染按钮，进入渲染界面，设置渲染参数。渲染参数的具体设置如图 3.205 所示。

步骤 03：开始渲染，初步渲染效果如图 3.206 所示。渲染完毕，保存初步渲染效果图。

步骤 04：调节渲染参数和灯光照射角度，继续渲染。最终的渲染效果如图 3.207 所示。

图 3.203　制作的整体
脏迹效果

图 3.204　调节灯光照射
角度之后的效果

图 3.205　渲染参数的具体设置

图 3.206　初步渲染效果

图 3.207　最终的渲染效果

视频播放：关于具体介绍，请观看本书配套视频"任务六：渲染参数设置.mpg4"。

任务七：导出贴图

本任务主要介绍导出材质贴图的相关设置。

步骤 01：在菜单栏单击【文件】→【导出贴图...】命令，弹出【导出纹理】对话框。【导出纹理】对话框的具体参数设置如图 3.208 所示。

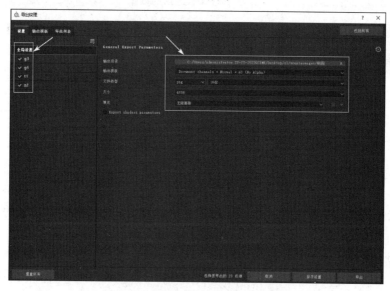

图 3.208　【导出纹理】对话框的具体参数设置

步骤 02：单击【保存设置】按钮，保存所有参数设置结果。

步骤 03：单击【导出】按钮，开始导出贴图，导出列表和导出进度条如图 3.209 所示，导出的所有贴图如图 3.210 所示。

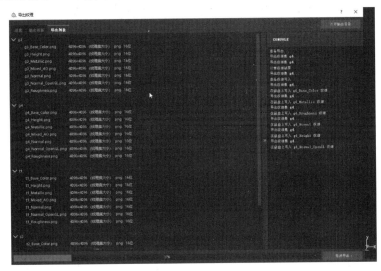

图 3.209　导出列表和导出进度条

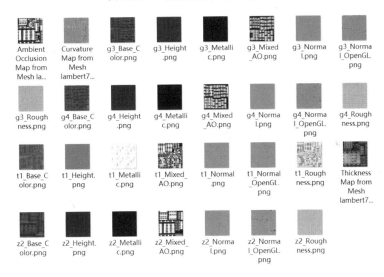

图 3.210　导出的所有贴图

视频播放：关于具体介绍，请观看本书配套视频"任务七：导出贴图.mpg4"。

六、项目拓展训练

根据本章项目 1、项目 2 和项目 3 拓展训练所提供的兽笼原画、低模和法线，制作兽笼材质贴图并导出材质贴图。

第4章　制作次世代游戏动画模型——权杖

🔲说明：

本章通过4个项目全面介绍次世代游戏动画模型——权杖的制作流程。

🔲教学建议课时数：

一般情况下需要20课时，其中理论课时为4课时，实际操作课时为16课时（特殊情况下可做相应调整）。

通过“制作次世代游戏动画模型——权杖”选题的学习，要求掌握以下几点。

（1）掌握次世代游戏动画模型的制作流程。

（2）掌握高模和低模的制作原理、方法和技巧。

（3）掌握木头、布料、树叶与宝石高模的雕刻原理、方法和技巧。

（4）掌握木头、布料、树叶与宝石的材质贴图的制作原理、方法和技巧。

（5）能够举一反三，制作其他材质贴图。

（6）能够使用 Maya、ZBrush、Adobe Substance 3D Painter、Photoshop 和 Marmoset Toolbag 这 5 款常用软件，完成次世代游戏动画模型——权杖的全流程制作。

所制作的权杖的最终展板效果如下图所示。

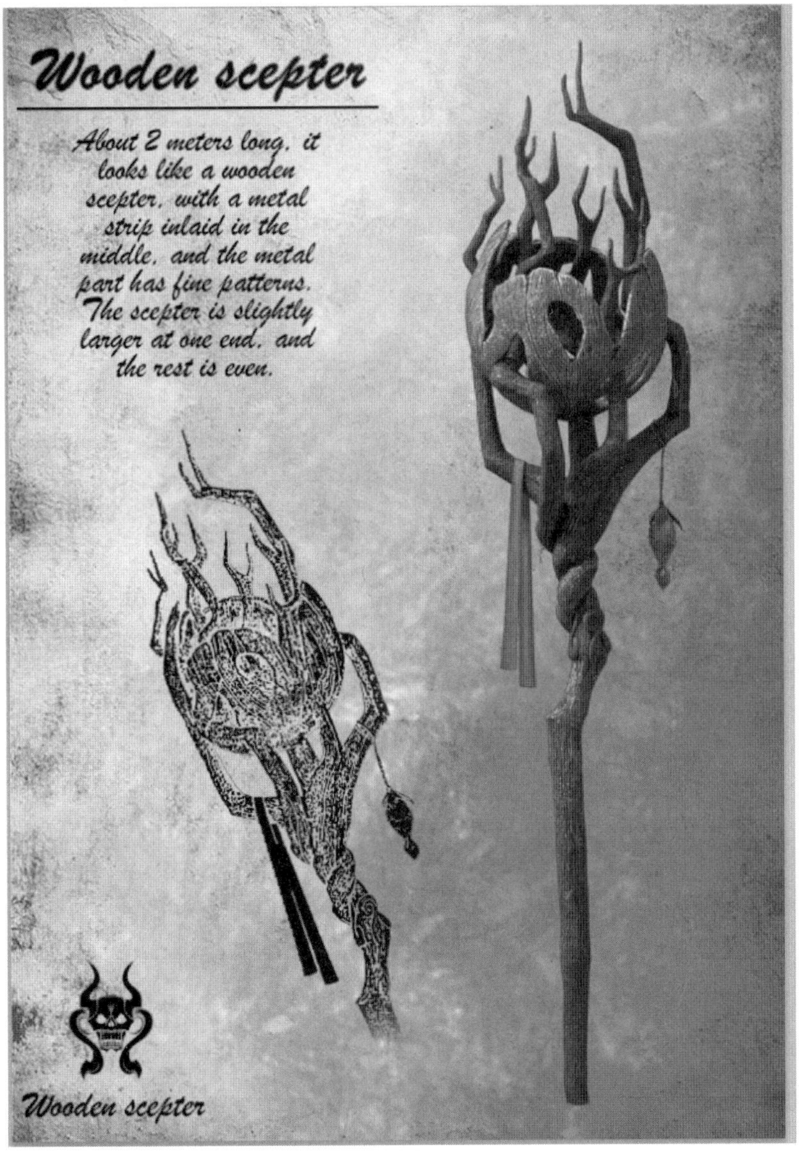
Wooden scepter
About 2 meters long, it looks like a wooden scepter, with a metal strip inlaid in the middle, and the metal part has fine patterns. The scepter is slightly larger at one end, and the rest is even.
Wooden scepter

项目 1　制作权杖大型和中模

一、项目内容简介

本项目主要介绍权杖大型和中模的制作原理、方法和技巧。

二、项目效果欣赏

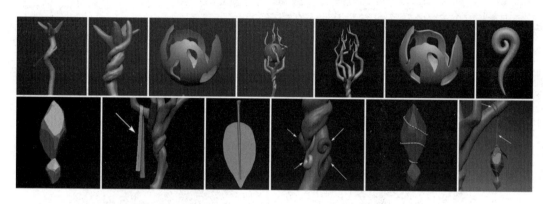

三、项目制作（步骤）流程

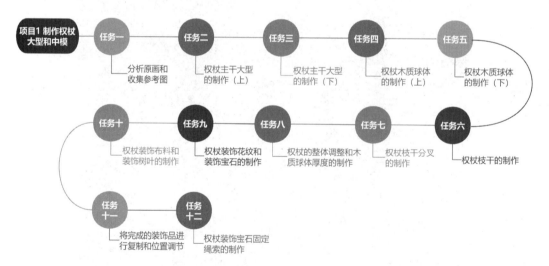

四、项目制作目的

（1）熟悉次世代游戏动画模型的制作流程。

（2）熟悉次世代游戏动画模型——权杖的结构。

（3）掌握次世代游戏动画模型——权杖中模的制作原理、方法和技巧。

五、项目详细操作步骤

任务一：分析原画和收集参考图

权杖原画设计效果如图 4.1 所示。

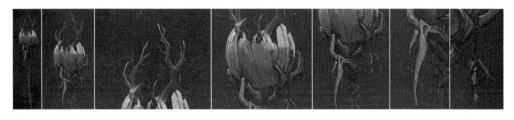

图 4.1　权杖原画设计效果

原画包括一个全图和一些细节图，从原画中无法了解权杖背面的细节，需要搜集一些参考图，通过二次创作完善权杖背面的细节。根据项目要求搜集的参考图如图 4.2 所示。

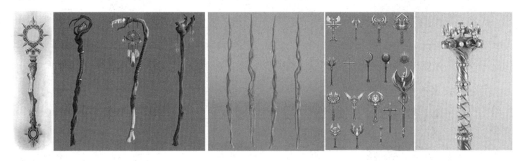

图 4.2　根据项目要求搜集的参考图

为更好地雕刻权杖的木头纹理和树叶纹理，在雕刻之前需要搜集木头纹理和树叶纹理参考图。木头纹理和树叶纹理参考图如图 4.3 所示。

图 4.3　木头纹理和树叶纹理参考图

视频播放：关于具体介绍，请观看本书配套视频"任务一：分析原画和收集参考图.mpg4"。

任务二：权杖主干大型的制作（上）

本任务使用 ZBrush 2023 制作权杖主干大型。

步骤 01：启动 ZBrush 2023。

步骤 02：在视图编辑区插入一个圆柱体，通过缩放操作调节圆柱体的大小和比例。调节之后的圆柱体形状如图 4.4 所示。

步骤 03：在视图编辑区插入一个球体，调节球体的大小和位置，使之与原画匹配。调节之后的球体形状如图 4.5 所示。

步骤 04：在【子工具】面板中选择圆柱体图层，在【Transform Type（变形类型）】面板中单击【曲线弯折】命令，根据原画设计要求对圆柱体进行弯折和缩放操作。弯折和缩放操作之后的圆柱体如图 4.6 所示。按键盘上的"W"键，结束【曲线弯折】命令。

  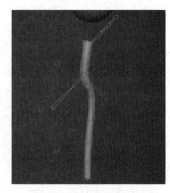

图 4.4　调节之后的圆柱体形状　　图 4.5　调节之后的球体形状　　图 4.6　弯折和缩放操作
　　　　　　　　　　　　　　　　　　　　　　　　　　　　　　　　　　　之后的圆柱体

提示：在对圆柱体进行弯折和缩放操作时，需要旋转视图，从不同角度对圆柱体进行弯折和缩放操作。

步骤 05：单击【ZRemesher】命令，给弯折之后的圆柱体重新布线，以便后续雕刻。重新布线之后的圆柱体如图 4.7 所示。

视频播放：关于具体介绍，请观看本书配套视频"任务二：权杖主干大型的制作（上）.mpg4"。

任务三：权杖主干大型的制作（下）

本任务主要根据原画设计要求，使用 ZBrush 2023 中的雕刻工具对弯折之后的圆柱体进行雕刻。

步骤 01：使用【Snake Hook】笔刷（其图标为▧），对弯折之后的圆柱体进行雕刻，以匹配原画。使用【Snake Hook】笔刷雕刻之后的效果如图 4.8 所示。

步骤 02：使用【曲线弯折】命令，对雕刻之后的圆柱体进行旋转和弯折操作。旋转和弯折之后的效果如图 4.9 所示。

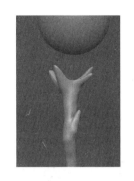

图 4.7　重新布线之后的圆柱体　　图 4.8　使用【Snake Hook】　　图 4.9　旋转和弯折之后的效果
　　　　　　　　　　　　　　　　　　　　笔刷雕刻之后的效果

提示：在雕刻过程中，需要启用【Dynamesh】命令，以便对雕刻模型实时布线。

步骤 03：使用【Snake Hook】笔刷、【Inflat】笔刷（其图标为 ）、【Move】笔刷（其图标为 ）和【Smooth】笔刷（其图标为 ）雕刻出权杖上的缠绕枝干。雕刻出的缠绕枝干如图 4.10 所示。

步骤 04：使用【Clay Buildup】笔刷（其图标为 ）、【Standard】笔刷（其图标为 ）和【Smooth】笔刷（其图标为 ）对权杖上的缠绕枝干根部进行雕刻，雕刻之后的缠绕枝干根部效果如图 4.11 所示。

步骤 05：继续使用以上笔刷和【Trim Smooth Bon】笔刷（其图标为 ）雕刻出权杖弯折处的效果，雕刻之后权杖弯折处的效果如图 4.12 所示。

图 4.10　雕刻出的缠绕枝干　　　图 4.11　雕刻之后的缠绕　　　图 4.12　雕刻之后权杖
　　　　　　　　　　　　　　　　　　　枝干根部效果　　　　　　　　　　弯折处的效果

视频播放：关于具体介绍，请观看本书配套视频"任务三：权杖主干大型的制作（下）.mpg4"。

任务四：权杖木质球体的制作（上）

本任务主要根据原画设计要求，给权杖木质球体添加遮罩和分组。

步骤 01：使用【ZRemesher】命令对木质球体重新布线，重新布线之后的木质球体效果如图 4.13 所示。

步骤 02：连续按键盘上的"Ctrl+D"组合键（在 ZBrush 软件中，该组合键的功能是给模型添加细分级别）2 次，将木质球体细分两次。

步骤 03：使用【Mask Pen】笔刷（其图标为 ）给木质球体添加遮罩，然后按键盘上的"Ctrl+W"组合键，对添加的遮罩进行分组。添加遮罩并分组之后的木质球体效果如图 4.14 所示。

步骤 04：按住键盘上的"Ctrl+Shift"组合键不放，单击需要显示的组，即可将未选中的组隐藏。隐藏未选中的组之后的木质球体效果如图 4.15 所示。

图 4.13　重新布线之后的　　　图 4.14　添加遮罩并分组　　　图 4.15　隐藏未选中的组
　　　　　木质球体效果　　　　　　　之后的木质球体效果　　　　　之后的木质球体效果

提示：隐藏未选中的组之后，剩余部分的背面无法显示，需要开启物体双面显示功能才能显示背面。在【工具】面板中单击【显示属性】下的【双面显示】按钮，即可开启双面显示功能。木质球体的双面显示效果如图 4.16 所示。

步骤 05：方法同上，继续添加遮罩和分组。木质球体分组之后的效果如图 4.17 所示。

步骤 06：按住键盘上的"Ctrl+Shift"组合键不放，单击需要显示的组，隐藏不需要的组。木质球体的最终显示效果如图 4.18 所示。

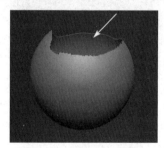 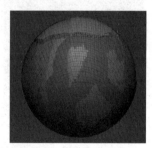 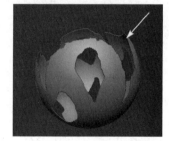

图 4.16　木质球体的双面　　　图 4.17　木质球体分组　　　图 4.18　木质球体的
　　　　　显示效果　　　　　　　　之后的效果　　　　　　　　最终显示效果

视频播放：关于具体介绍，请观看本书配套视频"任务四：权杖木质球体的制作（上）.mpg4"。

任务五：权杖木质球体的制作（下）

本任务主要对木质球体重新布线和抛光处理。

步骤 01：在【子工具】面板中单击【删除低级】命令，将木质球体的低级别细分效果删除。

步骤 02：使用【变形】属性下的【按组抛光】命令，对木质球体按组抛光。按组抛光之后的木质球体效果如图 4.19 所示。

步骤 03：单击【修改拓扑】属性下的【删除隐藏】命令，将木质球体中隐藏的组删除，只保留显示的组。

步骤 04：单击【折边】属性下的【折边】命令，给木质球体中显示的组边缘添加折边，以防止在重新布线时破坏木质球体的边缘结构。

步骤 05：在【ZRemesher】属性下先单击【保持折边】命令，再单击【ZRemesher】命令，给木质球体重新布线。重新布线之后的木质球体效果如图 4.20 所示。

步骤 06：使用【变形】属性下的【按特效抛光】命令，对重新布线之后的木质球体进行抛光处理。按特效抛光之后的木质球体效果如图 4.21 所示。

 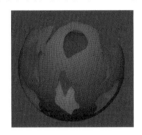 

图 4.19　按组抛光之后的　　　　图 4.20　重新布线之后的　　　　图 4.21　按特效抛光之后的
　　　　木质球体效果　　　　　　　　　木质球体效果　　　　　　　　　木质球体效果

视频播放：关于具体介绍，请观看本书配套视频"任务五：权杖木质球体的制作（下）.mpg4"。

任务六：权杖枝干的制作

本任务主要使用 ZBrush 2023 中的笔刷雕刻权杖的枝干。

步骤 01：使用【Snake Hook】笔刷、【Inflat】笔刷、【Move】笔刷和【Smooth】笔刷雕刻权杖的枝干。初步雕刻之后的权杖枝干效果如图 4.22 所示。

步骤 02：继续使用【Clay Buildup】笔刷、【Standard】笔刷和【Smooth】笔刷对权杖枝干进行雕刻。进一步雕刻之后的权杖枝干效果如图 4.23 所示。

步骤 03：方法同上，继续使用 ZBrush 2023 中的笔刷，根据原画设计要求，继续雕刻和调整权杖的枝干。权杖枝干的最终效果如图 4.24 所示。

 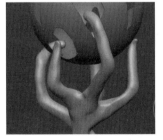 

图 4.22　初步雕刻之后的　　　　图 4.23　进一步雕刻之后的　　　　图 4.24　权杖枝干的最终效果
　　　　权杖枝干效果　　　　　　　　　权杖枝干效果

视频播放： 关于具体介绍，请观看本书配套视频"任务六：权杖枝干的制作.mpg4"。

任务七：权杖枝干分叉的制作

本任务主要根据原画设计要求，使用 ZBrush 2023 中的笔刷对权杖枝干的分叉进行雕刻。

步骤 01： 将权杖调成剪影模式，权杖的剪影效果如图 4.25 所示。

步骤 02： 观察权杖的剪影效果，与原画进行对比，确定需要进行调整的部位。

步骤 03： 使用 ZBrush 2023 中的【Move】笔刷，对权杖整体形态进行调整。调整整体形态后的权杖效果如图 4.26 所示。

步骤 04： 使用【Snake Hook】笔刷、【Inflat】笔刷、【Move】笔刷和【Smooth】笔刷雕刻权杖枝干的分叉。雕刻之后的权杖枝干分叉效果如图 4.27 所示。

图 4.25　权杖的剪影效果　　图 4.26　调整整体形态后的　　图 4.27　雕刻之后的
　　　　　　　　　　　　　　　　　　权杖效果　　　　　　　　权杖枝干分叉效果

视频播放： 关于具体介绍，请观看本书配套视频"任务七：权杖枝干分叉的制作.mpg4"。

任务八：权杖的整体调整和木质球体厚度的制作

本任务主要根据原画设计要求，使用 ZBrush 2023 中的笔刷对权杖进行整体调整，使其与原画更加接近。

步骤 01： 将视图调整为剪影模式，观察权杖的剪影效果。权杖的剪影效果如图 4.28 所示。

步骤 02： 分析剪影效果与原画之间的差异，使用 ZBrush 2023 中的笔刷对雕刻效果进行调整。调整之后的权杖效果如图 4.29 所示。

步骤 03： 选择木质球体，使用【ZModeler】笔刷制作出木质球体的厚度。木质球体的厚度效果如图 4.30 所示。

步骤 04： 连续按键盘上的"Ctrl+D"组合键 2 次，将木质球体细分两次。细分之后的木质球体效果如图 4.31 所示。

步骤 05： 继续使用【Snake Hook】笔刷、【Inflat】笔刷、【Move】笔刷和【Smooth】笔刷，对权杖整体进行调整。整体调整之后的效果如图 4.32 所示。

图 4.28　权杖的剪影效果　　　图 4.29　调整之后的权杖效果　　　图 4.30　木质球体的厚度效果

步骤 06：使用【Trim Smooth Bon】笔刷、【Snake Hook】笔刷、【Inflat】笔刷、【Move】笔刷和【Smooth】笔刷，对权杖和木质球体的轮廓进行雕刻，使其造型尽量与原画匹配。权杖的最终效果如图 4.33 所示。

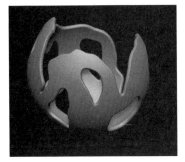

图 4.31　细分之后的木质球体效果　　　图 4.32　整体调整之后的效果　　　图 4.33　权杖的最终效果

视频播放：关于具体介绍，请观看本书配套视频"任务八：权杖的整体调整和木质球体厚度的制作.mpg4"。

任务九：权杖装饰花纹和装饰宝石的制作

本任务主要制作权杖装饰花纹和装饰宝石。

1. 权杖装饰花纹的制作

步骤 01：使用【子工具】面板中的【插入】命令，在视图编辑区插入一个球体，对插入的球体进行缩放。缩放之后的球体效果如图 4.34 所示。

步骤 02：使用【ZRemesher】命令，给权杖装饰花纹的基础模型重新布线。

步骤 03：使用【曲线弯折】命令，对权杖装饰花纹的基础模型曲线进行弯折操作，模型曲线弯折之后的效果如图 4.35 所示。

步骤 04：按键盘上的"W"键，结束【曲线弯折】命令，然后使用【ZRemesher】命令，给弯折之后的权杖装饰花纹基础模型重新布线。重新布线之后的权杖装饰花纹效果如图 4.36 所示。

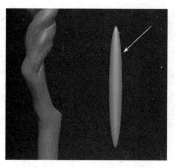

图 4.34　缩放之后的　　　图 4.35　模型曲线弯折　　图 4.36　重新布线之后的
　　　球体效果　　　　　　　　之后的效果　　　　　权杖装饰花纹效果

2. 权杖装饰宝石的制作

步骤 01：使用【子工具】面板中的【插入】命令，在视图编辑区插入一个立方体，对插入的立方体进行缩放和旋转操作。

步骤 02：将插入的立方体复制一份，调节两个立方体的位置并进行缩放和旋转操作。两个立方体的位置和效果如图 4.37 所示。

步骤 03：将上述两个立方体合并，然后按键盘上的"Ctrl+W"组合键，将合并的两个立方体分成一个组，作为宝石的基础模型。

步骤 04：使用【ZRemesher】命令，给宝石的基础模型重新布线。重新布线之后的宝石基础模型如图 4.38 所示。

步骤 05：使用【Trim Smooth Bon】笔刷、【Clay Buildup】笔刷和【Dam Standard】笔刷雕刻宝石的形状。雕刻之后的宝石效果如图 4.39 所示。

图 4.37　两个立方体的　　　图 4.38　重新布线之后的　　图 4.39　雕刻之后的
　　　位置和效果　　　　　　　宝石基础模型　　　　　　宝石效果

视频播放：关于具体介绍，请观看本书配套视频"任务九：权杖装饰花纹和装饰宝石的制作.mpg4"。

任务十：权杖装饰布料和装饰树叶的制作

本任务主要通过 ZBrush 2023 中的基础模型，制作权杖装饰布料和装饰树叶等。

1. 权杖装饰布料的制作

步骤 01：在【子工具】面板中单击【插入】命令，弹出【3D Mashes】面板。在该面板中单击【Plane 3D】图标 ，在视图编辑区插入一个平面，对插入的平面进行缩放、旋转和位置调节，并且开启双面显示功能。调节之后的平面效果如图 4.40 所示。

步骤 02：开启保持折边功能，使用【ZRemesher】命令，给上述平面重新布线。重新布线之后的平面效果如图 4.41 所示。

步骤 03：在菜单栏单击【动态】→【碰撞体积】命令，开启碰撞体积功能。

步骤 04：在菜单栏单击【动态】→【运动仿真】命令，开始碰撞模拟。在达到仿真要求后在视图编辑区的任意位置单击，完成运动仿真。完成运动仿真之后的布料效果如图 4.42 所示。

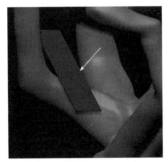
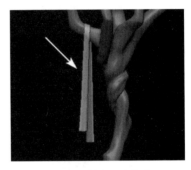

图 4.40　调节之后的
平面效果　　　　图 4.41　重新布线之后的
平面效果　　　　图 4.42　完成运动仿真
之后的布料效果

2. 权杖装饰树叶的制作

步骤 01：在视图编辑区插入一个平面，对插入的平面细分两次，使用遮罩笔刷绘制出树叶形状的遮罩效果。树叶的遮罩效果如图 4.43 所示。

步骤 02：按键盘上的"Ctrl+W"组合键，对绘制的遮罩进行分组，对各组进行抛光处理。

步骤 03：删除树叶以外的部分，对权杖装饰树叶进行抛光处理，抛光处理之后的权杖装饰树叶效果如图 4.44 所示。

步骤 04：在视图编辑区插入一个圆柱体，对插入的圆柱体进行缩放和位置调节，并且重新布线，然后使用【Smooth】笔刷和【Inflat】笔刷对圆柱体进行平滑处理和膨胀雕刻，雕刻出叶柄的效果。叶柄的最终效果如图 4.45 所示。

步骤 05：将树叶和叶柄合并。

步骤 06：使用【Move】笔刷和【Inflat】笔刷雕刻权杖装饰树叶的形态。雕刻之后的权杖装饰树叶效果如图 4.46 所示。

步骤 07：复制雕刻完成后的树叶，然后使用【Move】笔刷和【Inflat】笔刷对复制的树叶形态进行雕刻。复制和雕刻之后的权杖装饰树叶效果如图 4.47 所示。

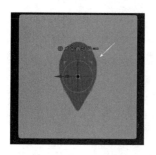

图 4.43　树叶的遮罩效果

图 4.44　抛光处理之后的
权杖装饰树叶效果

图 4.45　叶柄的最终效果

视频播放：关于具体介绍，请观看本书配套视频"任务十：权杖装饰布料和装饰树叶的制作.mpg4"。

任务十一：将完成的装饰品进行复制和位置调节

本任务主要对完成的装饰品进行复制和位置调节。

步骤01：创建4份权杖装饰花纹的副本，对这些权杖装饰花纹副本进行移动和旋转操作。权杖装饰花纹的最终效果如图4.48所示。

图 4.46　雕刻之后的
权杖装饰树叶效果

图 4.47　复制和雕刻之后的
权杖装饰树叶效果

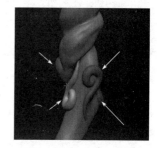

图 4.48　权杖装饰花纹的
最终效果

步骤02：创建一份权杖装饰宝石副本，对该副本进行位置调节和缩放操作。权杖装饰宝石的大小和位置如图4.49所示。

步骤03：方法同上，创建权杖装饰树叶副本并调节其位置。权杖装饰树叶副本效果如图4.50所示。

视频播放：关于具体介绍，请观看本书配套视频"任务十一：将完成的装饰品进行复制和位置调节.mpg4"。

任务十二：权杖装饰宝石固定绳索的制作

本任务主要介绍权杖装饰宝石固定绳索的制作方法和技巧。

步骤01：使用【ZRemesher Guides】笔刷，在宝石模型上绘制曲线。绘制的曲线如图4.51所示。

图 4.49　权杖装饰宝石的大小和位置

图 4.50　权杖装饰树叶副本效果

图 4.51　绘制的曲线

步骤 02：使用【IMM Primitives】笔刷中的【Capsule】笔刷样式█，单击绘制的曲线，即可沿该曲线绘制首尾相连的模型。沿曲线绘制的模型效果如图 4.52 所示。

提示：在单击绘制的曲线之前，需要在菜单栏单击【笔触】→【曲线模式】命令，开启曲线模式，并且调节好笔刷的大小。

步骤 03：单击键盘上的"W"键，退出笔刷绘制模式，在菜单栏单击【笔触】→【曲线模式】命令，关闭曲线模式。

步骤 04：在菜单栏单击【笔触】→【曲线函数】→【删除】命令，删除曲线，使用【Move】笔刷调节绳索模型的位置，使其与宝石表面匹配。调节位置之后的绳索模型如图 4.53 所示。

步骤 05：方法同上，继续绘制宝石其他位置上的绳索。绘制完成的绳索效果如图 4.54 所示。

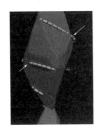
图 4.52　沿曲线绘制的
模型效果

图 4.53　调节位置之后的
绳索模型

图 4.54　绘制完成的
绳索效果

视频播放：关于具体介绍，请观看本书配套视频"任务十二：权杖装饰宝石固定绳索的制作.mpg4"。

六、项目拓展训练

根据以下参考图，自行设计一款权杖原画，然后根据原画设计要求制作权杖的中模。

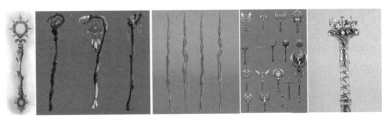

项目 2　制作权杖高模

一、项目内容简介

本项目主要介绍使用 ZBrush 2023 将权杖中模雕刻成高模的原理、方法和技巧，以及在雕刻过程中需要注意的事项。

二、项目效果欣赏

三、项目制作（步骤）流程

四、项目制作目的

（1）了解次世代游戏动画模型制作的流程。
（2）熟悉雕刻次世代游戏动画模型——权杖高模需要用到的笔刷。
（3）熟悉次世代游戏动画模型——权杖高模的雕刻流程。
（4）掌握次世代游戏动画模型——权杖高模的雕刻原理、方法和技巧。

五、项目详细操作步骤

任务一：制作权杖高模前的准备工作

制作权杖高模前，需要对项目 1 中制作的权杖中模进行整理和另存一份。
步骤 01：将项目 1 中制作的中模另存一份，以便将中模雕刻成高模。
步骤 02：在【子工具】面板中将多余子对象模型删除，根据项目要求，将需要合并的子对象进行合并。
步骤 03：根据雕刻要求，对合并的子对象进行分组，方便后续雕刻高模。
步骤 04：给权杖中模创建副本，使用【ZRemesher】命令对创建的权杖中模副本重新布线。
步骤 05：使用权杖中模与重新布线之后的权杖中模副本进行投射。

提示：在投射过程中，需要给重新布线之后的权杖中模副本进行细分，每细分一次，需要投射一次。为了雕刻出更好的细节，建议给模型细分 5 次。

步骤 06：投射完毕，将权杖中模删除，只保留权杖中模副本。

步骤 07：保存文件。

视频播放：关于具体介绍，请观看本书配套视频"任务一：制作权杖高模前的准备工作.mpg4"。

任务二：权杖木质球体高模的制作

本任务主要介绍使用加载的笔刷和 ZBrush 2023 自带的笔刷雕刻权杖木质球体纹理。

1. 雕刻权杖木质球体边缘比较深的凹痕

步骤 01：为了方便雕刻，需要将权杖木质球体孤立显示，单击工具栏的【孤立】按钮即可。

步骤 02：在进行雕刻之前要分析原画的纹理，在雕刻过程中要沿着纹理的方向雕刻。权杖木质球体和原画效果如图 4.55 所示。

步骤 03：给雕刻过程中常用的笔刷设置快捷键。常用的笔刷有【Morph】笔刷、【Dam Standard】笔刷、【Clay Buildup】笔刷和【Trim Smooth Bon】笔刷，以及用户自己加载的笔刷。

提示：关于笔刷快捷键的具体设置方法，请观看本书配套教学视频。

步骤 04：使用【Clay Buildup】笔刷、【Trim Smooth Bon】笔刷和【Smooth】笔刷对木质球体边缘进行雕刻，雕刻出木质球体边缘比较深的凹痕效果即可。木质球体边缘凹痕效果如图 4.56 所示。

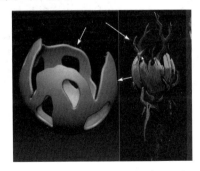

图 4.55 权杖木质球体（左）和原画（右）效果

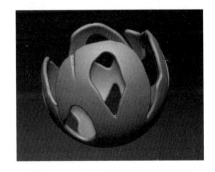

图 4.56 木质球体边缘凹痕效果

提示：在雕刻过程中，如果对雕刻效果不满意，可以使用【Morph】笔刷还原雕刻内容。

2. 雕刻权杖木质球体纹理

主要通过加载笔刷和拖拽笔刷实现权杖木质球体纹理的雕刻。

步骤 01：在【笔刷库】面板中单击【加载笔刷】按钮，弹出【Load Brush Preset...】对话框，在该对话框中选择需要加载的笔刷。需要加载的笔刷如图 4.57 所示。

步骤 02：单击【打开】按钮，即可将选择的笔刷加载到笔刷库中。已加载的笔刷如图 4.58 所示。

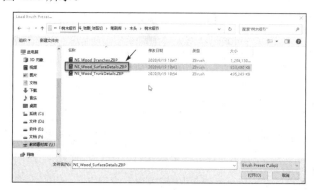

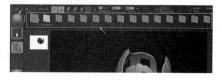

图 4.57　需要加载的笔刷　　　　　　　　　　　图 4.58　已加载的笔刷

步骤 03：在菜单栏单击【笔刷】→【背面遮罩】按钮，开启背面遮罩功能。

步骤 04：使用加载的笔刷在需要雕刻纹理的位置进行拖拽，拖拽出的少量纹理效果如图 4.59 所示。

步骤 05：继续拖拽加载笔刷。拖拽出的大量纹理效果如图 4.60 所示。

提示：为了提高雕刻效率，建议为需要加载的笔刷设置快捷键。对拖拽出的多余纹理，可以使用【Morph】笔刷将其还原，也可以使用遮罩配合笔刷进行雕刻。

步骤 06：方法同上，继续使用加载的笔刷，对权杖木质球体内部进行纹理雕刻。权杖木质球体内部纹理效果如图 4.61 所示。

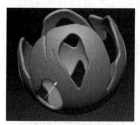
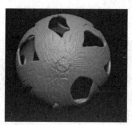

图 4.59　拖拽出的少量　　　　图 4.60　拖拽出的大量　　　　图 4.61　权杖木质球体内部
　　　　　纹理效果　　　　　　　　　　　纹理效果　　　　　　　　　　　纹理效果

3. 对权杖木质球体纹理进行细节雕刻

主要使用 ZBrush 2023 自带的笔刷，并根据权杖原画设计要求对木质球体纹理进行细节刻画，使其与原画匹配。

步骤 01：使用【Dam Standard】笔刷，对权杖木质球体的凹痕进行雕刻，雕刻之后的凹痕效果如图 4.62 所示。

步骤 02：使用加载的笔刷，在权杖木质球体上拖拽出一些木纹疙瘩效果。拖拽出的木纹疙瘩效果如图 4.63 所示。

步骤 03：继续使用 ZBrush 2023 自带的笔刷和加载的笔刷，将权杖木质球体边缘破损效果雕刻出来。雕刻出的权杖木质球体边缘破损效果如图 4.64 所示。

图 4.62　雕刻之后的凹痕效果

图 4.63　拖拽出的木纹疙瘩效果

图 4.64　雕刻出的权杖木质球体边缘破损效果

视频播放：关于具体介绍，请观看本书配套视频"任务二：权杖木质球体高模的制作.mpg4"。

任务三：权杖装饰品高模的制作

本任务主要介绍权杖装饰品中的宝石、布料、树叶、绳索和花纹高模的雕刻。

1. 宝石高模的雕刻

步骤 01：将宝石中模孤立显示。

步骤 02：在【工具】面板中单击【表面】→【噪波】按钮，弹出【NoiseMaker】对话框，在该对话框中调节噪波参数。噪波参数的具体调节如图 4.65 所示。

步骤 03：单击【确定】按钮，返回雕刻模式。

步骤 04：在【工具】面板中单击【表面】→【应用于网格】按钮，完成噪波的添加，添加噪波之后的宝石效果如图 4.66 所示。

步骤 05：加载笔刷，在宝石中模上拖拽笔刷，拖拽出宝石表面的剥落效果。宝石表面的剥落效果如图 4.67 所示。

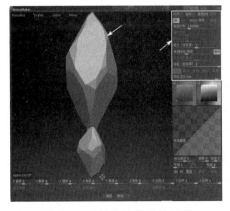
图 4.65　噪波参数的具体调节

图 4.66　添加噪波之后的宝石效果

图 4.67　宝石表面的剥落效果

2. 布料、树叶和绳索高模的雕刻

主要使用 ZBrush 2023 自带的笔刷对权杖装饰品中的布料、树叶和绳索中模进行雕刻。

步骤 01：选择【Dam Standard】笔刷，调节该笔刷的强度和 Alpha 贴图的样式，对布料进行雕刻。雕刻之后的布料效果如图 4.68 所示。

步骤 02：使用【Standard】笔刷和【Move】笔刷，雕刻出树叶的弯曲弧度。雕刻之后的树叶效果如图 4.69 所示。

步骤 03：使用【Smooth】笔刷和【Inflat】笔刷，制作绳索膨胀效果并进行平滑雕刻。雕刻之后的绳索效果如图 4.70 所示。

图 4.68　雕刻之后的布料效果　　图 4.69　雕刻之后的树叶效果　　图 4.70　雕刻之后的绳索效果

3. 权杖花纹高模的雕刻

步骤 01：使用【Dam Standard】笔刷，沿着花纹的造型走势进行雕刻。雕刻之后的权杖装饰花纹高模效果如图 4.71 所示。

步骤 02：给权杖装饰花纹高模添加噪波，添加噪波之后的权杖装饰花纹效果如图 4.72 所示。

4. 布料花纹的雕刻

步骤 01：在给布料雕刻花纹之前，需要对布料模型展开 UV。布料的 UV 效果如图 4.73 所示。

提示：布料的导入、导出和 UV 的展开请观看本书配套视频。

图 4.71　雕刻之后的权杖装饰　　图 4.72　添加噪波之后的权杖装饰　　图 4.73　布料的 UV 效果
花纹高模效果　　　　　　　　花纹效果

步骤 02：在【工具】面板中单击【表面】→【噪波】按钮，弹出【NoiseMaker】对话框。在该对话框中单击左下角的【Alpha on/off】按钮，弹出【Import Image】对话框。

步骤 03：在【Import Image】对话框中选择需要导入的布料花纹，单击【打开】按钮，即可将布料花纹导入【NoiseMaker】对话框。

步骤 04：调节【NoiseMaker】对话框参数。【NoiseMaker】对话框参数的具体调节如图 4.74 所示。

步骤 05：单击【确定】按钮，返回布料的雕刻模式。

步骤 06：在【工具】面板中单击【表面】→【应用于网格】按钮，完成布料花纹的添加。添加花纹之后的布料效果如图 4.75 所示。

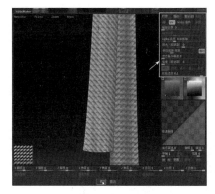 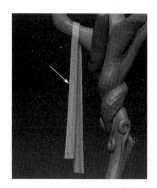

图 4.74　【NoiseMaker】对话框参数的具体调节　　图 4.75　添加花纹之后的布料效果

视频播放：关于具体介绍，请观看本书配套视频"任务三：权杖装饰品高模的制作.mpg4"。

任务四：权杖主干高模的制作

本任务主要介绍使用 ZBrush 2023 自带的笔刷和加载的笔刷，雕刻权杖主干模型纹理的细节。

步骤 01：将权杖主干模型孤立显示。使用 ZBrush 2023 自带的笔刷对权杖主干模型进行整体雕刻。整体雕刻之后的权杖主干模型效果如图 4.76 所示。

提示：关于权杖主干模型整体雕刻的具体演示，请观看本书配套视频。

步骤 02：将【NS_Wood_SurfaceDetails.ZBP】和【NS_Wood_TrunkDetails.ZBP】笔刷加载到笔刷库中。

步骤 03：使用加载的笔刷在权杖主干模型上拖拽，拖拽出的纹理效果如图 4.77 所示。

步骤 04：方法同上，使用加载的笔刷或加载的 Alpha 贴图，继续拖拽出权杖主干纹理。拖拽出的权杖主干第 1 层纹理效果如图 4.78 所示。

步骤 05：将雕刻好的权杖主干第 1 层纹理复制一份，以便加深权杖主干纹理。复制纹理层之后的效果如图 4.79 所示。

步骤 06：使用【Smooth】笔刷，对纹理破损的部分进行平滑雕刻，抹掉破损的部分。

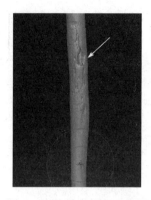

图 4.76　整体雕刻之后的　　　　图 4.77　拖拽出的纹理效果　　　　图 4.78　拖拽出的权杖主干
　　　　权杖主干模型效果　　　　　　　　　　　　　　　　　　　　　　　第 1 层纹理效果

步骤 07：继续使用加载的笔刷对纹理比较浅的部分进行雕刻，加深纹理。加深纹理之后的权杖效果如图 4.80 所示。

步骤 08：使用加载的笔刷，在权杖主干的转折位置拖拽出纹理疙瘩效果。拖拽出的纹理疙瘩效果如图 4.81 所示。

图 4.79　复制纹理层　　　　图 4.80　加深纹理之后的　　　　图 4.81　拖拽出的纹理
　　　　之后的效果　　　　　　　　　权杖效果　　　　　　　　　　疙瘩效果

步骤 09：方法同上，继续对权杖主干上其他转折位置拖拽出纹理疙瘩效果。

步骤 10：退出权杖主干模型孤立显示模式。最终的权杖高模效果如图 4.82 所示。

视频播放：关于具体介绍，请观看本书配套视频"任务四：权杖主干高模的制作.mpg4"。

任务五：权杖高模的整体调整

本任务主要使用 ZBrush 2023 自带的笔刷和加载的笔刷对权杖高模的纹理进行细化处理，使其更加符合原画设计要求。

步骤 01：使用【Dam Standard】笔刷在权杖高模上雕刻一些大小不均的小噪点。大小不均的小噪点如图 4.83 所示。

步骤 02：继续使用【Dam Standard】笔刷，对权杖主干高模纹理疙瘩的凹痕进行雕刻，使纹理疙瘩更加清晰。雕刻之后的纹理疙瘩效果如图 4.84 所示。

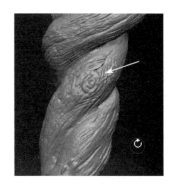

图 4.82　最终的权杖高模效果　　　图 4.83　大小不均的小噪点　　　图 4.84　雕刻之后的纹理疙瘩效果

步骤 03：继续使用【Dam Standard】笔刷，对权杖主干和树枝雕刻一些比较深的长条凹痕。雕刻的长条凹痕效果如图 4.85 所示。

步骤 04：继续使用【Dam Standard】笔刷，对木质球体的凹痕进行细化处理，细化处理之后的木质球体效果如图 4.86 所示。

步骤 05：退出模型孤立显示模式，旋转视图，以便检查权杖的雕刻效果，检查其是否达到所需要求。权杖高模的最终效果如图 4.87 所示。

图 4.85　雕刻的长条　　　　　图 4.86　细化处理之后的　　　　　图 4.87　权杖高模的
　　　　　凹痕效果　　　　　　　　　　　木质球体效果　　　　　　　　　　　最终效果

视频播放：关于具体介绍，请观看本书配套视频"任务五：权杖高模的整体调整.mpg4"。

六、项目拓展训练

根据项目 1 拓展训练中完成的原画和中模，将中模雕刻成高模。

项目3 制作权杖低模

一、项目内容简介

本项目主要介绍如何把在 ZBrush 2023 中雕刻好的权杖高模导出为 OBJ 格式文件，如何把 OBJ 格式文件中的权杖高模导入 Maya 2023，并根据导入的权杖高模制作权杖低模。

二、项目效果欣赏

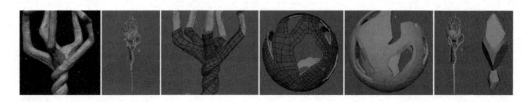

三、项目制作（步骤）流程

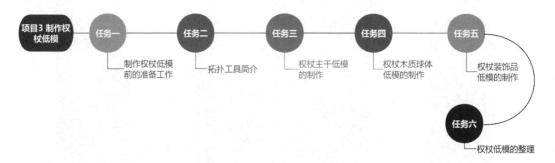

四、项目制作目的

（1）了解 OBJ 格式文件和 FBX 格式文件异同点。
（2）熟悉次世代游戏动画模型——权杖低模的制作原理。
（3）熟悉次世代游戏动画模型——权杖低模在整个制作流程中的作用。
（4）掌握次世代游戏动画模型——权杖低模的制作方法。

五、项目详细操作步骤

任务一：制作权杖低模前的准备工作

在制作权杖低模之前需要做以下准备工作。

1. 降低高模的面数

主要使用【Z 插件】命令组中的【抽取（减面）大师】命令降低高模的面数。

步骤 01：创建一个项目文件夹，将需要降低高模面数的文件另存一份到该项目文件夹中。

步骤 02：选择需要减少面数的模型，这里选择权杖主干高模。

步骤 03：在菜单栏单击【Z 插件】→【抽取（减面）大师】命令，展开【抽取（减面）大师】卷展栏。

步骤 04：【抽取（减面）大师】卷展栏参数的具体设置如图 4.88 所示。

步骤 05：单击【预处理当前子工具】命令，对权杖主干高模的减面进行预处理。预处理之后的权杖模型效果如图 4.89 所示。

步骤 06：在菜单栏单击【Z 插件】→【抽取（减面）大师】→【抽取当前】命令，对权杖主干高模进行减面。减面之后的权杖主干模型效果如图 4.90 所示。

图 4.88　【抽取（减面）大师】卷展栏参数的具体设置

图 4.89　预处理之后的权杖模型效果

图 4.90　减面之后的权杖主干模型效果

步骤 07：检查减面之后的权杖主干模型，检查其细节是否满足项目要求。如果不满足项目要求，就要调节"抽取百分比"参数，重新进行减面操作。

提示：在调节"抽取百分比"参数时，需要不断尝试，直到找到一个计算机能够承受且能满足项目细节要求的参数值为止。

步骤 08：方法同上，继续对权杖的其他模型进行减面操作。减面之后的权杖模型效果如图 4.91 所示。

2. 将减面之后的模型导出

步骤 01：将减面之后的模型全部显示出来。

步骤 02：在菜单栏单击【Z 插件】→【导出所有子工具】命令，弹出【Export to Obj file】对话框。

步骤 03：在上述对话框设置导出的文件名，然后单击【保存】按钮。

3. 将导出的高模导入 Maya 2023 并整理文件

步骤 01：启动 Maya 2023。

步骤 02：将已导出的 OBJ 格式文件中的高模再导入 Maya 2023，检查导入的高模是否有遗漏或存在问题。减面之后导入 Maya 2023 的权杖高模如图 4.92 所示。

步骤 03：设置项目文件。在"muzqz/scenes"项目文件下新建不同文件夹，用来保存不同类型的文件。新建的文件夹如图 4.93 所示。

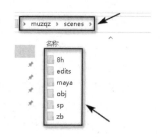

图 4.91　减面之后的权杖　　　　图 4.92　减面之后导入 Maya 2023　　　图 4.93　新建的文件夹
　　　　　　模型效果　　　　　　　　　　　　的权杖高模

步骤 04：将模型文件放置到对应的文件夹中。

视频播放：关于具体介绍，请观看本书配套视频"任务一：制作权杖低模前的准备工作.mpg4"。

任务二：拓扑工具简介

本任务主要介绍拓扑工具的使用方法和技巧。

1. 绘制四边形面

步骤 01：选择需要进行拓扑的模型，将其暂时隐藏。这里只显示权杖主干高模。

步骤 02：选择需要拓扑的权杖主干高模。选择的权杖主干高模如图 4.94 所示。

步骤 03：在工具栏单击【激活选定对象】按钮🔄，激活权杖主干高模。注意：被激活的权杖主干高模是无法选择的。

步骤 04：在【建模工具包】面板中单击【四边形绘制】命令，在激活的高模上单击一次绘制一个点，连续单击即可绘制连续的多个点，至少需要绘制 4 个点才能形成一个四边形面。按住键盘上的"Shift"键不放，将光标移到 4 个点围成的区域，此时出现一个绿色的平面（参考本书配套视频），如图 4.95 所示。

步骤 05：单击左键，绘制第 1 个四边形面。绘制的第 1 个四边形面如图 4.96 所示。

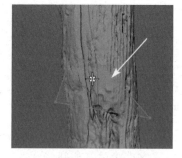

图 4.94　选择的权杖主干高模　　　图 4.95　绿色的平面　　　图 4.96　绘制的第 1 个四边形面

提示：关于【四边形绘制】命令的具体操作、四边形参数的设置和"激活约束选项"参数的详细介绍，请观看本书配套视频。

步骤 06：连续单击两次，绘制两个顶点，按住"Shift"键不放，将光标移到由 4 个顶点围成的区域单击，即可绘制第 2 个四边形面。绘制的第 2 个四边形面如图 4.97 所示。

2. 编辑绘制的四边形面

步骤 01：按住"Tab"键不放，用光标拖拽一条边，即可挤出一个四边形面。拖拽挤出的四边形面如图 4.98 所示。

步骤 02：按住"Tab"键+中键，用光标拖拽出一条边，即可沿该边的循环边挤出循环面。

步骤 03：按住"Ctrl"键不放，将光标移到四边形面的边上，此时出现一条绿色的循环边，如图 4.99 所示。单击左键，即可在此处插入一条循环边。

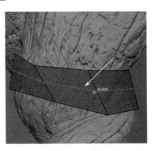

图 4.97　绘制的第 2 个四边形面　　图 4.98　拖拽挤出的四边形面　　图 4.99　出现的绿色循环边

步骤 04：按住"Ctrl+Shift"组合键不放，将光标移到绘制的四边形面或边上。此时，光标右下角出现一个图标，单击左键，即可删除光标所在的四边形面或边。

步骤 05：将光标移到绘制的边或顶点上，按住左键移动光标，即可调节边或顶点。

步骤 06：按住"Shift"键不放，将光标移到绘制的四边形面上，按住左键移动光标，即可对绘制的四边形面进行平滑处理。

步骤 07：绘制完毕，在工具栏单击【激活选定对象】按钮，退出【四边形绘制】命令。

视频播放：关于具体介绍，请观看本书配套视频"任务二：拓扑工具简介.mpg4"。

任务三：权杖主干低模的制作

通过【四边形绘制】命令完成权杖主干低模的制作。

步骤 01：选择权杖主干高模，在工具栏单击【激活选定对象】按钮，将权杖主干高模激活。

步骤 02：使用【四边形绘制】命令，绘制循环四边形面。绘制的循环四边形面如图 4.100 所示。

步骤 03：按住"Tab"键+中键，用光标拖拽出循环四边形面。拖拽出的循环四边形面如图 4.101 所示。

步骤 04：方法同上，继续拖拽出更多的循环四边形面并对它们进行平滑处理。平滑处理之后的所有循环四边形面如图 4.102 所示。

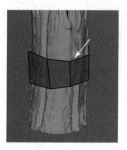

图 4.100　绘制的循环
四边形面

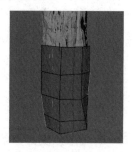

图 4.101　拖拽出的循环
四边形面

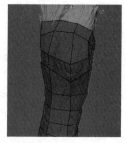

图 4.102　平滑处理之后的
所有循环四边形面

步骤 05：使用【四边形绘制】命令，根据权杖构型走势绘制四边形面。根据权杖构型走势绘制的四边形面如图 4.103 所示。

步骤 06：继续使用【四边形绘制】命令，根据权杖构型走势绘制更多的四边形面。拓扑完成的权杖低模效果如图 4.104 所示。

步骤 07：检查拓扑完成的权杖低模，检查其是否有穿模或布线不合理的地方。对拓扑之后的权杖低模进行平滑处理或加减线修改。权杖主干低模的最终效果如图 4.105 所示。

图 4.103　根据权杖构型走势
绘制的四边形面

图 4.104　拓扑完成的
权杖低模效果

图 4.105　权杖主干
低模的最终效果

视频播放：关于具体介绍，请观看本书配套视频"任务三：权杖主干低模的制作.mpg4"。

任务四：权杖木质球体低模的制作

木质球体低模的制作方法与权杖主干低模的制作方法基本相同，也使用【四边形绘制】命令。

步骤 01：选择木质球体，在工具栏单击【激活选定对象】按钮🔾，激活木质球体。

步骤 02：使用【四边形绘制】命令，沿着木质球体边缘绘制四边形面。绘制的四边形面如图 4.106 所示。

步骤 03：根据木质球体的纹理走势，使用【四边形绘制】命令绘制更多的四边形面，将所有边缘的四边形面连接起来。连接之后的所有四边形面如图 4.107 所示。

步骤 04：按键盘上的"W"键，将绘制的四边形面孤立显示，孤立显示的四边形面模型如图 4.108 所示。

图 4.106　绘制的四边形面

图 4.107　连接之后的所有四边形面

图 4.108　孤立显示的四边形面模型

步骤 05：单击【激活选定对象】按钮，退出【四边形绘制】命令，将绘制的四边形面模型复制一份，并对其进行缩放操作。复制和缩放操作之后的四边形面模型如图 4.109 所示。

步骤 06：在菜单栏单击【网格显示】→【方向】命令，将法线方向改为反向。法线反向之后的四边形面模型效果如图 4.110 所示。

步骤 07：选择绘制和复制的两个四边形面模型，在菜单栏单击【网格】→【结合】命令，将这两个模型结合为一个模型。

步骤 08：使用【挤出】命令和【桥接】命令，对结合之后的模型边缘进行挤出和桥接操作。挤出和桥接之后的模型效果如图 4.111 所示。

图 4.109　复制和缩放操作之后的四边形面模型

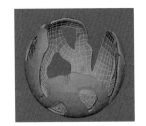

图 4.110　法线反向之后的四边形面模型效果

图 4.111　挤出和桥接之后的模型效果

步骤 09：继续使用【四边形绘制】命令，将绘制的模型与木质球体高模进行拓扑和平滑处理，使其与木质球体高模更加匹配。最终的木质球体低模效果如图 4.112 所示。

视频播放：关于具体介绍，请观看本书配套视频"任务四：权杖木质球体低模的制作.mpg4"。

任务五：权杖装饰品低模的制作

权杖装饰品低模的制作方法与权杖主干低模的制作方法基本相同，在此不再详细介绍，其具体操作方法请观看本书配套视频。最终的权杖装饰品低模效果如图 4.113 所示。

视频播放：关于具体介绍，请观看本书配套视频"任务五：权杖装饰品低模的制作.mpg4"。

任务六：权杖低模的整理

本任务主要介绍权杖低模的整理。

步骤 01：框选已拓扑的所有低模，按键盘上的"Ctrl+G"组合键，将所有低模合成一个组。

步骤 02：在菜单栏单击【修改】→【中心枢轴】命令。

步骤 03：在菜单栏单击【编辑】→【按类型删除】→【历史】命令。

步骤 04：在菜单栏单击【修改】→【冻结变换】命令。

步骤 05：在菜单栏单击【网格显示】→【软化边】命令，对所选择的低模进行软化边处理。进行软化边处理之后的权杖低模效果如图 4.114 所示。

图 4.112　最终的木质球体　　图 4.113　最终的权杖装饰品　图 4.114　进行软化边处理之后的
　　　　低模效果　　　　　　　　　低模效果　　　　　　　　　权杖低模效果

步骤 06：在菜单栏单击【网格】→【清理...】命令→图标■，弹出【清理选项】对话框。【清理选项】对话框参数设置如图 4.115 所示。

步骤 07：单击【清理】按钮，检查模型是否有缺陷（是否存在边数大于 4 的多边形面和非流形点）。如果被选择的模型有缺陷，Maya 2023 就会自动选择有缺陷的面，根据系统显示信息修改即可。如果没有缺陷，被选择的模型就会自动退出。

步骤 08：选择权杖装饰宝石的转折边。选择的转折边如图 4.116 所示。

步骤 09：在菜单栏单击【网格显示】→【硬化边】命令，对选择的转折边进行硬化处理。进行硬化边处理之后的宝石效果如图 4.117 所示。

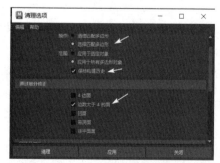

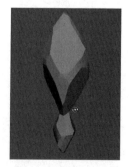

图 4.115　【清理选项】对话框　　　图 4.116　选择的　　　图 4.117　进行硬化边
　　　　参数设置　　　　　　　　　　转折边　　　　　　处理之后的宝石效果

步骤 10：进行软化边和硬化边处理之后，保存文件。

视频播放：关于具体介绍，请观看本书配套视频"**任务六：权杖低模的整理**.mpg4"。

六、项目拓展训练

根据项目 2 拓展训练中完成的高模，将高模拓扑为低模。

项目4 制作权杖材质贴图

一、项目内容简介

本项目详细介绍权杖的 UV 展开、法线的烘焙、材质贴图的制作和渲染出图。

二、项目效果欣赏

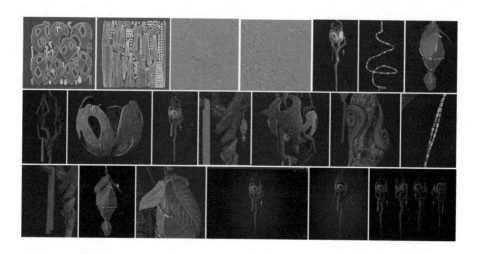

三、项目制作（步骤）流程

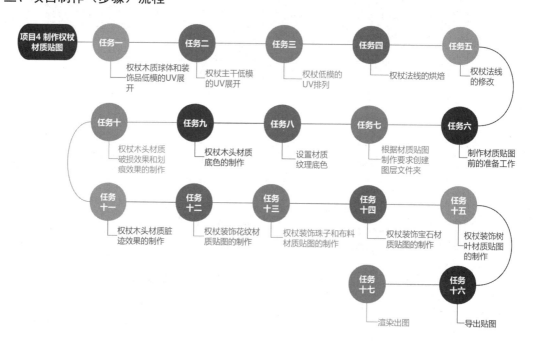

四、项目制作目的

（1）了解 UV 的作用及 UV 的展开原理、方法和技巧。

（2）掌握法线的烘焙原理、作用和使用方法。

（3）熟练掌握次世代游戏动画模型——权杖材质贴图的制作方法和技巧。

（4）掌握次世代游戏动画模型——权杖渲染出图的流程和渲染参数设置。

五、项目详细操作步骤

任务一：权杖木质球体和装饰品低模的 UV 展开

在烘焙低模法线之前，需要对低模展开 UV 和排列 UV。本任务主要介绍权杖木质球体和装饰品低模 UV 的展开原理、方法和技巧。

步骤 01：在菜单栏单击【UV】→【UV 编辑器】命令，打开【UV 编辑器】面板。

步骤 02：选择权杖的所有低模。在【UV 编辑器】面板中单击【创建】卷展栏的【基于摄影机】按钮，基于摄影机的镜头方向对权杖的所有低模创建 UV。基于摄影机的镜头方向创建的 UV 如图 4.118 所示。

步骤 03：选择木质球体，切换到边选择模式，选择需要剪切的边。在【UV 编辑器】面板中单击【切割和缝合】卷展栏的【剪切】按钮，将选定的边剪切。选择的木质球体模型的边及其剪切之后的效果如图 4.119 所示。

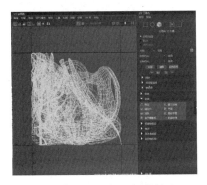

图 4.118 基于摄影机的镜头
方向创建的 UV

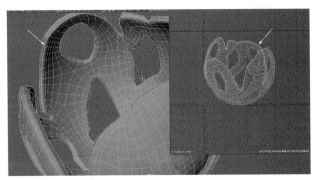

图 4.119 选择的木质球体模型的边
及其剪切之后的效果

提示：在选择需要剪切的边时，应尽量选择隐蔽的边。例如，在选择上述木质球体需要剪切的边时，应尽量选择其内侧的边。

步骤 04：继续选择木质球体需要剪切的内侧边。选择的内侧边如图 4.120 所示。

步骤 05：在【UV 编辑器】面板中单击【切割和缝合】卷展栏的【剪切】按钮，将选择的内侧边剪切。剪切内侧边之后的效果如图 4.121 所示。

步骤 06：根据木质球体的纹理走势，继续选择需要剪切的边。剪切边之后的 UV 效果如图 1.122 所示。

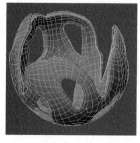

图 4.120　选择的内侧边　　　图 4.121　剪切内侧边之后的效果　　　图 4.122　剪切边之后的 UV 效果

步骤 07：在【UV 编辑器】面板中选择所有 UV，单击【展开】卷展栏的【展开】按钮，将选择的 UV 展开。木质球体的 UV 展开效果如图 4.123 所示。

步骤 08：方法同上，继续给权杖装饰布料低模展开 UV。布料的 UV 展开效果如图 4.124 所示。

步骤 09：给宝石低模展开 UV。宝石的 UV 展开效果如图 4.125 所示。

图 4.123　木质球体的　　　　图 4.124　布料的　　　　图 4.125　宝石的
　　　UV 展开效果　　　　　　　UV 展开效果　　　　　　UV 展开效果

步骤 10：给权杖装饰树叶低模展开 UV。树叶的 UV 展开效果如图 4.126 所示。

步骤 11：给权杖装饰绳索上的珠子模型低模展开 UV。绳索上的珠子的 UV 展开效果如图 4.127 所示。

步骤 12：给装饰花纹低模展开 UV。装饰花纹的 UV 展开效果如图 4.128 所示。

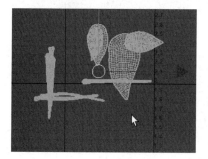
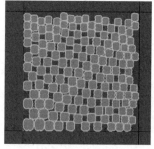

图 4.126　树叶的 UV　　　　图 4.127　绳索上的珠子的　　　图 4.128　装饰花纹的 UV
　　　展开效果　　　　　　　　UV 展开效果　　　　　　　展开效果

视频播放：关于具体介绍，请观看本书配套视频"任务一：权杖木质球体和装饰品低模的 UV 展开.mpg4"。

任务二：权杖主干低模的 UV 展开

本任务主要介绍权杖主干低模 UV 的展开原理、方法和技巧。

步骤 01：选择权杖主干低模，切换到边编辑模式，选择其中需要剪切的边。在【UV 编辑器】面板中单击【切割和缝合】卷展栏的【剪切】按钮，将选择的边剪切。剪切边之后的权杖主干低模效果如图 4.129 所示。

步骤 02：选择剪切边之后的权杖主干低模的 UV，在【UV 编辑器】面板中单击【展开】卷展栏的【展开】按钮，将剪切边之后的树杖立干低模的 UV 展开。权杖主干低模的 UV 展开效果如图 4.130 所示。

步骤 03：方法同上，对权杖所有低模展开 UV。权杖低模的 UV 展开效果如图 4.131 所示。

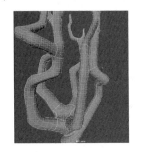
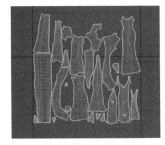

图 4.129　剪切边之后的权杖　　图 4.130　权杖主干低模的　　图 4.131　权杖低模的
　　　　主干低模效果　　　　　　　　　UV 展开效果　　　　　　　　UV 展开效果

视频播放：关于具体介绍，请观看本书配套视频"任务二：权杖主干低模的 UV 展开.mpg4"。

任务三：权杖低模的 UV 排列

本任务主要将任务一和任务二中展开的 UV 进行排列。

步骤 01：选择木质球体低模的 UV，根据雕刻的纹理进行旋转操作，使其符合纹理走势。旋转操作之后木质球体的 UV 排列效果如图 4.132 所示。

步骤 02：选择木质球体中的一个 UV 块，放到坐标点（0，0）和（1，1）的 UV 范围内，将 UV 块缩放到合适的大小。缩放之后的 UV 排列效果如图 4.133 所示。

步骤 03：在【UV 编辑器】面板中单击【获取】按钮，框选木质球体低模的其他 UV 块。单击【集】按钮，使框选的 UV 块的缩放比例与本任务步骤 02 缩放的 UV 块比例相同。

步骤 04：对木质球体低模的所有 UV 块位置进行摆放。木质球体低模的最终 UV 排列效果如图 4.134 所示。

图 4.132　旋转操作之后木质
球体的 UV 排列效果

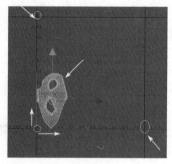

图 4.133　缩放之后的 UV
排列效果

图 4.134　木质球体低模的
最终 UV 排列效果

步骤 05：方法同上，摆放权杖主干低模的 UV 块。权杖主干低模的 UV 排列效果如图 4.135 所示。

步骤 06：方法同上，继续摆放权杖其他低模的 UV 块。权杖低模的最终 UV 排列效果如图 4.136 所示。

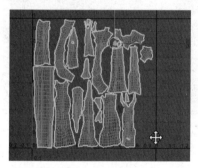

图 4.135　权杖主干低模的 UV 排列效果

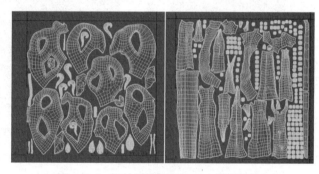

图 4.136　权杖低模的最终 UV 排列效果

提示：这里将权杖低模分成两个 UV 块，每个 UV 块的模型为一个组，给每个组赋予不同的材质。

视频播放：关于具体介绍，请观看本书配套视频"任务三：权杖低模的 UV 排列.mpg4"。

任务四：权杖法线的烘焙

本任务主要利用权杖高模与权杖低模进行法线烘焙。

步骤 01：将权杖低模按任务三中的分组依次导出为 OBJ 格式文件。

步骤 02：启动 Marmoset Toolbag 4，将权杖的高模和低模导入 Marmoset Toolbag 4。

步骤 03：将权杖的低模放到"Low"文件夹中，将权杖的高模放到"High"文件夹中。权杖的高模和低模在相应文件夹中的位置如图 4.137 所示。

步骤 04：设置烘焙参数，使权杖的低模尽量包裹住其高模。烘焙参数的具体设置如图 4.138 所示。

步骤 05：单击【Bake】按钮，开始烘焙法线。烘焙之后的法线效果如图 4.139 所示。

图 4.137　权杖的高模和
低模在相应文件夹中的位置

图 4.138　烘焙参数的
具体设置

图 4.139　烘焙之后的
法线效果

步骤 06：方法同上，继续烘焙权杖其他模型的法线。权杖其他模型的法线烘焙效果如图 4.140 所示。

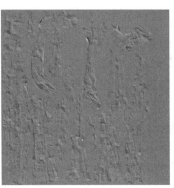

图 4.140　权杖其他模型的法线烘焙效果

视频播放：关于具体介绍，请观看本书配套视频"任务四：权杖法线的烘焙.mpg4"。

任务五：权杖法线的修改

本任务主要使用 Photoshop 软件对任务四中烘焙的法线进行修复。

步骤 01：启动 Photoshop 软件。

步骤 02：将同一个组的模型法线放在同一个文件夹的不同图层中，将所有图层进行栅格化处理。

步骤 03：将底层以上的图层类型设为叠加模式。叠加模式下的法线效果如图 4.141 所示。

步骤 04：检查法线是否存在问题。对存在问题的法线，使用 Photoshop 软件中的工具进行修复。存在问题的法线被修复前后的对比如图 4.142 所示。

步骤 05：方法同上，继续对法线进行检查和修复。两个组中的模型法线的最终效果如图 4.143 所示。

视频播放：关于具体介绍，请观看本书配套视频"任务五：权杖法线的修改.mpg4"。

 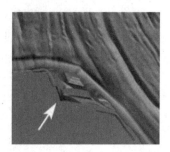 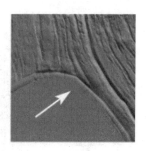

图 4.141　叠加模式下的法线效果　　　　图 4.142　存在问题的法线被修复前后的对比

任务六：制作材质贴图前的准备工作

本任务主要介绍制作材质贴图前需要准备的工作。

1. 创建新项目

步骤 01：启动 Adobe Substance 3D Painter 软件。

步骤 02：在菜单栏单击【文件】→【新建】命令，弹出【新项目】对话框。在【新项目】对话框中单击【选择…】按钮，弹出【打开文件】对话框。在【打开文件】对话框中选择权杖低模，单击【打开】按钮，然后返回【新项目】对话框。

步骤 03：单击【添加】按钮，弹出【导入图像】对话框。在该对话框中选择前面烘焙并修复完成的法线，单击【打开】按钮，然后返回【新项目】对话框。

步骤 04：设置【新项目】对话框参数。【新项目】对话框参数设置如图 4.144 所示。

图 4.143　两个组中的模型法线的最终效果　　　图 4.144　【新项目】对话框参数设置

步骤 05：单击【OK】按钮，完成新项目的创建。

2. 检查文件

步骤 01：单击【纹理集列表】面板中的纹理集，查看材质球是否被分成两个材质。

步骤 02：按键盘上的 F1 键和 F2 键，观看模型和 UV 在两种情况下的位置是否发生变化。模型和 UV 的位置如图 4.145 所示，两者位置没有变化，说明文件没有问题。

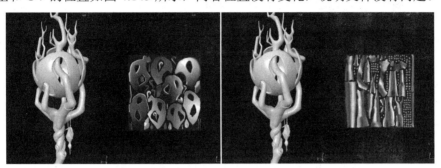

图 4.145　模型和 UV 的位置

提示：如果模型和 UV 位置发生变化，可能是没有对低模展开 UV，也可能是低模存在边数大于 4 的多边形面。此时，需要返回 Maya 2023 中进行检查和修改。

3. 烘焙法线

步骤 01：在【纹理集设置】面板中单击【选择法线贴图】按钮，弹出【法线选择】对话框。在该对话框中，选择需要导入的法线。

步骤 02：在【纹理集设置】面板中单击【烘焙模型贴图】按钮，弹出【烘焙】对话框。【烘焙】对话框参数设置如图 4.146 所示。

步骤 03：单击【烘焙 lambert3SG】按钮，开始烘焙。"lambert3SG"纹理集模型的烘焙效果如图 4.147 所示。

步骤 04：方法同上，对"lambert4SG"纹理集模型进行烘焙。"lambert4SG"纹理集模型的烘焙效果如图 4.148 所示。

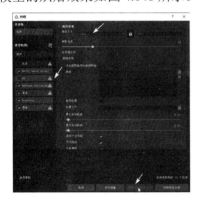  

图 4.146　【烘焙】对话框参数设置　　图 4.147　"lambert3SG"纹理集模型的烘焙效果　　图 4.148　"lambert4SG"纹理集模型的烘焙效果

视频播放：关于具体介绍，请观看本书配套视频"任务六：制作材质贴图前的准备工作.mpg4"。

任务七：根据材质贴图制作要求创建图层文件夹

本任务主要介绍如何根据材质贴图制作要求创建图层文件夹，方便提高后续材质贴图制作效率和团队合作交流。

步骤01：在【纹理集列表】面板中选择"lambert3SG"纹理集，在【图层】面板中创建图层文件夹。"lambert3SG"纹理集的图层文件夹如图4.149所示。

步骤02：在【纹理集列表】面板中选择"lambert4SG"纹理集，在【图层】面板中创建图层文件夹。"lambert4SG"纹理集的图层文件夹如图4.150所示。

步骤03：给每个图层文件夹添加一个黑色遮罩，在每个图层文件夹中添加一个填充图层，给每个填充图层设置不同的颜色。

提示：这里设置的填充图层颜色不是最终的材质颜色，只是方便设置遮罩，以方便检查遮罩是否成功。

步骤04：根据材质贴图制作要求，设置每个图层文件夹中的黑色遮罩模型。设置黑色遮罩之后的模型效果如图4.151所示。

图4.149　"lambert3SG"纹理集　　　图4.150　"lambert4SG"纹理集的　　　图4.151　设置黑色遮罩
的图层文件夹　　　　　　　　　　　图层文件夹　　　　　　　　　之后的模型效果

视频播放：关于具体介绍，请观看本书配套视频"任务七：根据材质贴图制作要求创建图层文件夹.mpg4"。

任务八：设置材质纹理底色

本任务主要介绍材质纹理底色的设置原则、方法和技巧。

1. 木头底色的设置

木头颜色一般由高亮色、中间色和暗色三种色调组成，在设置木头底色时需要将底色调成中间色。

选择"mt"图层文件夹中的填充图层，设置木头纹理底色填充图层。木头纹理底色填充图层具体设置如图4.152所示，设置底色之后的木头纹理效果如图4.153所示。

2. 珠子底色的设置

权杖绳索上的珠子由 4 种颜色组成，因此珠子底色需要 4 个填充图层。

步骤 01：给 "zz" 图层文件夹添加 4 个填充图层，根据原画设计要求，赋予每个填充图层不同的颜色。

步骤 02：给每个填充图层添加黑色遮罩，使用遮罩工具进行操作。添加黑色遮罩之后的珠子底色效果如图 4.154 所示。

图 4.152　木头纹理底色填充图层具体设置

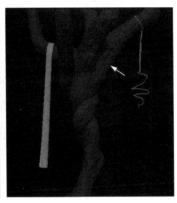

图 4.153　设置底色之后的木头纹理效果

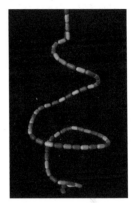

图 4.154　添加黑色遮罩之后的珠子底色效果

提示：建议读者打开本书配套素材中的源文件，以获取底色填充图层的具体参数，也可以根据本书配套视频进行设置。

3. 布料底色的设置

本项目中的权杖装饰布料模型由单面组成，因此需要开启模型双面显示功能，才能观看该模型背面的显示效果。

步骤 01：在【着色器设置】面板中将着色器改为 "lens-studio" 着色器，即可开启权杖装饰布料模型的双面显示功能。权杖装饰布料模型的双面显示效果如图 4.155 所示。

步骤 02：设置 "bl" 图层文件夹中的底色填充图层的颜色。设置底色之后的权杖装饰布料模型效果如图 4.156 所示。

4. 权杖装饰树叶底色的设置

因为树叶的纹理带有一点反光效果，所以需要创建两个填充图层，对两种颜色进行遮罩以实现反光效果。

步骤 01：创建两个填充图层，并设置这两个填充图层的属性参数。

步骤 02：给第 1 个填充图层添加一个黑色遮罩，即对树叶模型添加黑色遮罩。添加黑色遮罩之后的权杖装饰树叶及其叶柄模型效果如图 4.157 所示。

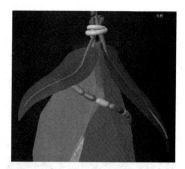

图 4.155　权杖装饰布料模型的　　图 4.156　设置底色之后的　　图 4.157　添加黑色遮罩之后的
双面显示效果　　　　　　　　权杖装饰布料模型效果　　　　权杖装饰树叶及其叶柄模型效果

5. 权杖装饰花纹底色的设置

设置 "hw" 图层文件夹中的填充图层属性参数。设置填充图层属性参数之后，权杖装饰花纹模型效果如图 4.158 所示。

6. 权杖装饰宝石底色的设置

调节 "bs" 图层文件夹中的填充图层属性参数。设置填充图层属性参数之后，权杖装饰宝石模型效果如图 4.159 所示。

7. 木质球体纹理底色的制作

步骤 01：选择 "lambert3SG" 纹理集 "mt" 图层文件夹中的底色填充图层，按键盘上的 "Ctrl+C" 组合键（该组合键仅有复制功能，不兼有粘贴功能）复制该底色填充图层。

步骤 02：打开 "lambert4SG" 纹理集 "mt" 图层文件夹，按键盘上的 "Ctrl+V" 组合键粘贴步骤 01 复制的图层，删除该文件夹中原有的底色填充图层。

步骤 03：在粘贴的底色填充图层基础上调节 "Base Color" 的颜色。调节颜色之后的木质球体模型效果如图 4.160 所示。

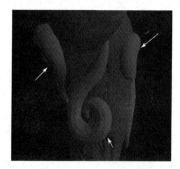

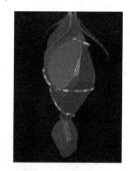

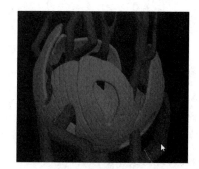

图 4.158　权杖装饰花　　　　图 4.159　权杖装饰宝石　　　图 4.160　调节颜色之后的
纹模型效果　　　　　　　　　模型效果　　　　　　　　　　木质球体模型效果

视频播放：关于具体介绍，请观看本书配套视频 "任务八：设置材质纹理底色.mpg4"。

任务九：权杖木头材质底色的制作

本任务主要介绍权杖木头材质底色的制作原理、方法和技巧。

1. 权杖主干木头材质底色的制作

权杖主干木头材质的底色比较复杂，需要通过多个图层的混合实现其底色制作。

步骤 01：在"lambert4SG"纹理集"mt"图层文件夹中创建一个名为"底色"的图层文件夹。

步骤 02：将设置好的底色填充图层拖到"底色"图层文件夹中，并复制一份该填充图层。把复制的填充图层命名为"底色 copy 1"。"底色 copy 1"填充图层如图 4.161 所示。

步骤 03：设置"底色 copy 1"填充图层属性参数，给该填充图层添加一个黑色遮罩，给黑色遮罩添加一个名为"Metal Edge Wear"的生成器，设置"Metal Edge Wear"生成器参数。设置"Metal Edge Wear"生成器参数之后的底色效果如图 4.162 所示。

步骤 04：将底色填充图层再复制一份，复制的填充图层被系统自动命名为"底色 copy 2"。设置"底色 copy 2"填充图层属性参数，并给该填充图层添加一个黑色遮罩，给黑色遮罩添加一个名为"Dirt"的生成器。最终的"底色 copy 2"填充图层如图 4.163 所示。

图 4.161　"底色 copy 1"填充图层

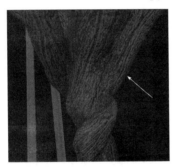
图 4.162　设置"Metal Edge Wear"生成器参数之后的底色效果

图 4.163　最终的"底色 copy 2"填充图层

步骤 05：设置"Dirt"生成器参数，给"底色 copy 2"填充图层添加一个色阶图层，设置色阶图层属性参数。设置色阶图层属性参数之后的效果如图 4.164 所示。

步骤 06：将"底色 copy 2"填充图层复制一份，复制的填充图层被系统自动命名为"底色 copy 3"，将图层模式设为叠加模式。复制和设置图层属性参数之后的效果如图 4.165 所示。

步骤 07：给"底色 copy 3"填充图层添加一个绘画图层，添加的绘画图层如图 4.166 所示。

步骤 08：使用画笔将模型内部颜色比较深的部位擦除，擦除深色部位之后的效果如图 4.167 所示。

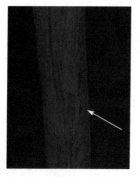

图 4.164　设置色阶图层属性
参数之后的效果

图 4.165　复制和设置
图层属性参数之后的效果

图 4.166　添加的绘画图层

步骤 09：将"底色 copy 1"填充图层复制一份，系统将复制的填充图层自动命名为"底色 copy 4"。

步骤 10：设置"底色 copy 4"填充图层属性参数，然后根据项目要求调整各个填充图层的叠放顺序。填充图层的叠放顺序如图 4.168 所示，调整填充图层叠放顺序之后的权杖主干木头材质底色效果如图 4.169 所示。

图 4.167　擦除深色部位
之后的效果

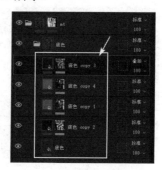

图 4.168　填充图层的
叠放顺序

图 4.169　调整填充图层
叠放顺序之后的权杖
主干木头材质底色效果

2. 木质球体材质底色的制作

木质球体材质底色的制作相对比较简单，将权杖主干木头材质的底色图层组复制一份并调整该图层组中的各个底色填充图层的颜色和参数即可。

步骤 01：将权杖主干木头材质的底色图层组复制一份。

步骤 02：单击"lambert3SG"纹理集，将复制的底色图层组粘贴到木质球体纹理的"mt"图层文件夹中。复制并粘贴的"底色"图层组如图 4.170 所示。

步骤 03：修改所复制的图层组中的每个底色填充图层的颜色。修改各个底色填充图层颜色之后的木质球体效果如图 4.171 所示。

步骤 04：根据项目要求，继续设置各个底色填充图层颜色的饱和度及相关参数。设置各个底色填充图层颜色饱和度及相关参数之后的权杖木头材质效果如图 4.172 所示。

图 4.170　复制并粘贴的
"底色"图层组

图 4.171　修改各个底色填充
图层颜色之后的木质球体效果

图 4.172　设置各个底色填充
图层颜色饱和度及相关参数
之后的权杖木头材质效果

视频播放：关于具体介绍，请观看本书配套视频"任务九：权杖木头材质底色的制作.mpg4"。

任务十：权杖木头材质破损效果和划痕效果的制作

本任务主要介绍权杖木头材质破损效果和划痕效果的制作原理、方法和技巧。

1. 权杖主干木头材质破损效果和划痕效果的制作

1）权杖主干木头材质破损效果的制作

步骤 01：选择"lambert4SG"纹理集，在"mt"图层文件夹中添加一个名为"破损"的图层文件夹。

步骤 02：在"破损"图层文件夹中添加一个名为"填充图层 2"的填充图层。添加的"破损"图层文件夹和"填充图层 2"如图 4.173 所示。

步骤 03：给"填充图层 2"添加一个黑色遮罩，给黑色遮罩添加一个填充图层，给黑色遮罩中的填充图层的灰度图添加一张噪点比较多的程序纹理贴图，并设置该程序纹理贴图和填充图层的属性参数。设置程序纹理贴图和填充图层属性参数之后的破损效果如图 4.174 所示。

步骤 04：直接将【资源】列表中的"Concrete Dusty"材质拖到"破损"图层文件夹中，系统自动创建一个材质图层。系统自动创建的材质图层如图 4.175 所示。

图 4.173　添加的"破损"
图层文件夹和"填充图层 2"

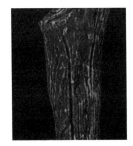

图 4.174　设置程序纹理贴图和
填充图层属性参数之后的破损效果

图 4.175　系统自动创建的
材质图层

步骤 05：设置"Concrete Dusty"材质图层属性参数。设置"Concrete Dusty"图层属性参数之后的破损效果如图 4.176 所示。

2）权杖主干木头材质划痕效果的制作

步骤 01：在"破损"图层文件夹中添加一个名为"填充图层 3"的填充图层，用它来制作划痕效果。

步骤 02：给"填充图层 3"添加一个黑色遮罩，给黑色遮罩添加一个填充图层，给黑色遮罩中的填充图层的灰度图添加一张划痕程序纹理贴图，并设置填充图层和程序纹理贴图的参数。设置填充图层和程序纹理贴图参数之后的划痕效果如图 4.177 所示。

2. 木质球体破损效果和划痕效果的制作

木质球体的破损效果和划痕效果的制作比较简单，只要将权杖主干木头材质的整个"破损"图层文件夹复制并粘贴到木质球体的"mt"图层文件夹中并根据项目要求适当设置其中的各个图层属性参数即可。制作的木质球体的破损效果和划痕效果如图 4.178 所示。

  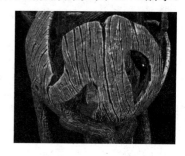

图 4.176　设置"Concrete Dusty"图层属性参数之后的破损效果

图 4.177　设置填充图层和程序纹理贴图参数之后的划痕效果

图 4.178　制作的木质球体的破损效果和划痕效果

视频播放：关于具体介绍，请观看本书配套视频"任务十：权杖木头材质破损效果和划痕效果的制作.mpg4"。

任务十一：权杖木头材质脏迹效果的制作

本任务主要介绍如何给木头材质添加类似青苔的脏迹效果的制作原理、方法和技巧。

1. 权杖主干木头材质脏迹效果的制作

步骤 01：选择"lambert4SG"纹理集，在"mt"图层文件夹中添加一个"脏迹"图层文件夹和一个名为"填充图层 4"的填充图层。添加的"脏迹"图层文件夹和"填充图层 4"如图 4.179 所示。

步骤 02：设置"填充图层 4"的参数，给"填充图层 4"添加一个黑色遮罩，给黑色遮罩添加一个填充图层，给黑色遮罩中的填充图层添加脏迹程序纹理贴图，设置脏迹程序纹理贴图参数。设置脏迹程序纹理贴图参数之后的效果如图 4.180 所示。

步骤 03：选择"填充图层 4"，按键盘上的"Ctrl+D"组合键将其复制一份，系统自动

把复制的图层命名为"填充图层 4 copy 1",设置"填充图层 4 copy 1"属性参数。设置"填充图层 4 copy 1"属性参数之后的脏迹效果如图 4.181 所示。

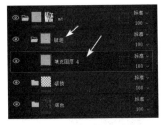

图 4.179 添加的"脏迹"
图层文件夹和"填充图层 4"

图 4.180 设置脏迹程序纹理
贴图参数之后的效果

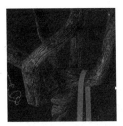

图 4.181 设置"填充图层 4
copy 1"属性参数之后的脏迹效果

步骤 04:添加一个名为"填充图层 5"的填充图层,给"填充图层 5"添加一个黑色遮罩,给黑色遮罩添加一个绘画图层。添加的"填充图层 5"和黑色遮罩中的绘画图层如图 4.182 所示。

步骤 05:使用绘画工具在权杖主干木头材质上制作出脏迹渐变的效果。制作的权杖主干木头材质脏迹效果如图 4.183 所示。

2. 木质球体脏迹效果的制作

木质球体脏迹效果的制作比较简单,将权杖主干木头材质的脏迹效果复制到木质球体上,然后根据原画设计要求对各个图层属性参数进行适当设置。制作的木质球体脏迹效果如图 4.184 所示。

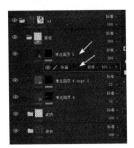

图 4.182 添加的"填充图层 5"
和黑色遮罩中的绘画图层

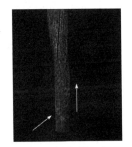

图 4.183 制作的权杖主干
木头材质脏迹效果

图 4.184 制作的木质球体
脏迹效果

视频播放:关于具体介绍,请观看本书配套视频"任务十一:权杖木头材质脏迹效果的制作.mpg4"。

任务十二:权杖装饰花纹材质贴图的制作

本任务主要介绍权杖装饰花纹材质贴图的制作,通过脏迹和破损效果实现花纹材质的制作。

步骤 01:在"hw"图层文件夹中添加一个"脏迹破损"图层文件夹,将花纹材质的"底色"图层文件夹中的"填充图层 1 copy 1"复制一份,将其粘贴到"脏迹破损"图层文件夹中,系统自动把复制的图层文件夹命名为"填充图层 1 copy 3"。

步骤 02：给"填充图层 1 copy 3"添加一个黑色遮罩，给黑色遮罩添加一个生成器，在生成器图层属性参数面板中选择"Curvature"生成器。添加生成器的填充图层如图 4.185 所示，设置"Curvature"生成器参数之后的花纹效果如图 4.186 所示。

步骤 03：给"填充图层 1 copy 3"添加一个色阶图层，设置色阶图层属性参数。

步骤 04：给"填充图层 1 copy 3"添加一个绘画图层，使用画笔工具擦除多余的脏迹。设置色阶图层属性参数和擦除多余脏迹之后的花纹效果如图 4.187 所示。

图 4.185　添加生成器的填充图层

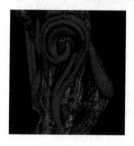
图 4.186　设置"Curvature"生成器参数之后的花纹效果

图 4.187　设置色阶图层属性参数和擦除多余脏迹之后的花纹效果

步骤 05：在"脏迹破损"图层文件夹中添加一个名为"填充图层 5"的填充图层，将"填充图层 5"的颜色调成比底色稍微亮一点的颜色。

步骤 06：给"填充图层 5"添加一个黑色遮罩，给黑色遮罩添加一个填充图层，给黑色遮罩中的填充图层的灰度图添加一张名为"grayscale Dirt 3"的黑白程序纹理贴图，设置黑白程序纹理贴图的参数。设置黑白程序纹理贴图参数之后的花纹效果如图 4.188 所示。

步骤 07：在"脏迹破损"图层文件夹中添加一个填充图层，将该填充图层命名为"填充图层 6"。给"填充图层 6"添加一个黑色遮罩，给黑色遮罩添加一个生成器，在生成器图层属性参数面板中选择"Dirt"生成器。设置"Dirt"生成器参数之后的花纹效果如图 4.189 所示。

步骤 08：再给步骤 07 中的黑色遮罩添加一个色阶图层，设置色阶图层属性参数，将"填充图层 6"颜色调为深褐色。设置色阶图层属性参数和调节"填充图层 6"颜色之后的花纹效果如图 4.190 所示。

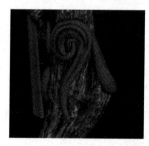
图 4.188　设置黑白程序纹理贴图参数之后的花纹效果

图 4.189　设置"Dirt"生成器参数之后的花纹效果

图 4.190　设置色阶图层属性参数和调节"填充图层 6"颜色之后的花纹效果

视频播放：关于具体介绍，请观看本书配套视频"任务十二：权杖装饰花纹材质贴图的制作.mpg4"。

任务十三：权杖装饰珠子和布料材质贴图的制作

本任务主要介绍权杖装饰珠子和布料材质贴图的制作原理、方法和技巧。

1. 珠子材质贴图的制作

步骤 01：在"zz"图层文件夹中添加一个填充图层，将该填充图层命名为"填充图层 6"。

步骤 02：给"填充图层 6"添加一个黑色遮罩，给黑色遮罩添加一个生成器，在生成器图层属性参数面板中选择"Metal Edge Wear"生成器。

步骤 03：设置"填充图层 6"和"Metal Edge Wear"生成器的参数。设置"Metal Edge Wear"生成器参数之后的珠子效果如图 4.191 所示。

步骤 04：选择"填充图层 6"，按键盘上的"Ctrl+D"组合键，将其复制一份，系统将复制的填充图层自动命名为"填充图层 6 copy 1"，设置"填充图层 6 copy 1"属性参数。

步骤 05：选择"填充图层 6 copy 1"，按键盘上的"Ctrl+D"组合键，将其复制一份，系统将复制的填充图层自动命名为"填充图层 6 copy 2"，设置该图层属性参数。设置"填充图层 6 copy 2"属性参数之后的珠子效果如图 4.192 所示，【图层】面板中的图层叠放顺序如图 4.193 所示。

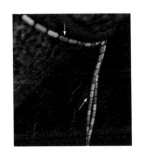

图 4.191　设置"Metal Edge Wear"生成器参数之后的珠子效果

图 4.192　设置"填充图层 6 copy 2"属性参数之后的珠子效果

图 4.193　【图层】面板中的图层叠放顺序

2. 布料材质贴图的制作

布料材质贴图的制作比较简单，主要通过复制其他材质图层，并设置图层属性参数实现布料材质贴图的制作。

步骤 01：将"hw"图层文件夹中的"填充图层 1 copy 3"复制一份并粘贴到"bl"图

层文件夹中。复制的填充图层如图 4.194 所示。

步骤 02：设置"bl"图层文件夹中的"填充图层 1 copy 3"的相关参数。设置参数之后的布料效果如图 4.195 所示。

步骤 03：再将"填充图层 1 copy 3"复制一份，系统将复制的填充图层自动命名为"填充图层 1 copy 4"，设置该填充图层属性参数。设置"填充图层 1 copy 4"属性参数之后的布料效果如图 4.196 所示。

图 4.194 复制的 填充图层　　　图 4.195 设置参数之后的 布料效果　　　图 4.196 设置"填充图层 1 copy 4" 属性参数之后的布料效果

步骤 04：在"bl"图层文件夹中添加一个填充图层，将该填充图层命名为"填充图层 7"。给"填充图层 7"添加一个黑色遮罩，给黑色遮罩添加一个绘画图层，使用绘画工具对布料进行绘制。绘制之后的布料效果如图 4.197 所示。

步骤 05：将"填充图层 7"复制一份，系统将复制的填充图层自动命名为"填充图层 7 copy 2"，设置该填充图层属性参数。设置"填充图层 7 copy 2"属性参数之后的布料效果如图 4.198 所示。

步骤 06：将"填充图层 7 copy 2"复制一份，系统将复制的填充图层自动命名为"填充图层 7 copy 3"，设置该填充图层属性参数。设置"填充图层 7 copy 3"属性参数之后的布料效果如图 4.199 所示。

图 4.197 绘制之后的 布料效果　　　图 4.198 设置"填充图层 7 copy 2" 属性参数之后的布料效果　　　图 4.199 设置"填充图层 7 copy 3" 属性参数之后的布料效果

步骤 07：将"填充图层 7 copy 3"复制一份，系统将复制的填充图层自动命名为"填充图层 7 copy 4"，设置该图层属性参数。设置"填充图层 7 copy 4"属性参数之后的

布料效果如图 4.200 所示。

步骤 08：将"填充图层 7 copy 4"复制一份，系统将复制的填充图层自动命名为"填充图层 7 copy 5"，设置该填充图层属性参数。设置"填充图层 7 copy 5"属性参数之后的布料效果如图 4.201 所示。

步骤 09：布料材质贴图制作完毕，布料材质图层的叠放顺序如图 4.202 所示。

图 4.200　设置"填充图层 7 copy 4"属性参数之后的布料效果

图 4.201　设置"填充图层 7 copy 5"属性参数之后的布料效果

图 4.202　布料材质图层的叠放顺序

视频播放：关于具体介绍，请观看本书配套视频"任务十三：权杖装饰珠子和布料材质贴图的制作.mpg4"。

任务十四：权杖装饰宝石材质贴图的制作

本任务主要介绍权杖装饰宝石材质贴图的制作原理、方法和技巧。

1. 宝石整体效果的制作

步骤 01：将"bs"图层文件夹中的"填充图层 1 copy 2"复制一份，系统将复制的填充图层自动命名为"填充图层 1 copy 3"，设置该填充图层属性参数。

步骤 02：给"填充图层 1 copy 3"添加一个黑色遮罩，给黑色遮罩添加一个填充图层，给黑色遮罩中的填充图层添加一张名为"Dirt 1"的灰度图。设置黑色遮罩中的填充图层和灰度图参数之后的宝石效果如图 4.203 所示。

步骤 03：将"填充图层 1 copy 3"复制一份，系统将复制的填充图层自动命名为"填充图层 1 copy 4"，设置该填充图层属性参数。设置"填充图层 1 copy 4"属性参数之后的宝石效果如图 4.204 所示。

步骤 04：将"填充图层 1 copy 4"复制一份，系统将复制的填充图层自动命名为"填充图层 1 copy 5"，设置该填充图层属性参数。设置"填充图层 1 copy 5"属性参数之后的宝石效果如图 4.205 所示。

图 4.203　设置黑色遮罩中的
填充图层和灰度图参数
之后的宝石效果

图 4.204　设置"填充图层 1
copy 4"属性参数之后的
宝石效果

图 4.205　设置"填充图层 1
copy 5"属性参数之后的
宝石效果

步骤 05：将"填充图层 1 copy 5"复制一份，系统将复制的填充图层自动命名为"填充图层 1 copy 6"，设置该填充图层属性参数。设置"填充图层 1 copy 6"属性参数之后的宝石效果如图 4.206 所示，各个填充图层的叠放顺序如图 4.207 所示。

2. 宝石流光效果的制作

步骤 01：在"bs"图层文件夹中添加一个填充图层，将该填充图层命名为"填充图层 7"。

步骤 02：给"填充图层 7"添加一个黑色遮罩，给黑色遮罩添加一个填充图层，给黑色遮罩中的填充图层的灰度图添加一张名为"Grunge Wipe Brushed Large"的黑白程序纹理贴图。设置"填充图层 7"属性参数。设置"填充图层 7"属性参数之后的宝石效果如图 4.208所示。

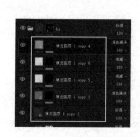

图 4.206　设置"填充图层 1
copy 6"属性参数之后的宝石效果

图 4.207　各个填充图层的
叠放顺序

图 4.208　设置"填充图层 7"
属性参数之后的宝石效果

步骤 03：将"填充图层 7"复制一份，系统将复制的填充图层自动命名为"填充图层 7 copy 1"，设置该填充图层属性参数。设置"填充图层 7 copy 1"属性参数之后的宝石效果如图 4.209 所示。

步骤 04：在"bs"图层文件夹中添加一个填充图层，将该填充图层命名为"填充图层 8"。

步骤 05：给"填充图层 8"添加一个黑色遮罩，给黑色遮罩添加一个填充图层，给黑

色遮罩中的填充图层的灰度图添加一张名为"Gradient Linear 1"的黑白程序纹理贴图。设置"填充图层 8"属性参数。设置"填充图层 8"属性参数之后的宝石效果如图 4.210 所示。

3. 宝石材质转折处灯光效果的制作

步骤 01：在"bs"图层文件夹中添加一个图层文件夹，将添加的图层文件夹命名为"底色"，将"bs"图层文件夹中的所有图层添加到"底色"图层文件夹中。此时，【图层】面板中的图层文件夹如图 4.211 所示。

图 4.209　设置"填充图层 7 copy 1"属性参数之后的宝石效果　　图 4.210　设置"填充图层 8"属性参数之后的宝石效果　　图 4.211　【图层】面板中的图层文件夹

步骤 02：在"bs"图层文件夹中添加一个填充图层，将该填充图层命名为"填充图层 9"。

步骤 03：给"填充图层 9"添加一个黑色遮罩，给黑色遮罩添加一个填充图层，给黑色遮罩中的填充图层的灰度图添加一张名为"Curvature"的黑白程序纹理贴图。设置"填充图层 9"属性参数。设置"填充图层 9"属性参数之后的宝石效果如图 4.212 所示。

步骤 04：在"bs"图层文件夹中添加一个填充图层，将该填充图层命名为"填充图层 10"，只保留"填充图层 10"的"rough（粗糙度）"选项。设置"rough（粗糙度）"参数之后的宝石效果如图 4.213 所示。

步骤 05：设置"填充图层 1 copy 2"的透明度参数。设置透明度参数之后的宝石效果如图 4.214 所示。

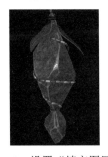

图 4.212　设置"填充图层 9"属性参数之后的宝石效果　　图 4.213　设置"rough（粗糙度）"参数之后的宝石效果　　图 4.214　设置透明度参数之后的宝石效果

视频播放：关于具体介绍，请观看本书配套视频"任务十四：权杖装饰宝石材质贴图的制作.mpg4"。

任务十五：权杖装饰树叶材质贴图的制作

本任务主要介绍权杖装饰树叶材质贴图的制作原理、方法和技巧。

步骤 01：将"sy"图层文件夹中的"填充图层 1"复制一份，系统将复制的填充图层自动命名为"填充图层 1 copy 2"。设置"填充图层 1 copy 2"属性参数之后的树叶效果如图 4.215 所示。

步骤 02：添加一个图层文件夹，系统将添加的图层文件夹自动命名为"文件夹 1"。将"填充图层 1 copy 2"拖到"文件夹 1"图层文件夹中，给"文件夹 1"图层文件夹添加一个黑色遮罩，该遮罩用于树叶。添加的图层文件夹和填充图层如图 4.216 所示。

步骤 03：在"文件夹 1"图层文件夹中添加一个填充图层，系统将添加的填充图层自动命名为"填充图层 12"。

步骤 04：给"填充图层 12"添加一个黑色遮罩，给黑色遮罩添加一个绘画图层，使用绘画工具绘制叶脉效果。绘制的叶脉效果如图 4.217 所示。

图 4.215　设置"填充图层 1 copy 2"属性参数之后的树叶效果　　图 4.216　添加的图层文件夹和填充图层　　图 4.217　绘制的叶脉效果

步骤 05：在"文件夹 1"图层文件夹中添加一个填充图层，系统将添加的填充图层自动命名为"填充图层 13"。

步骤 06：给"填充图层 13"添加一个黑色遮罩，给黑色遮罩添加一个填充图层，给填充图层的灰度图添加一张名为"Gradient Linear 2"的黑白程序纹理贴图，设置填充图层和程序纹理贴图的参数。设置填充图层和程序纹理贴图参数之后的树叶效果如图 4.218 所示。

步骤 07：调整图层的叠放顺序。调整之后的图层叠放顺序如图 4.219 所示，调整图层叠放顺序之后的树叶效果如图 4.220 所示。

视频播放：关于具体介绍，请观看本书配套视频"任务十五：权杖装饰树叶材质贴图的制作.mpg4"。

任务十六：导出贴图

通过前面 15 个任务，已将权杖的木头材质贴图制作完成。本任务介绍如何导出这些材质贴图。

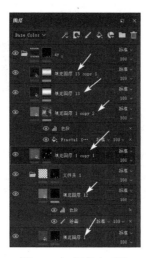

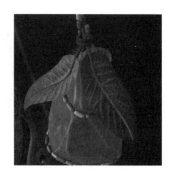

图 4.218　设置填充图层和程序纹理贴图参数之后的树叶效果　　图 4.219　调整之后的图层叠放顺序　　图 4.220　调整图层叠放顺序之后的树叶效果

步骤 01：在【纹理集列表】面板中选择"lambert3SG"纹理集，在【纹理集设置】面板中将其"大小"参数值设为"4096"像素。

步骤 02：在【纹理集列表】面板中选择"lambert4SG"纹理集，在【纹理集设置】面板中将其"大小"参数值设为"4096"像素。

步骤 03：在菜单栏单击【文件】→【导出贴图...】命令，弹出【导出纹理】对话框。在【导出纹理】对话框中，选择"lambert4SG"纹理集并设置参数。【导出纹理】对话框参数的具体设置如图 4.221 所示。

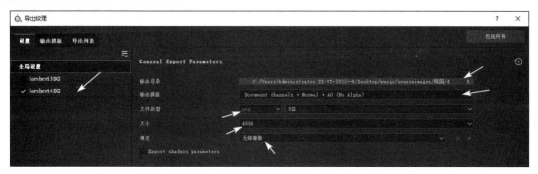

图 4.221　【导出纹理】对话框参数的具体设置

步骤 04：单击【导出】按钮，导出贴图。导出完毕，在【导出列表】面板中显示所有导出的贴图。贴图导出列表如图 4.222 所示。

步骤 05：方法同上，将【纹理集列表】面板中的"lambert3SG"纹理集的贴图导出。

步骤 06：导出的"lambert3SG"纹理集的贴图如图 4.223 所示，导出的"lambert4SG"纹理集的贴图如图 4.224 所示。

视频播放：关于具体介绍，请观看本书配套视频"任务十六：导出贴图.mpg4"。

图 4.222　贴图导出列表

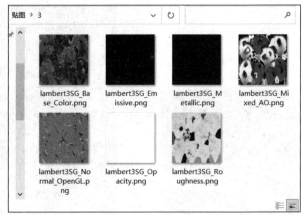

图 4.223　导出的"lambert3SG"纹理集的贴图

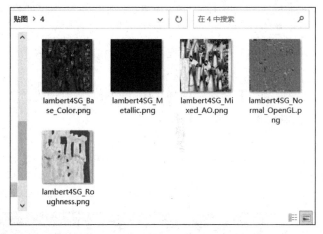

图 4.224　导出的"lambert4SG"纹理集的贴图

任务十七：渲染出图

本任务主要介绍使用 Adobe Substance 3D Painter 软件渲染出图的流程和渲染参数的设置。

步骤 01：在 3D 视图中调节需要渲染的视角，调节好灯光照射的角度，调节之后的视角和灯光效果如图 4.225 所示。

步骤 02：单击【显示设置】按钮◙，弹出【显示设置】面板，根据输出要求设置【显示设置】面板参数。设置【显示设置】面板参数之后的权杖效果如图 4.226 所示。

步骤 03：单击 3D 视图右上角的渲染按钮◙，设置渲染参数并开始渲染。在设置渲染参数时，系统会进行实时渲染。渲染之后的权杖效果如图 4.227 所示。

步骤 04：渲染完毕，单击【保存渲染…】按钮，弹出【导出 Iray 渲染】对话框。在该对话框中选择渲染效果图的保存路径并给渲染效果图命名，单击【保存】按钮，即可将渲染效果图保存到选定的文件夹中。

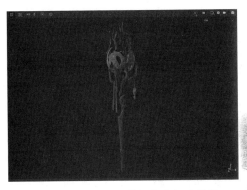
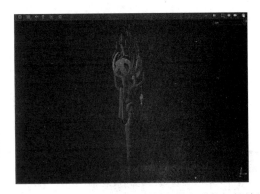

图 4.225　调节之后的视角和灯光效果　　　图 4.226　设置【显示设置】面板参数之后的权杖效果

提示：关于渲染参数，读者可以根据本书配套视频进行设置，也可以打开源文件，以便了解渲染参数设置。

步骤 05：方法同上，从不同视角和灯光照射角度进行渲染。多角度渲染之后的权杖效果如图 4.228 所示。

图 4.227　渲染之后的权杖效果　　　　　图 4.228　多角度渲染之后的权杖效果

视频播放：关于具体介绍，请观看本书配套视频"任务十七：渲染出图.mpg4"。

六、项目拓展训练

根据项目 2 拓展训练完成的高模和项目 3 拓展训练完成的低模，烘焙法线、制作材质贴图和渲染出图。

第5章 制作次世代游戏动画模型——科幻手枪

知识点：

项目1 制作科幻手枪大型
项目2 制作科幻手枪中模
项目3 制作科幻手枪高模
项目4 制作科幻手枪低模
项目5 制作科幻手枪材质贴图

说明：

本章通过5个项目全面介绍制作次世代游戏动画模型——科幻手枪的全流程。

教学建议课时数：

一般情况下需要18课时，其中理论课时为4课时，实际操作课时为14课时（特殊情况下可做相应调整）。

通过"制作次世代游戏动画模型——科幻手枪"选题的学习，要求达到以下要求。

（1）掌握次世代游戏动画模型的制作流程。

（2）掌握高模和低模的制作原理、方法和技巧。

（3）掌握枪械制作过程中倒角的作用及其使用技巧。

（4）掌握金属、玻璃屏幕、塑料与木头材质的制作原理、方法和技巧。

（5）能够举一反三，制作其他金属、玻璃屏幕、塑料和木头材质。

（6）能够融合使用 Maya、Adobe Substance 3D Painter、Photoshop 和 Marmoset Toolbag 这 4 款软件，完成"次世代游戏动画模型——科幻手枪"的制作。

本选题的最终展板效果如下图所示。

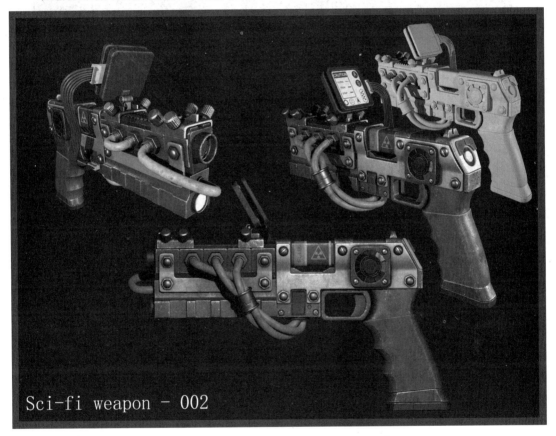

项目 1　制作科幻手枪大型

一、项目内容简介

本项目主要介绍科幻手枪大型的制作原理、方法和技巧。

二、项目效果欣赏

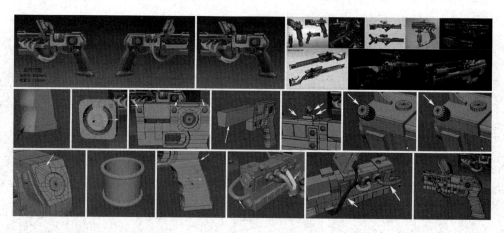

三、项目制作（步骤）流程

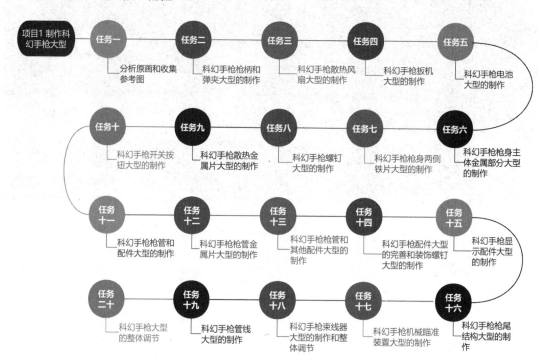

四、项目制作目的

（1）熟悉次世代游戏动画模型的制作流程。

（2）熟悉次世代游戏动画模型——科幻手枪的结构。

（3）掌握次世代游戏动画模型——科幻手枪大型的制作原理、方法和技巧。

五、项目详细操作步骤

任务一：分析原画和收集参考图

根据提供的科幻手枪原画，为《××游戏》中的主角制作科幻手枪三维模型并制作材质贴图。提供的科幻手枪原画如图 5.1 所示。

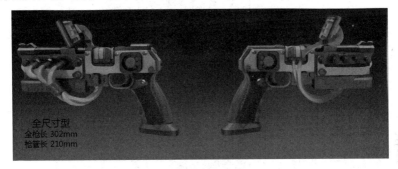

图 5.1　提供的科幻手枪原画

科幻手枪主要配件的名称如图 5.2 所示。

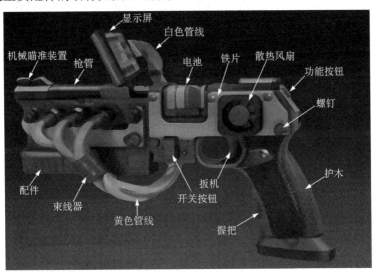

图 5.2　科幻手枪主要配件的名称

为了更好地制作科幻手枪大型和制作材质贴图，在制作之前需要搜集一些科幻枪械的参考图，科幻枪械参考图如图 5.3 所示。

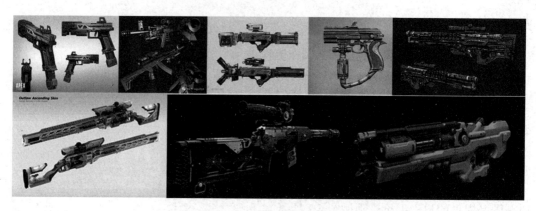

图 5.3 科幻枪械参考图

视频播放：关于具体介绍，请观看本书配套视频"任务一：分析原画和收集参考图.mpg4"。

任务二：科幻手枪枪柄和弹夹大型的制作

1. 导入原画

为了提高科幻手枪大型比例的准确性，在制作之前，需要确定科幻手枪各个配件的位置关系。可以导入原画，把原画作为参考图。

步骤 01：启动 Maya 2023，创建工程目录，保存场景文件。

步骤 02：在【Front（前视图）】面板中单击【视图】→【图像平面】→【导入图像…】命令，弹出【打开文件】对话框。

步骤 03：在【打开文件】对话框中，选择需要导入的科幻手枪原画。单击【打开】按钮，即可将科幻手枪原画导入场景。

步骤 04：在【Persp（透视图）】面板中调节原画的位置。调节之后的原画位置如图 5.4所示。

步骤 05：在【显示】面板中创建一个图层，将原画添加到该图层中，将该图层锁定。锁定之后的图层如图 5.5 所示。

2. 科幻手枪枪柄大型的制作

科幻手枪枪柄主要由握把和护木两部分组成。

步骤 01：创建一个立方体并把它命名为枪柄，根据原画设计要求调节枪柄的顶点。调节顶点之后的枪柄效果如图 5.6 所示。

步骤 02：使用【插入循环边】命令插入循环边，根据枪柄的结构调节顶点的位置。制作的枪柄大型如图 5.7 所示。

提示：在制作枪柄大型过程中，导入的参考图不是完全的正侧视图，具有一定的透视效果。在制作过程中需要根据实际情况对参考图侧面的弧度进行调节。

　　图 5.4　调整之后的原画位置　　　图 5.5　锁定之后的图层　　图 5.6　调节顶点之后的枪柄效果

3. 科幻手枪弹夹大型的制作

通过复制面和挤出等操作实现科幻手枪弹夹大型的制作。

步骤 01：选择枪柄的底面，使用【复制】命令对其进行复制。复制的面如图 5.8 所示。

步骤 02：根据弹夹的结构对复制的面进行挤出和调节，将挤出和调节之后的面命名为"弹夹"。挤出和调节之后的弹夹大型如图 5.9 所示。

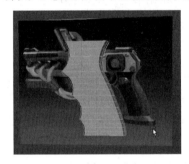

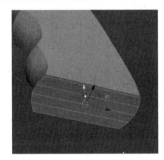

　　图 5.7　制作的枪柄大型　　　　图 5.8　复制的面　　　　图 5.9　挤出和调节之后
　　　　　　　　　　　　　　　　　　　　　　　　　　　　　　　　　　的弹夹大型

　　视频播放：关于具体介绍，请观看本书配套视频"任务二：科幻手枪枪柄和弹夹大型制作.mpg4"。

任务三：科幻手枪散热风扇大型的制作

通过创建立方体并对其进行挤出和调节实现科幻手枪散热风扇大型的制作。

1. 科幻手枪散热风扇主体大型的制作

步骤 01：创建一个立方体，将创建的立方体命名为"散热风扇主体"。

步骤 02：使用【倒角】命令对散热风扇主体的边进行倒角处理和调节。倒角处理和调节之后的散热风扇主体效果如图 5.10 所示。

步骤 03：使用【插入循环边】命令，在散热风扇的侧面插入一条中线，然后删除其后半部分的多边形面。删除多边形面之后的散热风扇主体效果如图 5.11 所示。

步骤 04：使用【多切割工具】命令，连接轮廓上的顶点与中心顶点。连接顶点之后的散热风扇主体效果如图 5.12 所示。

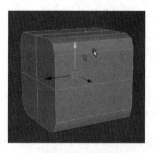  

图 5.10　倒角处理和调节之后的　　图 5.11　删除多边形面之后的　　图 5.12　连接顶点之后的
散热风扇主体效果　　　　　　　散热风扇主体效果　　　　　　散热风扇主体效果

步骤 05：使用【倒角】命令对中心顶点进行倒角处理，使用【圆形圆角】命令对倒角的顶点进行圆形圆角处理，删除中间的多边形面。删除中间的多边形面和进行圆形圆角处理之后的散热风扇主体效果如图 5.13 所示。

步骤 06：使用【挤出】命令对边进行挤出和调节。挤出和调节之后的散热风扇主体大型如图 5.14 所示。

2. 科幻手枪散热风扇金属部分大型的制作

步骤 01：创建一个圆柱体，删除圆柱体的底面，使用【修改】菜单中的【对齐工具】将创建的圆柱体与散热风扇主体对齐。将对齐之后的圆柱体命名为"散热风扇金属部分"。

步骤 02：删除散热风扇金属部分的顶面线，使用【挤出】命令对顶面进行挤出和缩放操作。制作的散热风扇金属部分的大型如图 5.15 所示。

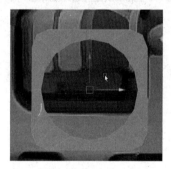  

图 5.13　删除中间的多边形面和　　图 5.14　挤出和调节之后　　图 5.15　制作的散热
进行圆形圆角处理之后的　　　　的散热风扇主体大型　　　　风扇金属部分的大型
散热风扇主体效果

3. 科幻手枪散热风扇扇叶大型的制作

步骤 01：创建一个立方体，使用【对齐】命令，使创建的立方体与散热风扇金属部分对齐。

步骤 02：根据原画设计要求，对散热风扇扇叶的顶点进行缩放。缩放顶点之后的散热风扇扇叶效果如图 5.16 所示。

步骤 03：使用【插入循环边】命令，插入 3 条循环边，根据原画设计要求，对散热风扇扇叶的顶点进行调节。调节顶点之后的散热风扇扇叶效果如图 5.17 所示。

步骤 04：使用【编辑网格】菜单中的【刺破】命令，对风扇金属部分的中间多边形进行刺破操作。

步骤 05：选择科幻手枪散热风扇的主体、金属部分和扇叶大型，执行【结合】命令，将这三部分结合为一个对象。制作的科幻手枪散热风扇大型如图 5.18 所示。

图 5.16　缩放顶点之后的散热　　图 5.17　调节顶点之后的散热　　图 5.18　制作的科幻手枪
　　　　风扇扇叶效果　　　　　　　　　风扇扇叶效果　　　　　　　散热风扇大型

步骤 06：删除历史记录，结束科幻手枪散热风扇大型的制作流程。

提示：在使用 Maya 软件制作三维模型时，建议每完成一个模型的制作，都要删除其历史记录。这样，可以避免因历史记录问题而出错。在后续的操作步骤中不再提示删除历史记录。

视频播放：关于具体介绍，请观看本书配套视频"任务三：科幻手枪散热风扇大型的制作.mpg4"。

任务四：科幻手枪扳机大型的制作

通过创建立方体，使用相关编辑命令对创建的立方体进行编辑和顶点调节实现科幻手枪扳机大型的制作。

步骤 01：创建一个立方体，把它作为科幻手枪扳机外轮廓金属部分的大型。根据原画设计要求调节立方体的顶点位置，使其与原画大致匹配。扳机外轮廓金属部分的大型如图 5.19 所示。

步骤 02：选择扳机外轮廓金属部分大型两侧的面进行挤出和缩放，并删除挤出和缩放之后的面。挤出和删除面之后的板机外轮廓金属部分的效果如图 5.20 所示。

步骤 03：使用【倒角】、【桥接】和【挤出】命令对边进行倒角、桥接、挤出和缩放操作。挤出和缩放操作之后的扳机效果如图 5.21 所示。

步骤 04：创建一个立方体，根据原画中的扳机造型，调节顶点的位置。制作的扳机大型如图 5.22 所示。

视频播放：关于具体介绍，请观看本书配套视频"任务四：科幻手枪扳机大型的制作.mpg4"。

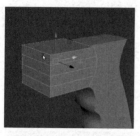

图 5.19 扳机外轮廓金属
部分的大型

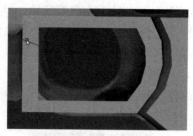

图 5.20 挤出和删除面之后的
板机外轮廓金属部分的效果

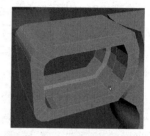

图 5.21 挤出和缩放操作之后
的扳机效果

任务五：科幻手枪电池大型的制作

通过创建立方体并对创建的立方体进行缩放实现科幻手枪电池大型的制作。具体步骤参考任务四，制作的科幻手枪电池大型如图 5.23 所示。

视频播放：关于具体介绍，请观看本书配套视频"任务五：科幻手枪电池大型的制作.mpg4"。

任务六：科幻手枪枪身主体金属部分大型的制作

科幻手枪枪身主体金属部分大型的制作步骤主要包括创建立方体，根据原画设计要求，调节创建的立方体顶点；复制调节顶点之后的立方体并调节其位置和顶点。制作的科幻手枪枪身主体金属部分的大型如图 5.24 所示。

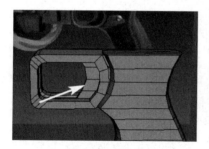

图 5.22 制作的扳机大型

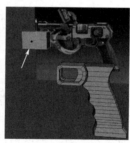

图 5.23 制作的科幻
手枪电池大型

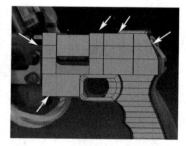

图 5.24 制作的科幻手枪枪身
主体金属部分的大型

视频播放：关于具体介绍，请观看本书配套视频"任务六：科幻手枪枪身主体金属部分大型的制作.mpg4"。

任务七：科幻手枪枪身两侧铁片大型的制作

通过创建立方体，给立方体插入循环边并对其进行挤出和调节实现科幻手枪枪身两侧铁片大型的制作。

步骤 01：创建一个立方体，调节立方体的顶点位置，使其长度与原画中铁片的长度一致。调节顶点之后的铁片模型如图 5.25 所示。

步骤 02：使用【插入循环边】命令，给调节顶点之后的铁片模型插入循环边，根据铁

片的结构使用【挤出】命令，对选择的面进行挤出和调节。挤出和调节之后的铁片效果如图 5.26 所示。

步骤 03：继续使用【插入循环边】和【挤出】命令，给铁片插入循环边、挤出面和调节顶点。制作的铁片大型如图 5.27 所示。

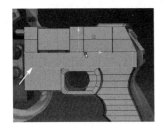 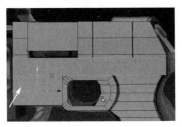 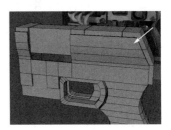

图 5.25　调节顶点之后的　　　图 5.26　挤出和调节之后的　　　图 5.27　制作的
　　　　　铁片模型　　　　　　　　　　铁片效果　　　　　　　　　铁片大型

视频播放：关于具体介绍，请观看本书配套视频"任务七：科幻手枪枪身两侧铁片大型的制作.mpg4"。

任务八：科幻手枪螺钉大型的制作

通过创建立方体并对其中的多余面进行平滑处理和删除实现科幻手枪螺钉大型的制作。

步骤 01：创建一个立方体，使用【网格】菜单中的【平滑】命令对立方体进行平滑处理，平滑的段数为 2。平滑处理之后的螺钉效果如图 5.28 所示。

步骤 02：删除螺钉模型一半的面，对剩余的面进行缩放和位置调节。删除面和调节位置之后的螺钉效果如图 5.29 所示。

步骤 03：根据原画设计要求，复制螺钉并调节其位置。复制的螺钉位置如图 5.30 所示。

 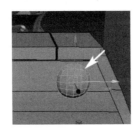 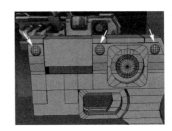

图 5.28　平滑处理之后的　　　图 5.29　删除面和调节位置　　　图 5.30　复制的螺钉位置
　　　　　螺钉效果　　　　　　　　　之后的螺钉效果

步骤 04：创建一个圆柱体，将圆柱体的轴向细分数设为 6，以便制作六棱角圆柱体。复制一个螺钉，把它与六棱角圆柱体对齐并结合为一体，以便制作带螺帽的螺钉。带螺帽的螺钉效果如图 5.31 所示。

视频播放：关于具体介绍，请观看本书配套视频"任务八：科幻手枪螺钉大型的制作.mpg4"。

任务九：科幻手枪散热金属片大型的制作

通过创建立方体，对创建的立方体进行缩放和顶点位置调节实现科幻手枪散热金属片大型的制作。

步骤01：创建一个立方体，根据原画设计要求，调节该立方体的厚度和长度。

步骤02：给立方体插入4条循环边，调节这些循环边的顶点位置。调节顶点位置之后的散热金属片效果如图5.32所示。

视频播放：关于具体介绍，请观看本书配套视频"任务九：科幻手枪散热金属片大型的制作.mpg4"。

任务十：科幻手枪开关按钮大型的制作

通过创建立方体并调节其顶点实现科幻手枪开关按钮大型的制作。

步骤01：创建第1个立方体，调节创建的立方体顶点。调节顶点之后的开关按钮效果如图5.33所示。

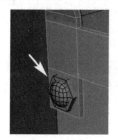
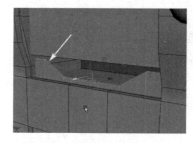

图5.31　带螺帽的　　　　图5.32　调节顶点位置之后的　　　图5.33　调节顶点之后的
　　　螺钉效果　　　　　　　　　　散热金属片效果　　　　　　　　开关按钮效果

步骤02：创建第2个立方体，使用【挤出】和【桥接】命令，对创建的立方体进行挤出、缩放、删除面和桥接操作，以便制作开关按钮的外壳。开关按钮的外壳如图5.34所示。

步骤03：根据原画设计要求，调节开关按钮大型的整体大小、比例和位置。最终的开关按钮大型如图5.35所示。

视频播放：关于具体介绍，请观看本书配套视频"任务十：科幻手枪开关按钮大型的制作.mpg4"。

任务十一：科幻手枪枪管和配件大型的制作

通过创建立方体和调节其顶点制作科幻手枪枪管和配件大型。

步骤01：创建第1个立方体，调节该立方体的顶点位置，以便制作科幻手枪的枪管。制作的科幻手枪枪管的大型如图5.36所示。

步骤02：创建第2个立方体，给该立方体插入循环边，调节其顶点，以便制作科幻手枪枪管的配件大型。制作的枪管配件大型如图5.37所示。

视频播放：关于具体介绍，请观看本书配套视频"任务十一：科幻手枪枪管和配件大型的制作.mpg4"。

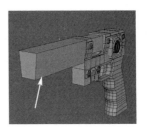

图 5.34　开关按钮的外壳　　图 5.35　最终的开关按钮大型　　图 5.36　制作的科幻手枪
枪管的大型

任务十二：科幻手枪枪管金属片大型的制作

科幻手枪枪管金属片大型的制作流程包括创建立方体、给立方体插入循环边，根据原画设计要求对立方体的边和面进行挤出和缩放等操作。

步骤 01：创建一个立方体，对创建的立方体进行缩放。使用【插入循环边】命令给立方体插入循环边，调节插入的循环边位置。调节位置之后的循环边如图 5.38 所示。

步骤 02：选择循环边，对选择的循环边进行缩放。缩放循环边之后的枪管的第 1 块金属片效果如图 5.39 所示。

图 5.37　制作的枪管　　　图 5.38　调节位置之后的　　图 5.39　缩放循环边之后的
配件大型　　　　　　　　循环边　　　　　　　　枪管的第 1 块金属片效果

步骤 03：给枪管金属片大型插入一条循环边，对插入的循环边进行缩放，调节枪管金属片的位置。调节位置之后的枪管金属片大型效果如图 5.40 所示。

步骤 04：给枪管配件大型插入循环边并调节循环边的位置，以便制作枪管配件的弧度。枪管配件的弧度效果如图 5.41 所示。

步骤 05：方法同上，使用立方体制作枪管的第 2 块金属片大型。枪管的第 2 块金属片大型效果如图 5.42 所示。

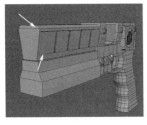

图 5.40　调节位置之后的　　　图 5.41　枪管配件的　　　图 5.42　枪管的第 2 块
枪管金属片大型效果　　　　　弧度效果　　　　　　　金属片大型效果

视频播放：关于具体介绍，请观看本书配套视频"任务十二：科幻手枪枪管金属片大型的制作.mpg4"。

任务十三：科幻手枪枪管和其他配件大型的制作

本任务主要制作科幻手枪枪管和其他配件（如瞄准装置支架）大型。

步骤 01：创建一个圆柱体，删除圆柱体的底面，使用【挤出】命令对圆柱体的顶面进行挤出和缩放，以便制作枪口大型。制作的枪口大型如图 5.43 所示。

步骤 02：创建一个立方体，对立方体进行缩放，然后给立方体添加两条循环边，调节循环边的位置。选择需要挤出的面，使用【挤出】命令进行挤出和调节。挤出和调节之后的枪管配件效果如图 5.44 所示。

步骤 03：将挤出和调节好的枪管配件复制一份，调节其好位置。复制和调节位置之后的枪管配件效果如图 5.45 所示。

  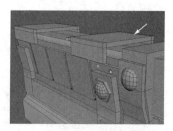

图 5.43 制作的   图 5.44 挤出和调节之后的   图 5.45 复制和调节位置之后的
枪口大型   枪管配件效果   枪管配件效果

步骤 04：创建一个立方体，给立方体插入循环边，调节循环边的顶点，以便制作科幻手枪的瞄准装置支架。制作的科幻手枪的瞄准装置支架大型如图 5.46 所示。

步骤 05：创建一个圆柱体，以便制作瞄准装置的螺钉大型。制作的瞄准装置螺钉的大型和位置如图 5.47 所示。

步骤 06：方法同上，继续使用立方体和圆柱体根据原画设计要求制作枪管的其他配件大型。制作的枪管其他配件大型如图 5.48 所示。

图 5.46 制作的科幻   图 5.47 制作的瞄准装置   图 5.48 制作的枪管其他
手枪的瞄准装置支架大型   螺钉的大型和位置   配件大型

视频播放：关于具体介绍，请观看本书配套视频"任务十三：科幻手枪枪管和其他配件大型的制作.mpg4"。

任务十四：科幻手枪配件大型的完善和装饰螺钉大型的制作

本任务主要完善科幻手枪配件大型和制作装饰螺钉大型。

步骤 01：使用【删除边/顶点】、【插入循环边】和【挤出】命令，对科幻手枪配件大型进行完善。完善之后的科幻手枪配件效果如图 5.49 所示。

步骤 02：创建一个圆柱体，使用【挤出】命令对圆柱体的面进行挤出操作来制作装饰螺钉大型。装饰螺钉大型如图 5.50 所示。

步骤 03：继续使用【挤出】命令对装饰螺钉大型进行挤出和调节。装饰螺钉的最终效果和位置如图 5.51 所示。

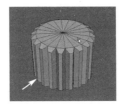

图 5.49　完善之后的科幻　　　　图 5.50　装饰螺钉大型　　　　图 5.51　装饰螺钉的
手枪配件效果　　　　　　　　　　　　　　　　　　　　　　　最终效果和位置

视频播放：关于具体介绍，请观看本书配套视频"任务十四：科幻手枪配件大型的完善和装饰螺钉大型的制作.mpg4"。

任务十五：科幻手枪显示配件大型的制作

本任务主要介绍科幻手枪显示配件（如显示屏固定板、显示屏外框等）大型的制作原理、方法和技巧。

步骤 01：创建第 1 个立方体，根据原画设计要求对创建的立方体进行缩放和位置调节，以便制作显示屏固定板大型。制作的显示屏固定板大型如图 5.52 所示。

步骤 02：将显示屏固定板大型复制一份，对复制的大型进行挤出缩放、删除面和桥接，以便制作显示屏的外框大型。制作的显示屏外框大型如图 5.53 所示。

步骤 03：将显示屏固定板大型复制两份，一份作为显示屏背板，另一份作为显示屏玻璃，然后调节好它们的位置。制作的显示屏背板和显示屏玻璃大型如图 5.54 所示。

步骤 04：创建第 2 个立方体，使用【插入循环边】命令和【挤出】命令制作显示屏与显示屏固定板之间的连接件大型。制作的连接件大型如图 5.55 所示。

图 5.52　制作的显示　　图 5.53　制作的　　图 5.54　制作的　　图 5.55　制作的连接
屏固定板大型　　　　显示屏外框大型　　显示屏背板和显示屏　　　件大型
　　　　　　　　　　　　　　　　　　　玻璃大型

步骤 05：将连接件中的凹槽复制一份，把它作为管线连接件，然后根据原画设计要求调节好其位置。调节之后管线连接件的位置如图 5.56 所示。

步骤 06：创建第 3 个立方体，使用【挤出】命令对创建的立方体进行挤出和缩放，以便制作管线连接件外壳大型。制作的管线连接件外壳大型如图 5.57 所示。

视频播放：关于具体介绍，请观看本书配套视频"任务十五：科幻手枪显示配件大型的制作.mpg4"。

任务十六：科幻手枪枪尾结构大型的制作

本任务主要介绍科幻手枪枪尾结构大型的制作原理、方法和技巧。

步骤 01：使用【插入循环边】命令，给枪尾结构模型插入循环边，根据原画设计要求调节顶点位置。调节顶点位置之后的枪尾结构效果如图 5.58 所示。

步骤 02：使用【网格编辑】菜单中的【提取】命令，提取用于制作枪尾结构的面，以便制作白色控制面板大型。提取的面如图 5.59 所示。

   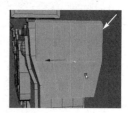

图 5.56　管线
连接件的位置

图 5.57　制作的管线
连接件外壳大型

图 5.58　调节顶点
位置之后的枪尾
结构效果

图 5.59　提取的面

步骤 03：使用【插入循环边】命令、【多切割工具】命令、【挤出】命令和【圆形圆角】命令，制作白色控制面板大型。制作的白色控制面板大型如图 5.60 所示。

步骤 04：创建一个圆柱体，删除圆柱体底面，将圆柱体与白色控制面板中的圆形点的位置对齐，然后调节其大小和前后位置。调节之后的圆柱体效果如图 5.61 所示。

步骤 05：使用【填充洞】命令和【多切割工具】命令，对枪尾配件的开口重新布线。重新布线之后的枪尾配件效果如图 5.62 所示。

步骤 06：创建一个立方体，使用【插入循环边】命令、【多割切工具】命令和【倒角】命令，根据原画设计要求制作白色控制面板的按钮大型。制作的白色控制面板按钮大型如图 5.63 所示。

 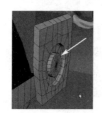  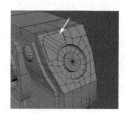

图 5.60　制作的白色
控制面板大型

图 5.61　调节之后的
圆柱体效果

图 5.62　重新布线之
后的枪尾配件效果

图 5.63　制作的白色控制
面板按钮大型

视频播放：关于具体介绍，请观看本书配套视频"任务十六：科幻手枪枪尾结构大型的制作.mpg4"。

任务十七：科幻手枪机械瞄准装置大型的制作

本任务主要介绍科幻手枪机械瞄准装置大型的制作原理、方法和技巧。

步骤 01：创建一个立方体，使用【插入循环边】命令插入循环边，根据原画设计要求调节顶点位置，删除多余的面，然后使用【桥接】命令对边进行桥接。桥接之后的机械瞄准装置效果如图 5.64 所示。

步骤 02：将科幻手枪的枪口模型复制 3 份，根据原画设计要求对它们进行缩放和位置调节。复制的枪口模型的具体位置如图 5.65 所示。

步骤 03：创建一个正方体，使用【平滑】命令对正方体进行平滑处理，删除一半立方体，将剩下的一半进行缩放和位置调节。正方体最终的大小和位置如图 5.66 所示。

视频播放：关于具体介绍，请观看本书配套视频"任务十七：科幻手枪机械瞄准装置大型的制作.mpg4"。

任务十八：科幻手枪束线器大型的制作和整体调节

在本任务中主要介绍科幻手枪束线器大型的制作原理、方法和技巧，然后根据原画设计要求对科幻手枪大型进行整体调节。

步骤 01：创建一个圆柱体，使用【插入循环边】命令，给圆柱体插入两条循环边，调节好其位置。使用【挤出】命令，选择需要挤出的面进行挤出并删除多余的面。挤出和删除面之后的束线器效果如图 5.67 所示。

 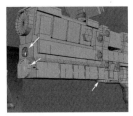  

图 5.64 桥接之后的 图 5.65 复制的枪口 图 5.66 正方体 图 5.67 挤出和删除面
机械瞄准装置效果　模型的具体位置　最终的大小和位置　之后的束线器效果

步骤 02：选择需要桥接的开口边，使用【桥接】命令进行桥接处理。使用【倒角】命令，选择需要倒角的循环边进行倒角处理。倒角处理之后的束线器效果如图 5.68 所示。

步骤 03：根据原画设计要求对枪柄和弹夹之间的结构进行适当的调节，调节之后的枪柄与弹夹之间的结构效果如图 5.69 所示。

步骤 04：根据原画设计要求对枪柄大型进行细微调节，调节之后的枪柄效果如图 5.70 所示。

步骤 05：选择枪柄大型中需要提取的面，使用【提取】命令，提取选择的面，然后使用【挤出】命令把提取的面挤出厚度，把它作为科幻手枪的木质手柄部分。科幻手枪木质手柄的厚度效果如图 5.71 所示。

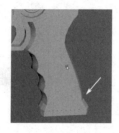

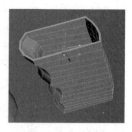

图 5.68　倒角处理 　　图 5.69　调节之后的枪柄 　　图 5.70　调节之后 　　图 5.71　科幻手枪木质
之后的束线器效果　　　与弹夹之间的结构效果　　　的枪柄效果　　　　　手柄的厚度效果

步骤 06：删除木质手柄内侧的面，使用【倒角】命令对转折处的边进行倒角处理。倒角处理之后的木质手柄效果如图 5.72 所示。

视频播放：关于具体介绍，请观看本书配套视频"任务十八：科幻手枪束线器大型的制作和整体调节.mpg4"。

任务十九：科幻手枪管线大型的制作

通过创建样条线，使用【挤出】命令沿曲线挤出科幻手枪管线大型。

步骤 01：创建需要挤出的样条线。创建的样条线如图 5.73 所示。

步骤 02：创建圆柱体，删除不需要的面。留下的面如图 5.74 所示。

步骤 03：选择截面，按住"Shift"键选择多条曲线，使用【挤出】命令对选择的曲线进行挤出操作，调节挤出的分段数。挤出效果如图 5.75 所示。

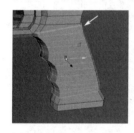

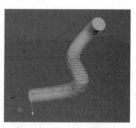

图 5.72　倒角处理之后 　　图 5.73　创建的样条线 　　图 5.74　留下的面 　　图 5.75　挤出效果
的木质手柄效果

步骤 04：方法同上，继续制作科幻手枪的其他管线。最终的管线效果如图 5.76 所示。

视频播放：关于具体介绍，请观看本书配套视频"任务十九：科幻手枪管线大型的制作.mpg4"。

任务二十：科幻手枪大型的整体调节

本任务主要根据原画设计要求，对完成的科幻手枪大型大小、位置和比例进行适当的调节。调节之后的科幻手枪大型如图 5.77 所示。

根据科幻手枪的结构和材质对模型进行分组，删除历史记录，保存文件，完成科幻手枪大型的制作。

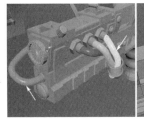 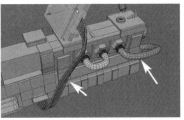

图 5.76　最终的管线效果　　　　　　　　图 5.77　调节之后的科幻手枪大型

视频播放：关于具体介绍，请观看本书配套视频"任务二十：科幻手枪大型的整体调节.mpg4"。

六、项目拓展训练

根据以下参考图，自行设计一种科幻枪械，并根据原画设计要求制作该科幻枪械大型。

提示：可以从本书提供的素材中获取以上参考图，以下同。

项目 2　制作科幻手枪中模

一、项目内容简介

本项目主要介绍次世代游戏动画模型——科幻手枪中模的制作原理、方法和技巧。

二、项目效果欣赏

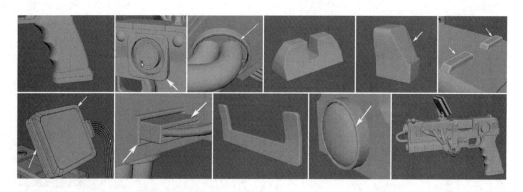

三、项目制作（步骤）流程

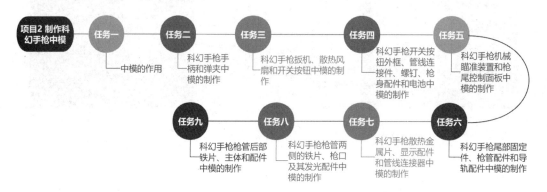

四、项目制作目的

（1）熟悉次世代游戏动画模型中模的制作流程。

（2）熟悉中模在次世代游戏动画模型制作流程中的作用和地位。

（3）掌握次世代游戏动画模型——科幻手枪中模的制作原理、方法和技巧。

五、项目详细操作步骤

任务一：中模的作用

项目 1 完成了科幻手枪大型的制作，本项目在科幻手枪大型的基础上，结合原画的分

析结果制作中模。

在次世代游戏动画模型制作流程中，大型的主要作用是确定模型之间的比例关系、大致位置和结构关系。而中模在高模和低模之间起桥梁作用，即通过给中模添加细节和布线制作高模，通过给中模减面和布线制作低模。可以说，中模的质量决定高模和低模烘焙的法线质量，也就是说，决定模型渲染的细节表现效果。

视频播放：关于具体介绍，请观看本书配套视频"任务一：中模的作用.mpg4"。

任务二：科幻手枪手柄和弹夹中模的制作

通过对结构边进行倒角和调节制作科幻手枪手柄中模。

步骤 01：选择科幻手枪枪柄大型的结构边，使用【倒角】命令对结构边进行倒角处理。倒角处理之后的科幻手枪枪柄效果如图 5.78 所示。

步骤 02：删除科幻手枪枪柄大型被遮挡的顶面，删除顶面之后的科幻手枪枪柄效果如图 5.79 所示。

步骤 03：对科幻手枪枪柄木质部分大型的结构边进行倒角处理，倒角处理之后的科幻手枪枪柄木质部分的中模如图 5.80 所示。

步骤 04：对科幻手枪枪柄的弹夹大型进行倒角处理，同时参考原画对弹夹大型进行调节。调节之后的弹夹中模如图 5.81 所示。

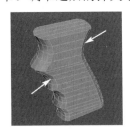

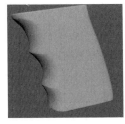
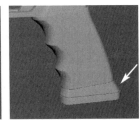

图 5.78　倒角处理之后的科幻手枪枪柄效果　　图 5.79　删除顶面之后的科幻手枪枪柄效果　　图 5.80　倒角处理之后的科幻手枪枪柄木质部分的中模　　图 5.81　调节之后的弹夹中模

视频播放：关于具体介绍，请观看本书配套视频"任务二：科幻手枪手柄和弹夹中模的制作.mpg4"。

任务三：科幻手枪扳机、散热风扇和开关按钮中模的制作

本任务主要介绍科幻手枪扳机和散热风扇中模的制作原理、方法和技巧。

步骤 01：选择科幻手枪扳机大型外框中的硬转折边，使用【倒角】命令对硬转折边进行倒角处理。倒角处理之后的硬转折边效果如图 5.82 所示。

步骤 02：选择科幻手枪扳机大型外框内侧的转折边，使用【倒角】命令进行倒角处理。倒角处理之后的内侧转折边效果如图 5.83 所示。

步骤 03：选择扳机大型外侧的两条转折边，使用【倒角】命令对它们进行倒角处理。倒角处理之后的扳机中模如图 5.84 所示。

步骤 04：选择散热风扇大型中需要倒角的边，使用【倒角】命令对它们进行倒角处理。倒角处理之后的散热风扇中模如图 5.85 所示。

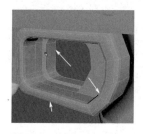   

图 5.82　倒角处理之后的硬转折边效果　　图 5.83　倒角处理之后的内侧转折边效果　　图 5.84　倒角处理之后的扳机中模　　图 5.85　倒角处理之后的散热风扇中模

步骤 05：选择开关按钮大型中需要倒角的边，使用【倒角】命令对它们进行倒角处理。倒角处理之后的开关按钮中模如图 5.86 所示。

视频播放：关于具体介绍，请观看本书配套视频"任务三：科幻手枪扳机、散热风扇和开关按钮中模的制作.mpg4"。

任务四：科幻手枪开关按钮外框、管线连接件、螺钉、枪身配件和电池中模的制作

本任务主要介绍科幻手枪开关按钮外框、管线连接件、螺钉、枪身配件和电池中模的制作原理、方法和技巧。

步骤 01：选择开关按钮大型的外框，使用【倒角】命令对其进行倒角处理。倒角处理之后的开关按钮外框中模如图 5.87 所示。

步骤 02：使用【倒角】命令，对管线连接件大型进行倒角处理。倒角处理之后的管线连接件中模如图 5.88 所示。

步骤 03：使用【倒角】命令，对螺钉大型进行倒角处理，删除螺钉底部看不到的面。制作的螺钉中模如图 5.89 所示。

  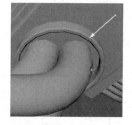 

图 5.86　倒角处理之后的开关按钮中模　　图 5.87　倒角处理之后的开关按钮外框中模　　图 5.88　倒角处理之后的管线连接件中模　　图 5.89　制作的螺钉中模

步骤 04：使用【倒角】命令，对枪身配件大型进行倒角处理。倒角处理之后的枪身配件中模如图 5.90 所示。

步骤 05：使用【倒角】命令对科幻手枪的电池大型进行倒角处理。倒角处理之后的电池中模如图 5.91 所示。

视频播放：关于具体介绍，请观看本书配套视频"任务四：科幻手枪开关按钮外框、管线连接件、螺钉、枪身配件和电池中模的制作.mpg4"。

任务五：科幻手枪机械瞄准装置和枪尾控制面板中模的制作

本任务主要介绍科幻手枪机械瞄准装置和枪尾控制面板中模的制作原理、方法和技巧。

步骤 01：删除科幻手枪机械瞄准装置大型底面（看不到的面），使用【倒角】命令对科幻手枪机械瞄准装置进行倒角处理。倒角处理之后的机械瞄准装置中模如图 5.92 所示。

步骤 02：使用【倒角】命令对枪尾控制面板及其配件大型进行倒角处理。倒角处理之后的控制面板中模如图 5.93 所示。

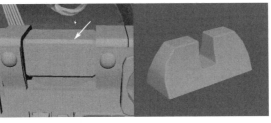

图 5.90   倒角处理之后　　图 5.91   倒角处理之后　　图 5.92   倒角处理之后　　图 5.93   倒角处理之后
的枪身配件中模　　　　　的电池中模　　　　　　的机械瞄准装置中模　　　的控制面板中模

视频播放：关于具体介绍，请观看本书配套视频"任务五：科幻手枪机械瞄准装置和枪尾控制面板中模的制作.mpg4"。

任务六：科幻手枪尾部固定件、枪管配件和导轨配件中模的制作

本任务主要介绍科幻手枪尾部固定件、枪管配件和导轨配件中模的制作原理、方法和技巧。

步骤 01：使用【倒角】命令，对科幻手枪尾部固定件大型进行倒角处理。倒角处理之后的科幻手枪尾部固定件中模如图 5.94 所示。

步骤 02：使用【倒角】命令和【多切割】命令，给科幻手枪枪管配件大型重新布线和倒角处理。重新布线和倒角处理之后的枪管配件中模如图 5.95 所示。

步骤 03：删除导轨配件大型底面，先使用【倒角】命令对导轨配件大型进行倒角处理，再使用【镜像】命令对其进行镜像处理。制作的导轨配件中模如图 5.96 所示。

视频播放：关于具体介绍，请观看本书配套视频"任务六：科幻手枪尾部固定件、枪管配件和导轨配件中模的制作.mpg4"。

任务七：科幻手枪散热金属片、显示配件和管线连接器中模的制作

本任务主要介绍科幻手枪散热金属片、显示配件中模的制作原理、方法和技巧。

步骤 01：将电池散热金属片大型底面删除，使用【倒角】命令对散热金属片大型进行倒角处理。倒角处理之后的散热金属片中模如图 5.97 所示。

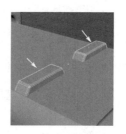
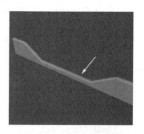

图 5.94　倒角处理
之后的科幻手枪尾部
固定件中模

图 5.95　重新布线和
倒角处理之后的
枪管配件中模

图 5.96　制作的导轨
配件中模

图 5.97　倒角处理之后
的散热金属片中模

步骤 02：将科幻手枪前端机械瞄准装置大型的底面删除，使用【倒角】命令对该大型进行倒角处理。倒角处理之后的机械瞄准装置中模如图 5.98 所示。

步骤 03：使用【倒角】命令对科幻手枪的显示配件大型进行倒角处理，倒角处理之后的显示配件中模如图 5.99 所示。

步骤 04：使用【倒角】命令对管线连接器大型进行倒角处理，倒角处理之后的管线连接器中模如图 5.100 所示。

步骤 05：调节管线与枪身连接件的比例，使用【倒角】命令对这两处进行倒角处理。倒角处理之后的管线与枪身连接件的中模如图 5.101 所示。

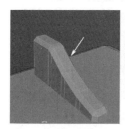

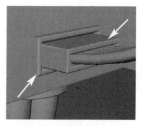

图 5.98　倒角处理
之后的机械瞄准
装置中模

图 5.99　倒角处理之后
的显示配件中模

图 5.100　倒角处理
之后的管线
连接器中模

图 5.101　倒角处理
之后的管线与枪身
连接件的中模

视频播放：关于具体介绍，请观看本书配套视频"任务七：科幻手枪散热金属片、显示配件和管线连接器中模的制作.mpg4"。

任务八：科幻手枪枪管两侧的铁片、枪口及其发光配件中模的制作

本任务主要介绍科幻手枪枪管两侧的铁片、枪口及其发光配件中模的制作原理、方法和技巧。

步骤 01：使用【倒角】命令对枪管两侧的四方形铁片大型进行倒角处理，倒角处理之后的枪管两侧四方形铁片效果如图 5.102 所示。

步骤 02：先使用【倒角】命令对枪管两侧的 U 形铁片大型进行倒角处理，再使用【多切割】命令给 U 形铁片大型重新布线。倒角处理和重新布线之后的 U 形铁片中模如图 5.103 所示。

步骤 03：使用【倒角】命令对科幻手枪的枪口大型进行倒角处理，倒角处理之后的枪口中模如图 5.104 所示。

步骤 04：使用【倒角】命令对科幻手枪前端发光配件大型进行倒角处理，倒角处理之后的发光配件中模如图 5.105 所示。

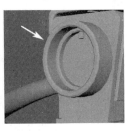

图 5.102　倒角处理之后的枪管两侧四方形铁片中模　　图 5.103　倒角处理和重新布线之后的 U 形铁片中模　　图 5.104　倒角处理之后的枪口中模　　图 5.105　倒角处理之后的发光配件中模

视频播放：关于具体介绍，请观看本书配套视频"任务八：科幻手枪枪管两侧铁片、枪口及其发光配件中模的制作.mpg4"。

任务九：科幻手枪后部两侧铁片、主体和配件中模的制作

本任务主要介绍科幻手枪后部两侧铁片、主体和配件中模的制作原理、方法和技巧。

步骤 01：先使用【倒角】命令对科幻手枪后部两侧的铁片大型进行倒角处理，再使用【多切割】命令给这些铁片大型重新布线。制作的科幻手枪后部两侧铁片中模如图 5.106 所示。

步骤 02：使用【多切割】命令和【镜像】命令，对科幻手枪主体大型重新布线，重新布线之后的科幻手枪主体中模如图 5.107 所示。

步骤 03：使用【倒角】命令、【删除边/顶点】命令、【多切割】命令和【镜像】命令，对科幻手枪枪管下方的配件大型进行倒角处理和重新布线。制作的科幻手枪配件中模如图 5.108 所示。

步骤 04：对科幻手枪的中模进行整体检查，发现问题及时解决。科幻手枪中模的最终效果如图 5.109 所示。

图 5.106　制作的科幻手枪后部两侧铁片中模　　图 5.107　重新布线之后的科幻手枪主体中模　　图 5.108　制作的科幻手枪配件中模　　图 5.109　科幻手枪中模的最终效果

视频播放： 关于具体介绍，请观看本书配套视频 "任务九： 科幻手枪后部两侧铁片、主体和配件中模的制作.mpg4"。

六、项目拓展训练

参考项目 1 完成的科幻手枪大型和以下科幻枪械原画，完成科幻枪械中模的制作。

项目 3　制作科幻手枪高模

一、项目内容简介

本项目主要介绍次世代游戏动画模型——科幻手枪高模的制作原理、方法和技巧。

二、项目效果欣赏

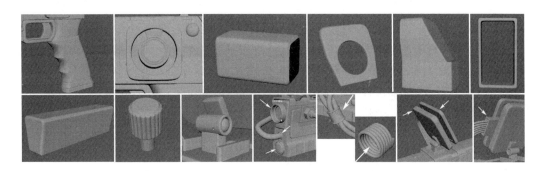

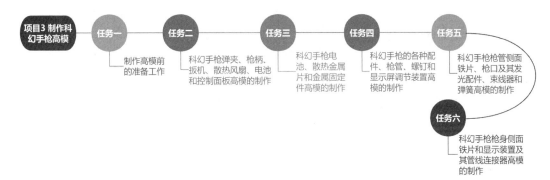

三、项目制作（步骤）流程

```
项目3 制作科    任务一        任务二         任务三        任务四          任务五
幻手枪高模
              制作高模前    科幻手枪弹夹、    科幻手枪电    科幻手枪的各种配    科幻手枪枪管侧面
              的准备工作    枪柄、        池、散热金属    件、枪管、螺钉和    铁片、枪口及其发
                         扳机、散热风扇、电  片和金属固定    显示屏调节装置高    光配件、束线器和
                         池和控制面板高模   件高模的制作    模的制作        弹簧高模的制作
                         的制作

                                                              任务六

                                                           科幻手枪枪身侧面
                                                           铁片和显示装置及
                                                           其管线连接器高模
                                                           的制作
```

四、项目制作目的

（1）熟悉次世代游戏动画模型高模的制作流程。
（2）熟悉高模在整个制作流程中的作用和地位。
（3）掌握次世代游戏动画模型——科幻手枪高模的制作原理、方法和技巧。

五、项目详细操作步骤

任务一：制作高模前的准备工作

在制作高模之前，需要对已完成的中模进行整理和复制，在中模的基础上制作高模。
步骤 01：对中模进行整理，删除历史记录。

步骤 02：将中模分组，组名为"zhongmo"。

步骤 03：将"zhongmo"组的中模复制一份，将复制的中模组名改为"H"，把它作为制作高模的基础模型。

步骤 04：在【大纲视图】面板中选择"zhongmo"组中的中模，按键盘上的"H"键，隐藏该中模组中的所有模型。

视频播放：关于具体介绍，请观看本书配套视频"任务一：制作高模前的准备工作.mpg4"。

任务二：科幻手枪弹夹、枪柄、扳机、散热风扇、电池和控制面板高模的制作

使用【插入循环边】命令、【多切割】命令和【平滑网格预览到多边形】命令制作科幻手枪的高模。

步骤 01：先使用【多切割】命令，给科幻手枪弹夹底部配件中模重新布线，再使用【插入循环边】命令给该中模上的转折边添加保护线，然后按键盘上的"3"键检查制作的高模效果。制作的弹夹底部配件高模如图 5.110 所示。

步骤 02：先使用【多切割】命令，给科幻手枪弹夹中模重新布线，再使用【插入循环边】命令，给弹夹中模添加保护边。制作的弹夹高模如图 5.111 所示。

步骤 03：删除科幻手枪枪柄中模上看不到的面，使用【插入循环边】命令对科幻手枪枪柄中模添加保护线。制作的枪柄高模如图 5.112 所示。

图 5.110　制作的弹夹　　　　图 5.111　制作的弹夹高模　　　图 5.112　制作的枪柄高模
　　　　底部配件中模

提示：在给中模重新布线和添加保护边之后，按键盘上的"3"键，此时处于高模预览状态。在此状态下，如果预览模型没有问题，就可以使用【平滑网格预览到多边形】命令，将预览模型转换为高模。为了节省内存资源，先不使用【平滑网格预览到多边形】命令，在给所有中模的重新布线和添加保护边之后，再使用【平滑网格预览到多边形】命令。

步骤 04：使用【插入循环边】命令，给科幻手枪扳机及其边框中模添加保护线，制作的科幻手枪扳机及其边框高模如图 5.113 所示。

步骤 05：使用【插入循环边】命令，给科幻手枪散热风扇中模添加保护线。制作的散热风扇高模如图 5.114 所示。

步骤 06：使用【插入循环边】命令，给科幻手枪电池中模添加保护线。制作的电池高模如图 5.115 所示。

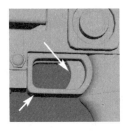

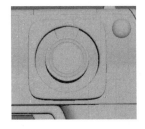

图 5.113　制作的科幻手枪　　　图 5.114　制作的散热风扇高模　　　图 5.115　制作的电池高模
扳机及其边框高模

步骤 07：使用【插入循环边】命令、【镜像】命令和【合并】命令，给科幻手枪的控制面板中模添加保护线，然后进行镜像和合并顶点操作。制作的控制面板高模如图 5.116 所示。

视频播放：关于具体介绍，请观看本书配套视频"任务二：科幻手枪弹夹、枪柄、扳机、散热风扇、电池和控制面板高模的制作.mpg4"。

任务三：科幻手枪电池、散热金属片和金属固定件高模的制作

在本任务中主要讲解科幻手枪电池、散热金属片和金属固定件高模的制作原理、方法和技巧。

步骤 01：使用【倒角】命令对科幻手枪的电池中模进行倒角处理，倒角处理之后的电池高模如图 5.117 所示。

步骤 02：先使用【倒角】命令对科幻手枪的散热金属片中模进行倒角处理，再使用【插入循环边】命令给转折边添加保护线。制作的散热金属片高模如图 5.118 所示。

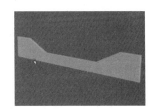

图 5.116　制作的控制　　　图 5.117　倒角处理之后　　　图 5.118　制作的散热
面板高模　　　　　　　　　的电池高模　　　　　　　　金属片高模

步骤 03：使用【插入循环边】命令，给金属固定件中模上的转折边添加保护线。制作的金属固定件高模如图 5.119 所示。

步骤 04：使用【插入循环边】命令，给科幻手枪主体金属固定件中模添加保护线。制作的科幻手枪主体金属固定件高模如图 5.120 所示。

步骤 05：使用【插入循环边】命令和【多切割】命令，给科幻手枪的控制面板金属固定件中模重新布线和添加保护边。制作的控制面板金属固定件高模如图 5.121 所示。

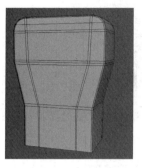

图 5.119 制作的
金属固定件高模

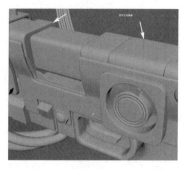

图 5.120 制作的科幻手枪主体
金属固定件高模

图 5.121 制作的控制面板
金属固定件高模

视频播放： 关于具体介绍，请观看本书配套视频"任务三：科幻手枪电池、散热金属片和金属固定件高模的制作.mpg4"。

任务四：科幻手枪的各种配件、枪管、螺钉和显示屏调节装置高模的制作

本任务介绍科幻手枪的各种配件（如开关按钮保护框、管线固定件、枪管配件）、枪管、螺钉和显示屏调节装置高模的制作。

步骤 01： 使用【插入循环边】命令，给开关按钮保护框中模添加保护线。制作的开关按钮保护框高模如图 5.122 所示。

步骤 02： 使用【插入循环边】命令，给管线固定件添加保护线。制作的管线固定件高模如图 5.123 所示。

步骤 03： 使用【倒角】命令和【插入循环边】命令，对枪管中模进行倒角处理，然后添加保护边。制作的枪管高模如图 5.124 所示。

图 5.122 制作的开关
按钮保护框高模

图 5.123 制作的管线
固定件高模

图 5.124 制作的枪管高模

步骤 04： 使用【插入循环边】命令，给枪管配件中模添加保护线。制作的枪管配件高模如图 5.125 所示。

步骤 05： 使用【插入循环边】命令，给枪管上的螺钉添加保护线。制作的螺钉高模如图 5.126 所示。

步骤 06： 使用【插入循环边】命令，给显示屏调节装置中模添加保护线。制作的显示屏调节装置高模如图 5.127 所示。

图 5.125　制作的枪管
配件高模

图 5.126　制作的螺钉高模

图 5.127　制作的显示屏
调节装置高模

视频播放：关于具体介绍，请观看本书配套视频"任务四：科幻手枪各种配件、枪管、螺钉和显示屏调节装置高模的制作.mpg4"。

任务五：科幻手枪枪管侧面铁片、枪口及其发光配件、束线器和弹簧高模的制作

本任务介绍枪管侧面铁片、枪口及其发光配件、束线器和弹簧高模的制作原理、方法和技巧。

步骤 01：使用【插入循环边】命令和【倒角】命令，先给枪管侧面的铁片中模添加保护线，再对其进行倒角处理。制作的枪管侧面铁片高模如图 5.128 所示。

步骤 02：使用【插入循环边】命令，给科幻手枪枪口及其发光配件中模添加保护边。制作的枪口及其发光配件高模如图 5.129 所示。

步骤 03：使用【插入循环边】命令给束线器中模添加保护线，使用【挤出】命令对弹簧端口进行挤出和缩放操作。制作的束线器和弹簧高模如图 5.130 所示。

图 5.128　制作的枪管
侧面铁片高模

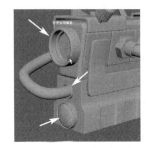

图 5.129　制作的枪口及其
发光配件高模

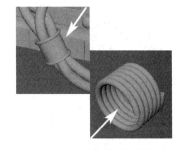

图 5.130　制作的束线器和
弹簧高模

视频播放：关于具体介绍，请观看本书配套视频"任务五：科幻手枪枪管侧面铁片、枪口及其发光配件、束线器和弹簧高模的制作.mpg4"。

任务六：科幻手枪枪身侧面铁片和显示装置及其管线连接器高模的制作

本任务介绍枪身侧面铁片和显示装置及其管线连接器高模的制作原理、方法和技巧。

步骤 01：使用【插入循环边】命令，给科幻手枪枪身侧面铁片中模添加保护线。制作的科幻手枪枪身侧面铁片高模如图 5.131 所示。

步骤 02：先使用【插入循环边】命令和【多切割】命令，给科幻手枪显示装置中模添加保护线，再使用【多切割】命令，给它重新布线。制作的显示装置高模如图 5.132 所示。

步骤 03：先使用【倒角】命令和【插入循环边】命令，对显示装置管线连接器中模进行倒角处理，再给其添加保护线。制作的管线连接器高模如图 5.133 所示。

 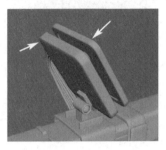 

图 5.131　制作的科幻手枪　　　　图 5.132　制作的显示　　　　图 5.133　制作的管线
枪身侧面铁片高模　　　　　　　　装置高模　　　　　　　　　连接器高模

视频播放：关于具体介绍，请观看本书配套视频"任务六：科幻手枪枪身侧面铁片和显示装置及其管线连接器高模的制作.mpg4"。

六、项目拓展训练

参考项目 2 完成的科幻手枪中模和以下科幻枪械原画，完成科幻枪械高模的制作。

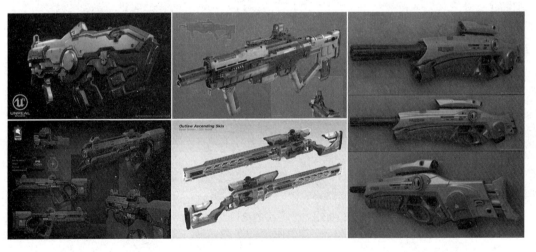

项目 4　制作科幻手枪低模

一、项目内容简介

本项目主要介绍次世代游戏动画模型——科幻手枪低模的制作原理、方法和技巧。

二、项目效果欣赏

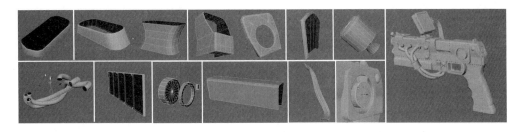

三、项目制作（步骤）流程

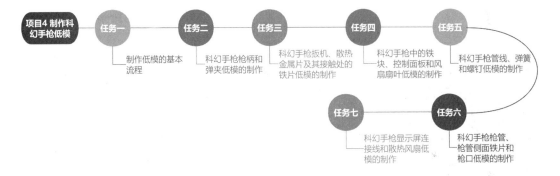

四、项目制作目的

（1）熟悉次世代游戏动画模型低模的制作流程。

（2）熟悉低模在整个制作流程中的作用和地位。

（3）掌握次世代游戏动画模型——科幻手枪低模的制作原理、方法和技巧。

五、项目详细操作步骤

任务一：制作低模的基本流程

通过给中模重新布线，确保所有多边形面为三边形面或四边形面，删除看不到的面，从而得到低模。使用【清理】命令对低模进行检查和清理，根据系统提示对低模进行修改。此过程需要重复多次，一直到没有出现问题提示为止。

步骤 01：将需要转换为低模的中模组复制一份，将组名重命名为"Low"。

步骤 02：删除"Low"组中的历史记录。

步骤 03：删除多余的面，即模型之间相互遮挡的面。

步骤 04：对中模重新布线，删除多余的边，使其中的所有多边形转换为三边形面或四边形面，以得到低模。

步骤 05：使用【清理...】命令，对低模进行清理和检查。

步骤 06：打开对应的高模，检查低模与高模之间的包裹位置是否正确，通过适当调节低模或高模的顶点，使低模完全包裹高模。

步骤 07：保存低模后，即可进入下一个环节，即对低模展开 UV。

视频播放：关于具体介绍，请观看本书配套视频"任务一：制作低模的基本流程.mpg4"。

任务二：科幻手枪枪柄和弹夹低模的制作

科幻手枪枪柄和弹夹低模的制作比较简单，把模型之间相互遮挡的面删除即可。

步骤 01：选择科幻手枪弹夹底部配件中模，删除被其他模型遮挡的面。删除面之后的弹夹底部配件低模如图 5.134 所示。

步骤 02：选择科幻手枪弹夹中模，删除被其他模型遮挡的面。删除面之后的弹夹低模如图 5.135 所示。

步骤 03：选择科幻手枪手柄中模，删除被木质握把遮挡的面。删除面之后的手柄低模如图 5.136 所示。

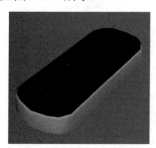 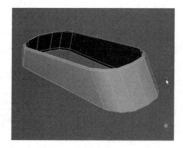 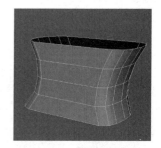

图 5.134　删除面之后的　　　　图 5.135　删除面之后的　　　　图 5.136　删除面之后的
　　弹夹底部配件低模　　　　　　　　弹夹低模　　　　　　　　　　手柄低模

视频播放：关于具体介绍，请观看本书配套视频"任务二：科幻手枪枪柄和弹夹低模的制作.mpg4"。

任务三：科幻手枪扳机、散热金属片及其接触处的铁片低模的制作

本任务主要介绍科幻手枪扳机、散热金属片及其接触处的铁片低模的制作原理、方法和技巧。

步骤 01：选择科幻手枪扳机和扳机边框中模，删除被其他模型遮挡的面。删除面之后的科幻手机扳机和扳机边框低模如图 5.137 所示。

步骤 02：选择科幻手枪电池的金属散热片中模，删除被其他模型遮挡的面。删除面之后的金属散热片低模如图 5.138 所示。

步骤 03：选择金属散热片接触处的铁片中模，删除被其他模型遮挡的面。删除面之后的铁片低模如图 5.139 所示。

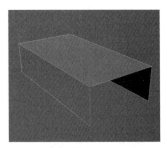

图 5.137　删除面之后的科　　　图 5.138　删除面之后的　　　图 5.139　删除面之后
　　　幻手机扳机和　　　　　　　金属散热片低模　　　　　　　的铁片低模
　　　扳机边框低模

视频播放：关于具体介绍，请观看本书配套视频"任务三：科幻手枪扳机、散热金属片及其接触处的铁片低模的制作.mpg4"。

任务四：科幻手枪中的铁块、控制面板和风扇扇叶低模的制作

本任务主要介绍科幻手枪中的铁块、控制面板和风扇扇叶低模的制作原理、方法与技巧。

步骤 01：选择与科科幻手枪控制面板连接的铁块模型，删除被其他模型遮挡的面。删除面之后的铁块低模如图 5.140 所示。

步骤 02：选择科幻手枪控制面板中模，给它重新布线。重新布线之后的控制面板低模如图 5.141 所示。

步骤 03：选择科幻手枪散热风扇的扇叶中模，删除被其他模型遮挡的面。删除面之后的扇叶低模如图 5.142 所示。

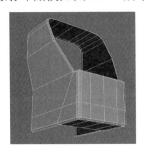

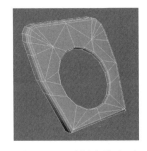

图 5.140　删除面之后　　　　图 5.141　重新布线之后　　　图 5.142　删除面之后的
　　　的铁块低模　　　　　　　　的控制面板低模　　　　　　　扇叶低模

视频播放：关于具体介绍，请观看本书配套视频"任务四：科幻手枪中的铁块、控制面板和风扇扇叶低模的制作.mpg4"。

任务五：科幻手枪管线、弹簧和螺钉低模的制作

本任务主要介绍科幻手枪管线、弹簧和螺钉低模的制作原理、方法与技巧。

步骤 01：选择科幻手枪管线中模，删除其两端的面。删除面之后的管线低模如图 5.143 所示。

步骤 02：方法同上，继续删除其他管线两端的面。

步骤 03：选择科幻手枪中的弹簧中模，使用【刺破】命令，把看得见的弹簧中模一端刺破，然后删除被遮挡的另一端的面。制作的弹簧低模如图 5.144 所示。

步骤 04：选择科幻手枪枪管上的螺钉中模，给它重新布线。重新布线之后的螺钉低模如图 5.145 所示。

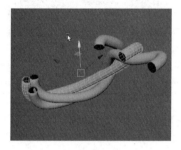 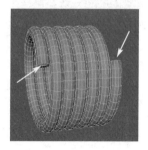 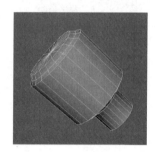

图 5.143　删除面之后的　　　图 5.144　制作的　　　　图 5.145　重新布线之后
　　　　　管线低模　　　　　　　　　弹簧低模　　　　　　　　的螺钉低模

视频播放：关于具体介绍，请观看本书配套视频"任务五：科幻手枪管线、弹簧和螺钉低模的制作.mpg4"。

任务六：科幻手枪枪管、枪管侧面铁片和枪口低模的制作

本任务主要介绍科幻手枪枪管、枪管侧面铁片和枪口低模的制作原理、方法和技巧。

步骤 01：选择科幻手枪枪管中模，删除被其他模型遮挡的面。删除面之后的枪管中模如图 5.146 所示。

步骤 02：选择科幻手枪枪管侧面的铁片中模，删除被其他模型遮挡的面。删除面之后的枪管侧面铁片低模如图 5.147 所示。

步骤 03：选择科幻手枪枪口中模，删除被其他模型遮挡的面。删除面之后的枪口低模如图 5.148 所示。

图 5.146　删除面之后的　　　图 5.147　删除面之后　　　图 5.148　删除面之后的
　　　　　枪管低模　　　　　　的枪管侧面铁片低模　　　　　　　枪口低模

视频播放：关于具体介绍，请观看本书配套视频"任务六：科幻手枪枪管、枪管侧面铁片和枪口低模的制作.mpg4"。

任务七：科幻手枪显示屏连接线和散热风扇低模的制作

本任务主要介绍科幻手枪显示屏连接线和散热风扇低模的制作原理、方法和技巧。

步骤 01： 选择科幻手枪显示屏连接线中模，删除其两端的面。删除面之后的连接线低模如图 5.149 所示。

步骤 02： 选择科幻手枪散热风扇中模，给它重新布线。重新布线之后的散热风扇低模如图 5.150 所示。

步骤 03： 检查整个科幻手枪低模，检查其是否有遗漏项。最终的科幻手枪低模如图 5.151 所示。

图 5.149　删除面之后的　　图 5.150　重新布线之后　　图 5.151　最终的科幻
连接线低模　　　　　　的散热风扇低模　　　　　手枪低模

视频播放： 关于具体介绍，请观看本书配套视频"任务七：科幻手枪显示屏连接线和散热风扇低模的制作.mpg4"。

六、项目拓展训练

参考项目 2 完成的科幻手枪中模和以下科幻枪械原图，完成科幻枪械低模的制作。

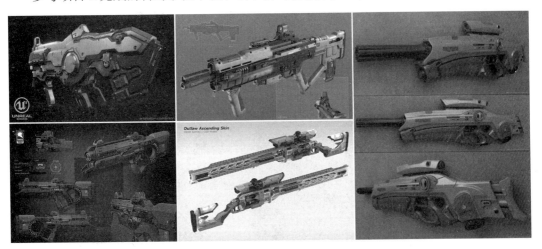

项目5　制作科幻手枪材质贴图

一、项目内容简介

本项目主要介绍次世代游戏动画模型——科幻手枪材质贴图的制作原理、方法和技巧，同时介绍 UV 的展开、法线烘焙和渲染出图的具体操作方法和技巧。

二、项目效果欣赏

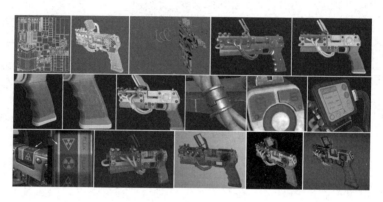

三、项目制作（步骤）流程

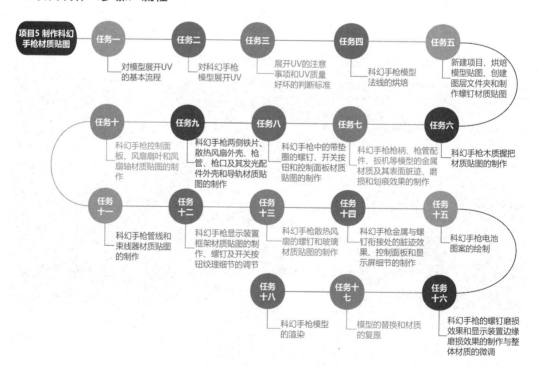

四、项目制作目的

（1）掌握模型 UV 的展开原理、方法和技巧。

（2）了解法线的作用，掌握法线的烘焙原理、方法和技巧。

（3）掌握金属材质贴图的制作原理、方法和技巧。

（4）掌握木质材质贴图的制作原理、方法和技巧。

（5）掌握塑料材质贴图的制作原理、方法和技巧。

（6）掌握效果图渲染的基本操作流程。

五、项目详细操作步骤

任务一：对模型展开 UV 的基本流程

对模型展开 UV 的基本流程如下。

步骤 01：使用【清理...】命令检查模型是否存在边数大于 4 的多边形面，是否有非流行节点。

步骤 02：删除所有历史记录，在【图层】面板中创建图层，将创建的图层锁定并保存文件。

步骤 03：选择需要展开 UV 的模型，根据模型的实际情况，选择【创建】命令组中相应的命令创建 UV。

步骤 04：根据项目要求使用【切割和缝合】命令组中相应的命令，对模型进行切割或缝合操作。

步骤 05：使用【展开】命令组中的命令，展开切割或缝合之后的 UV。

步骤 06：根据材质的制作要求，对展开的 UV 进行排列和布局。

步骤 07：根据项目对模型材质的精度要求，设置 UV 输出值的大小并输出 UV。

视频播放：关于具体介绍，请观看本书配套视频"任务一：对模型展开 UV 的基本流程.mpg4"。

任务二：对科幻手枪模型展开 UV

对科幻手枪模型展开 UV 的方法比较简单。这里，以给科幻手枪枪柄和弹夹模型展开 UV 为例进行介绍。对科幻手枪其他配件模型展开 UV 的具体操作请观看本书配套视频。

步骤 01：在【显示】面板中的【层】项中创建图层，用于暂时存放需要展开 UV 的模型。

步骤 02：在菜单栏单击【UV】→【UV 编辑器】命令，打开【UV 编辑器】面板。

步骤 03：选择科幻手枪枪柄中的木质握把模型，在【UV 工具包】窗格中单击【基于摄影机】按钮，创建一个基于摄影机镜头方向的 UV。创建的木质握把模型的 UV 如图 5.152 所示。

步骤 04：选择需要剪切的边，单击【剪切】命令，将选择的边剪切。剪切之后的边如图 5.153 所示。

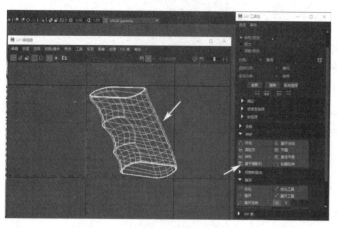

图 5.152　创建的木质握把模型的 UV

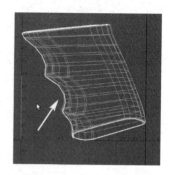

图 5.153　剪开之后的边

步骤 05：选择剪开边之后的模型的 UV，在【UV 工具包】窗格中单击【展开】命令，把剪切边之后的 UV 展开。

步骤 06：根据材质的制作要求，对展开的 UV 进行旋转、缩放和移动，将展开的 UV 排列好。单击【优化】命令，对展开的 UV 进行优化处理。UV 的展开效果和排列的位置如图 5.154 所示。

步骤 07：将展开 UV 的木质握把模型添加到新建图层中，将图层锁定。

步骤 08：方法同上，继续展开科幻手枪的枪柄和弹夹模型的 UV。枪柄和弹夹模型的 UV 展开效果如图 5.155 所示，科幻手枪枪柄和弹夹模型的棋盘格效果如图 5.156 所示。

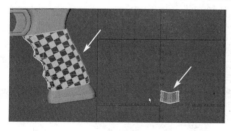

图 5.154　UV 的展开效果和排列的位置

图 5.155　枪柄和弹夹模型的 UV 展开效果

步骤 09：方法同上，继续对科幻手枪的其他配件模型展开和排列 UV。科幻手枪模型最终的 UV 展开效果如图 5.157 所示，科幻手枪模型的棋盘格效果如图 5.158 所示。

图 5.156　科幻手枪枪柄和
弹夹模型的棋盘格效果

图 5.157　科幻手枪模型
最终的 UV 展开效果

图 5.158　科幻手枪模型的
棋盘格效果

视频播放：关于具体介绍，请观看本书配套视频"任务二：对科幻手枪模型展开 UV.mpg4"。

任务三：展开 UV 的注意事项和 UV 质量好坏的判断标准

1. 展开 UV 的注意事项

（1）在剪切 UV 边时，尽量选择比较隐蔽的边进行剪切。

（2）在排列 UV 时，需要注意 UV 的排列方向，以便制作材质贴图。

（3）尽量将相同材质的模型 UV 排列在一起。

（4）一套完整的 UV 不能跨象限排列。

（5）采用镜像方式处理对称模型的 UV。

2. UV 质量好坏的判断标准

（1）模型的 UV 是否出现明显的拉伸现象。

（2）UV 的分配是否合理，即重要模型的 UV 占比要比次要模型的占比大。例如，在对动画角色模型展开 UV 时，脸部模型的 UV 占比是其他次要部位的 4 倍左右。

（3）排列 UV 的空间是否合理。在一个象限中，尽量使 UV 占满整个象限，避免浪费 UV 空间。

视频播放：关于具体介绍，请观看本书配套视频"任务三：展开 UV 的注意事项和 UV 质量好坏的判断标准.mpg4"。

任务四：科幻手枪模型法线的烘焙

主要使用 Marmoset Toolbag 软件中的烘焙功能，对科幻手枪模型法线进行烘焙。

步骤 01：将科幻手枪的高模和低模同时显示出来。

步骤 02：移动科幻手枪模型各个配件的高模和低模，使各个模型之间存在一定的距离，避免各个配件模型相互遮挡，需要同时移动同一配件的高模和低模，确保高模和低模之间的包裹关系不被破坏。移动之后科幻手枪的各个配件模型的位置如图 5.159 所示。

步骤 03：将科幻手枪的高模和低模分别导出并命名为"H.obj"文件与"Low.obj"文件。

步骤 04：启动 Marmoset Toolbag 软件，将科幻手枪的高模和低模导入【Scene】窗口，将高模和低模保存到对应的文件列表中。高模和低模的具体位置如图 5.160 所示。

步骤 05：单击"Bake Project 1"选项，设置【Bake】窗口中的参数，如图 5.161 所示。

步骤 06：选择"Low"选项，调节"Cage"参数组中的滑块，使低模完全包裹高模。调节滑块之后的包裹效果如图 5.162 所示。

步骤 07：单击【Bake】按钮，开始烘焙。烘焙之后的法线如图 5.163 所示。

步骤 08：启动 Photoshop 软件，打开烘焙之后的法线，检查法线并对其进行适当的修改。修改完成之后的法线如图 5.164 所示。

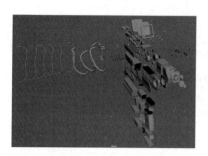

图 5.159　移动之后科幻手枪的
各个配件模型的位置

图 5.160　高模和低模的
具体位置

图 5.161　设置【Bake】
窗口中的参数

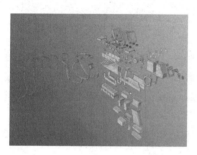

图 5.162　调节滑块之后的
包裹效果

图 5.163　烘焙之后的法线

图 5.164　修改完成
之后的法线

提示： 使用 Photoshop 软件修改法线时，只能对一些小错误进行修改。如果出现烘焙大错误，就需要使用 Marmoset Toolbag 软件检查模型出错的原因并进行调节，重新烘焙法线。

视频播放： 关于具体介绍，请观看本书配套视频 "任务四：科幻手枪模型法线的烘焙.mpg4"。

任务五： 新建项目、烘焙模型贴图、创建图层文件夹和制作螺钉材质贴图

本任务主要介绍项目的创建、法线的烘焙和螺钉材质贴图的制作原理、方法和技巧。

1. 新建项目和烘焙模型贴图

1）新建项目

步骤 01： 启动 Adobe Substance 3D Painter 软件。

步骤 02： 在菜单栏单击【文件】→【新建】命令，弹出【新项目】对话框。在【新项目】对话框中单击【选择...】按钮，弹出【打开文件】对话框。在【打开文件】对话框中选择科幻手枪的低模，单击【打开】按钮，然后返回【新项目】对话框。

步骤 03： 在【新项目】对话框中单击【添加】按钮，弹出【导入图像】对话框。在该

对话框中选择"FX.jpg"图片（任务四烘焙的法线），单击【打开】按钮，然后返回【新项目】对话框。

步骤 04：设置新建项目文件的分辨率和相关参数。【新项目】对话框参数设置如图 5.165 所示。

步骤 05：单击【OK】按钮，完成新项目的创建。将科幻手枪的低模和法线导入 Adobe Substance 3D Painter 软件，导入的科幻手枪模型效果如图 5.166 所示。

2）烘焙模型贴图

步骤 01：在【模型贴图】面板中将科幻手枪模型的法线添加到"法线"选项中，单击【烘焙模型贴图】按钮，弹出【烘焙】对话框。

步骤 02：设置【烘焙】对话框参数，【烘焙】对话框参数的具体设置如图 5.167 所示。

图 5.165　【新项目】对话框　　图 5.166　导入的　　图 5.167　【烘焙】对话框参数的
　　　　　参数设置　　　　　　科幻手枪模型效果　　　　　　具体设置

步骤 03：单击【烘焙所选纹理】按钮，开始烘焙。烘焙之后的科幻手枪模型效果如图 5.168 所示。

步骤 04：给科幻手枪模型随意添加一种材质，检查烘焙之后的模型是否有问题。添加材质之后的科幻手枪模型效果如图 5.169 所示。

2. 创建图层文件夹，给科幻手枪材质分类

主要通过创建图层文件夹和添加遮罩实现材质分类。

步骤 01：在【图层】面板中单击【添加组】按钮▣，创建图层文件夹。在创建的图层文件夹中添加一个填充图层，给填充图层设置颜色。

步骤 02：给创建的图层文件夹添加黑色遮罩，在场景中选择需要显示的模型。这里，选择科幻手枪的木质握把模型，此时，木质握把模型显示黄色。添加黑色遮罩之后的木质握把模型效果如图 5.170 所示，【图层】面板如图 5.171 所示。

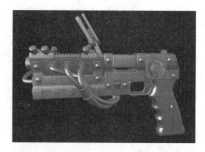

图 5.168　烘焙之后的科幻手枪模型效果　　　图 5.169　添加材质之后的科幻手枪模型效果

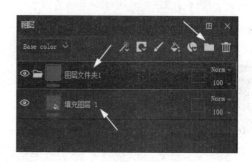

图 5.170　添加黑色遮罩之后的　　　　　图 5.171　【图层】面板
木质握把模型效果

步骤 03：方法同上，继续创建图层文件夹，添加填充图层和黑色遮罩，对材质进行分类。完成材质分类之后的科幻手枪模型效果如图 5.172 所示，完成材质分类之后的【图层】面板如图 5.173 所示。

图 5.172　完成材质分类之后的科幻手枪模型效果　　图 5.173　完成材质分类之后的【图层】面板

3.“螺钉 1”材质贴图的制作

主要通过添加灰度图和设置图层的高度值制作“螺钉 1”材质贴图。

步骤 01：在【图层】面板中，选择“螺钉 1”图层文件夹中的填充图层，调节填充图层属性参数，将螺钉的材质纹理调成银白色。调节填充图层属性参数之后的螺钉 1 效果如图 5.174 所示。

步骤 02：将螺钉的灰度图导入资源库，导入的螺钉灰度图如图 5.175 所示。

步骤 03：在"螺钉 1"图层文件夹中创建一个图层文件夹，将创建的图层文件夹命名为"凹凸图"。

步骤 04：在"凹凸图"图层文件夹中添加一个填充图层，给填充图层添加一个黑色遮罩，给黑色遮罩添加一个填充图层，将导入的螺钉灰度图添加到填充图层的"灰度"参数选项中。给黑色遮罩中的填充图层添加的灰度图如图 5.176 所示。

图 5.174　调节填充图层属性
参数之后的螺钉 1 效果

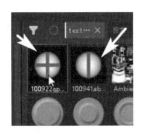

图 5.175　导入的螺钉灰度图

图 5.176　给黑色遮罩中的填充
图层添加的灰度图

步骤 05：在 2D 视图中调节灰度图的大小和填充图层属性参数"Height"和"Base Color"。调节填充图层属性参数之后的螺钉效果如图 5.177 所示。

步骤 06：复制 5 个螺钉填充图层，在 2D 视图中调节这些填充图层的位置。复制和调节位置之后的螺钉效果如图 5.178 所示。

步骤 07：方法同上，把显示装置中的螺钉制作成十字螺钉。制作的十字螺钉效果如图 5.179 所示。

图 5.177　调节填充图层
属性参数之后的螺钉效果

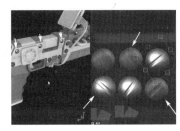

图 5.178　复制和调节之后的
螺钉效果

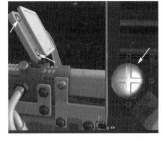

图 5.179　制作的十字螺钉效果

步骤 08：在"螺钉 1"图层文件夹中添加一个填充图层，给填充图层添加黑色遮罩，给黑色遮罩中的填充图层添加一个填充图层，给黑色遮罩中的填充图层添加一张脏迹灰度图，调节填充图层属性参数。调节参数之后的螺钉 1 脏迹效果如图 5.180 所示。

视频播放：关于具体介绍，请观看本书配套视频"任务五：新建项目、烘焙模型贴图、创建图层文件夹和制作螺钉材质贴图.mpg4"。

任务六：科幻手枪木质握把材质贴图的制作

本任务主要介绍科幻手枪木质握把材质贴图的制作原理、方法和技巧。

步骤 01：在【图层】面板中，将科幻手枪木质握把模型的图层文件夹重命名为"木柄"。"木柄"图层文件夹如图 5.181 所示。

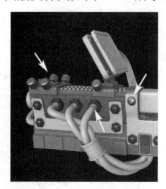

图 5.180　调节参数之后的螺钉 1 脏迹效果　　　　图 5.181　"木柄"图层文件夹

步骤 02：调节"木柄"图层文件夹中的填充图层属性参数，调节填充图层属性参数之后的木质握把模型效果如图 5.182 所示。

步骤 03：添加一个填充图层，将添加的填充图层命名为"木纹"，给"木纹"添加黑色遮罩，给黑色遮罩添加一个填充图层。将木纹的灰度图添加到黑色遮罩中的填充图层的"灰度"参数选项中，调节黑色遮罩中的填充图层和"木纹"填充图层属性参数。调节两个填充图层属性参数之后的木质握把模型效果如图 5.183 所示。

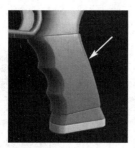

图 5.182　调节填充图层属性参数之后的　　　　图 5.183　调节两个填充图层属性参数
　　　　　　　木质握把模型效果　　　　　　　　　　　　之后的木质握把模型效果

步骤 04：在"木柄"图层文件夹中添加一个填充图层，给填充图层添加一个黑色遮罩，给黑色遮罩添加一个名为"边缘磨损"的生成器，调节"边缘磨损"生成器的参数。制作的木质握把的边缘磨损效果如图 5.184 所示。

步骤 05：在"木柄"图层文件夹中添加一个填充图层，给填充图层添加一个黑色遮罩，给黑色遮罩添加一个填充图层，给黑色遮罩中的填充图层添加一张脏迹程序纹理贴图，调节两个填充图层和脏迹程序纹理贴图参数。制作的木质握把的脏迹效果如图 5.185 所示。

步骤 06：将完成的脏迹图层复制一份，修改脏迹程序纹理贴图，制作脏迹叠加效果。制作的木质握把的脏迹叠加效果如图 5.186 所示。

步骤 07：在"木柄"图层文件夹中添加一个填充图层，给填充图层添加一个黑色遮罩，

给黑色遮罩添加一个填充图层，给黑色遮罩中的填充图层添加一张划痕程序纹理贴图，调节两个填充图层和划痕程序纹理贴图参数。制作的木质握把的划痕效果如图 5.187 所示。

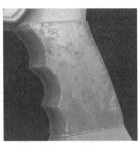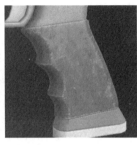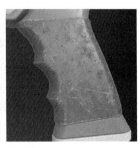

图 5.184　制作的　　　图 5.185　制作的木质　　图 5.186　制作的木质　　图 5.187　制作的木质
木质握把的边缘　　　　握把的脏迹效果　　　　握把的脏迹叠加效果　　　握把的划痕效果
磨损效果

　　步骤 08：在"木柄"图层文件夹中添加一个填充图层，给填充图层添加一个黑色遮罩，给黑色遮罩添加一个填充图层，给黑色遮罩中的填充图层添加一张黑白点状程序纹理贴图，调节两个填充图层和黑白点状程序纹理贴图参数。制作的木质握把的点状磨损效果如图 5.188 所示。

　　步骤 09：在"木柄"图层文件夹中添加一个填充图层，给填充图层添加一个黑色遮罩，给黑色遮罩添加一个名为"Dirt"的生成器。调节填充图层和"Dirt"生成器参数，以便制作木质握把的边缘脏迹。制作的木质握把的边缘脏迹如图 5.189 所示。

　　步骤 10：根据原画设计要求，对"木柄"图层文件中的所有图层进行微调。木质握把最终的材质纹理效果如图 5.190 所示。

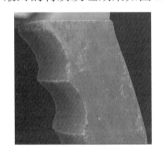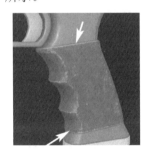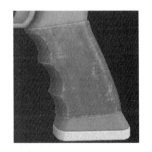

图 5.188　制作的木质　　　　图 5.189　制作的木质握把的　　　图 5.190　木质握把最终的
握把的点状磨损效果　　　　　　　边缘脏迹　　　　　　　　　　材质纹理效果

　　视频播放：关于具体介绍，请观看本书配套视频"任务六：科幻手枪木质握把材质贴图的制作.mpg4"。

　　任务七：科幻手枪枪柄、枪管配件、扳机等模型的金属材质及其表面脏迹、磨损和划痕效果的制作

　　在本任务中主要介绍科幻手枪的枪柄、枪管配件和扳机等模型的金属材质及其表面脏迹、磨损和划痕效果的制作。

步骤 01：调节"填充图层 2"的属性参数。调节参数之后的金属材质底色效果如图 5.191 所示。

步骤 02：给"填充图层 2"添加一个滤镜图层，给滤镜图层添加一个预制材质球，调节预制材质球和滤镜图层属性参数。添加的滤镜图层如图 5.192 所示，调节预制材质球和滤镜图层属性参数之后的金属材质效果如图 5.193 所示。

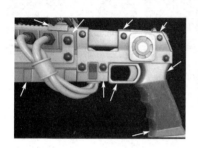

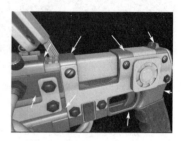

图 5.191　调节参数之后的
金属材质底色效果

图 5.192　滤镜图层

图 5.193　调节预制材质球和
滤镜图层属性参数之后的
金属材质效果

步骤 03：添加一个填充图层，给填充图层添加一个黑色遮罩，给黑色遮罩添加一个名为"Metal Edge Wear"的生成器。调节生成器参数，以便制作磨损效果。制作的金属边缘磨损效果如图 5.194 所示。

步骤 04：添加一个填充图层，给填充图层添加一个黑色遮罩，给黑色遮罩添加一个填充图层，给黑色遮罩中的填充图层添加一张脏迹程序纹理贴图。调节脏迹程序纹理贴图和两个填充图层属性参数，以便制作金属表面脏迹效果。制作的金属表面脏迹效果如图 5.195 所示。

步骤 05：添加一个填充图层，给填充图层添加一个黑色遮罩，给黑色遮罩添加一个填充图层，给黑色遮罩中的填充图层添加一张颗粒状脏迹程序纹理贴图。调节该程序纹理贴图和两个填充图层属性参数，以便制作金属表面的颗粒状脏迹效果。制作的金属表面颗粒状脏迹效果如图 5.196 所示。

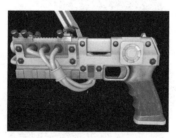

图 5.194　制作的金属边缘
磨损效果

图 5.195　制作的金属
表面脏迹效果

图 5.196　制作的金属表面
颗粒状脏迹效果

步骤 06：添加一个填充图层，给填充图层添加一个黑色遮罩，给黑色遮罩添加一个填充图层，给黑色遮罩中的填充图层添加一张划痕程序纹理贴图。调节该程序纹理贴图和两个填充图层属性参数，以便制作金属表面的划痕效果。制作的金属的划痕效果如图 5.197 所示。

步骤 07：添加一个填充图层，给填充图层添加一个黑色遮罩，给黑色遮罩添加一个填充图层。先给黑色遮罩中的填充图层添加一张块状脏迹程序纹理贴图。调节该程序纹理贴图和两个填充图层属性参数；再给黑色遮罩中的填充图层添加一个绘画图层，然后使用画笔绘制块状脏迹效果。制作的金属表面块状脏迹效果如图 5.198 所示。

视频播放：关于具体介绍，请观看本书配套视频"任务七：科幻手枪枪柄、枪管配件、扳机等模型的金属材质及其表面脏迹、磨损和划痕效果的制作.mpg4"。

任务八：科幻手枪中的带垫圈的螺钉、开关按钮和控制面板材质贴图的制作

本任务主要介绍科幻手枪中的带垫圈的螺钉材质贴图的制作原理、方法和技巧。

步骤 01：将"螺钉 1"图层文件夹中的所有图层复制一份，粘贴到"螺钉 2"图层文件夹中。

步骤 02：调节"螺钉 2"图层文件夹中图层的颜色和遮罩程序纹理贴图参数，使螺钉的金属颜色深一点，金属感厚重一点。制作的带垫圈的螺钉效果如图 5.199 所示。

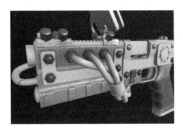

图 5.197　制作的金属的划痕效果　　图 5.198　制作的金属表面块状脏迹效果　　图 5.199　制作的带垫圈的螺钉效果

步骤 03：调节科幻手枪开关按钮和控制面板图层文件夹中的填充图层属性参数。调节之后的开关按钮效果如图 5.200 所示。

步骤 04：将调节之后的填充图层复制一份，给复制的填充图层添加黑色遮罩，给黑色遮罩添加一个名为"Metal Edge Wear"的生成器。调节该生成器参数，以便制作开关按钮边缘磨损效果。制作的开关按钮边缘磨损效果如图 5.201 所示。

步骤 05：添加一个填充图层，给填充图层添加黑色遮罩，给黑色遮罩添加一个填充图层，给黑色遮罩中的填充图层添加一张脏迹程序纹理贴图，调节该程序纹理贴图和两个填充图层属性参数。调节参数之后的开关按钮和控制面板脏迹效果如图 5.202 所示。

视频播放：关于具体介绍，请观看本书配套视频"任务八：科幻手枪中的带垫圈的螺钉、开关按钮和控制面板材质贴图的制作.mpg4"。

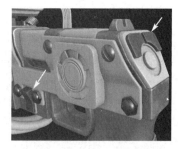

图 5.200　调节之后的
开关按钮效果

图 5.201　制作的开关按钮
边缘磨损效果

图 5.202　调节参数之后的开关
按钮和控制面板脏迹效果

任务九：科幻手枪两侧铁片、散热风扇外壳、枪管、枪口及其发光配件外壳和导轨材质贴图的制作

本任务主要介绍科幻手枪两侧铁片、散热风扇外壳、枪管、枪口及其发光配件外壳和导轨材质贴图的制作原理、方法和技巧。

步骤 01：在【图层】面板中，对制作完成的材质图层文件夹进行重命名。重命名之后的材质图层文件夹如图 5.203 所示。

步骤 02：将"金属 2"图层文件夹中的黑色遮罩删除，重新添加黑色遮罩，只显示科幻手枪两侧的铁片。调节"金属 2"图层文件夹中的各个图层属性参数，以便制作科幻手枪两侧铁片材质贴图。"金属 2"材质效果如图 5.204 所示。

步骤 03：将"金属 1"图层文件夹复制一份，将复制的图层文件夹重命名为"金属 3"。

步骤 04：删除"金属 3"图层文件夹中的黑色遮罩，重新添加一个黑色遮罩，只显示散热风扇外壳、科幻手枪主体中间的铁块和弹夹下的铁块，调节"金属 3"图层文件夹中的各个图层属性参数，以便制作材质贴图。"金属 3"材质效果如图 5.205 所示。

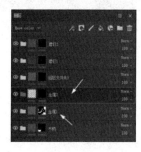

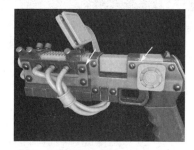

图 5.203　重命名之后的
材质图层文件夹

图 5.204　"金属 2"
材质效果

图 5.205　"金属 3"
材质效果

步骤 05：将"金属 1"图层文件夹复制一份，将复制的图层文件夹重命名为"金属 4"。删除"金属 4"图层文件夹中的黑色遮罩，添加一个新的黑色遮罩，只显示科幻手枪的枪管、枪口及其发光配件外壳、管线连接器和导轨。调节"金属 4"图层文件夹中的各个图层属性参数、生成器参数和程序纹理贴图参数，以便制作材质贴图。"金属 4"材质效果如图 5.206 所示。

视频播放：关于具体介绍，请观看本书配套视频"任务九：科幻手枪两侧铁片、散热风扇外壳、枪管、枪口及其发光配件外壳和导轨材质贴图的制作.mpg4"。

任务十：科幻手枪控制面板、散热风扇扇叶和风扇轴材质贴图的制作

本任务主要介绍科幻手枪控制面板、散热风扇扇叶和风扇轴材质贴图的制作原理、方法和技巧。

步骤 01：将科幻手枪开关按钮模型图层文件夹重命名为"按钮"，再将"按钮"图层文件夹复制一份，将复制的图层文件夹重命名为"塑料"。

步骤 02：删除"塑料"图层文件夹中的黑色遮罩，添加一个新的黑色遮罩，只显示科幻手枪的控制面板。调节"塑料"图层文件夹中的各个图层属性参数，以便制作塑料材质贴图。塑料材质效果如图 5.207 所示。

步骤 03：将"塑料"图层文件夹复制一份，将复制的图层文件夹重命名为"暗铜"。

步骤 04：将"暗铜"图层文件夹中的黑色遮罩删除，添加一个新的黑色遮罩，只显示散热风扇扇叶和风扇轴。调节"暗铜"图层文件夹中的各个图层属性参数，以便制作暗铜材质贴图。暗铜材质效果如图 5.208 所示。

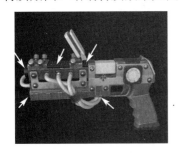

图 5.206 　"金属 4"材质效果　　　图 5.207 　塑料材质效果　　　图 5.208 　暗铜材质效果

视频播放：关于具体介绍，请观看本书配套视频"任务十：科幻手枪控制面板、散热风扇扇叶和风扇轴材质贴图的制作.mpg4"。

任务十一：科幻手枪管线和束线器材质贴图的制作

本任务主要介绍科幻手枪管线和束线器材质贴图的制作原理、方法和技巧。

步骤 01：将"塑料"图层文件夹复制一份，将复制的图层文件夹重命名为"管线材质01"。

步骤 02：将"管线材质 01"图层文件夹中的黑色遮罩删除，添加一个新的黑色遮罩，只显示科幻手枪中的管线。调节"管线材质 01"图层文件夹中的各个图层属性参数、程序纹理贴图参数和生成器参数，以便制作管线材质贴图。管线材质效果如图 5.209 所示。

步骤 03：在"束线器"材质所在的图层文件夹中添加一个填充图层，给填充图层添加一个绘画图层，使用绘画工具绘制"束线器"的凹陷效果。绘制的凹陷效果如图 5.210 所示。

步骤 04：将"管线材质 01"图层文件夹复制一份，将复制的图层文件夹重命名为"管线材质 02"。

步骤 05：将"管线材质 02"图层文件夹中的黑色遮罩删除，添加一个新的黑色遮罩，只显示科幻手枪中的管线排线。调节"管线材质 02"图层文件夹中的各个图层属性参数、程序纹理贴图参数和生成器参数，以便制作管线排线材质贴图。管线排线材质效果如图 5.211 所示。

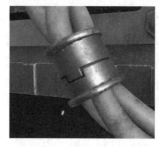

图 5.209　管线材质效果　　　图 5.210　绘制的凹陷效果　　　图 5.211　管线排线材质效果

视频播放：关于具体介绍，请观看本书配套视频"任务十一：科幻手枪管线和束线器材质贴图的制作.mpg4"。

任务十二：科幻手枪显示装置框架材质贴图的制作、螺钉及开关按钮纹理细节的调节

本任务主要介绍科幻手枪显示装置框架材质贴图的制作原理、方法和技巧，同时介绍螺钉及开关按钮纹理细节的调节。

步骤 01：把"塑料"图层文件夹复制一份，将复制的图层文件夹重命名为"显示装置框架"。

步骤 02：将"显示装置框架"图层文件夹中的黑色遮罩删除，添加一个新的黑色遮罩，只出现显示装置框架。调节"显示装置框架"图层文件夹中的各个图层属性参数、程序纹理贴图参数和生成器参数，以便制作显示装置框架的材质贴图。显示装置框架材质效果如图 5.212 所示。

步骤 03：通过调节"螺钉 1"图层文件夹中的各个图层属性参数、程序纹理贴图参数和生成器参数，以便制作螺钉的细节，如螺钉生锈和脏迹效果。螺钉的脏迹效果如图 5.213 所示。

步骤 04：在"金属 1"图层文件夹中添加一个图层文件夹，将添加的图层文件夹重命名为"凹凸图"。给"凹凸图"图层文件夹添加一个黑色遮罩，只显示科幻手枪开关按钮。

步骤 05：在"凹凸图"图层文件夹中添加填充图层、绘画图层和程序纹理贴图，使用绘画工具制作科幻手枪开关按钮的纹理细节和配件按钮。开关按钮的纹理细节和配件按钮效果如图 5.214 所示。

视频播放：关于具体介绍，请观看本书配套视频"任务十二：科幻手枪显示装置框架材质贴图的制作、螺钉及开关按钮纹理细节的调节.mpg4"。

图 5.212 显示装置框架
材质效果

图 5.213 螺钉的
脏迹效果

图 5.214 开关按钮的纹理
细节和配件按钮效果

任务十三：科幻手枪散热风扇的螺钉和玻璃材质贴图的制作

本任务主要介绍科幻手枪散热风扇的螺钉和玻璃材质贴图的制作原理、方法和技巧。

步骤 01： 在"金属 3"图层文件夹中添加一个图层文件夹，将添加的图层文件夹重命名为"凹凸图"。

步骤 02： 在"凹凸图"图层文件夹中添加一个填充图层，给填充图层添加一个绘画图层，使用绘画工具和纹理贴图制作散热风扇的螺钉。散热风扇的螺钉效果如图 5.215 所示。

步骤 03： 在"金属 4"图层文件夹中添加一个填充图层，给填充图层添加一个绘画图层，使用绘画工具绘制科幻手枪枪口的发光效果。枪口的发光效果如图 5.216 所示。

步骤 04： 创建一个图层文件夹，将创建的图层文件夹重命名为"玻璃"。给"玻璃"图层文件夹添加一个黑色遮罩，只显示科幻手枪枪口发光配件中的玻璃和显示装置中的玻璃。

步骤 05： 在"玻璃"图层文件夹中添加一个填充图层，调节填充图层属性参数，以便制作玻璃效果。制作的玻璃效果如图 5.217 所示。

图 5.215 散热风扇的螺钉效果

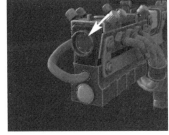

图 5.216 枪口的发光效果

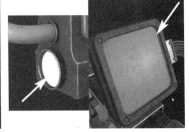

图 5.217 制作的玻璃效果

视频播放： 关于具体介绍，请观看本书配套视频"任务十三：科幻手枪散热风扇的螺钉和玻璃材质贴图的制作.mpg4"。

任务十四：科幻手枪金属与螺钉衔接处的脏迹效果、控制面板和显示屏细节的制作

本任务主要介绍科幻手枪金属与螺钉衔接处的脏迹效果、控制面板上的螺钉和文字、显示屏上的文字和图案等细节的制作。

步骤 01：在"金属 1"图层文件夹中添加一个新的填充图层，给填充图层添加一个名为"Dirt"的生成器。调节填充图层属性参数和生成器参数，以便制作金属与螺钉衔接处的脏迹效果。金属与螺钉衔接处的脏迹效果如图 5.218 所示。

步骤 02：在"按钮"图层文件夹中添加一个填充图层，给填充图层添加一个黑色遮罩，给黑色遮罩添加一个绘画图层，使用绘画工具制作控制面板上的螺钉和文字效果。制作的控制面板上的螺钉和文字效果如图 5.219 所示。

步骤 03：创建一个图层文件夹，将创建的图层文件夹重命名为"显示屏"，给"显示屏"图层文件夹添加一个黑色遮罩，只出现显示屏正面和背面。

步骤 04：在"显示屏"图层文件夹中添加一个填充图层，给填充图层添加一个黑色遮罩，只显示显示屏的背面。调节填充图层属性参数，以便制作显示屏背面的玻璃效果。显示屏背面的玻璃效果如图 5.220 所示。

图 5.218 金属与螺钉衔接处的 　　图 5.219 制作的控制面板上 　　图 5.220 显示屏背面的玻璃效果
　　　　　脏迹效果 　　　　　　　　　的螺钉和文字效果

步骤 05：在"显示屏"图层文件夹中添加一个填充图层，给填充图层添加一个黑色遮罩，只显示显示屏的正面。调节填充图层属性参数，以便制作显示屏正面的发光玻璃效果。显示屏正面的发光玻璃效果如图 5.221 所示。

步骤 06：在"显示屏"图层文件夹中添加一个图层文件夹，将添加的图层文件夹重命名为"文字"。

步骤 07：在"文字"图层文件夹中添加一个填充图层，给填充图层添加一个绘画图层，结合"透贴"程序纹理与画笔工具制作显示屏正面的文字和图案效果。制作的图案和文字效果如图 5.222 所示。

视频播放：关于具体介绍，请观看本书配套视频"任务十四：科幻手枪金属与螺钉衔接处的脏迹效果、控制面板和显示屏细节的制作.mpg4"。

任务十五：科幻手枪电池图案的绘制

本任务主要介绍使用填充图层和绘画图层，结合"透贴"程序纹理制作科幻手枪电池

图案的原理、方法和技巧。

步骤 01：创建一个图层文件夹，将图层文件夹重命名为"电池"。给"电池"图层文件夹添加一个黑色遮罩，只显示科幻手枪的电池。

步骤 02：在"电池"图层文件夹中添加一个填充图层，给填充图层添加一个黑色遮罩，给黑色遮罩添加一个绘画图层，结合绘画工具给电池绘制图案。绘制的图案效果如图 5.223 所示。

图 5.221　显示屏正面的　　　图 5.222　制作的图案和　　图 5.223　绘制的图案效果
　　　　发光玻璃效果　　　　　　　　文字效果

步骤 03：方法同步骤 02，继续添加一个填充图层，给填充图层添加一个黑色遮罩，给黑色遮罩添加一个绘画图层。结合绘画工具和"透贴"程序纹理，继续给电池绘制图案和文字，此步骤需要重复多次。电池的最终图案和文字效果如图 5.224 所示。

视频播放：关于具体介绍，请观看本书配套视频"任务十五：科幻手枪电池图案的绘制.mpg4"。

任务十六：科幻手枪的螺钉磨损效果和显示装置边缘磨损效果的制作与整体材质的微调

本任务主要介绍使用锚定点连接的方法，制作螺钉磨损效果和显示装置边缘磨损效果。

步骤 01：在"金属 3"图层文件夹中，将"凹凸图"图层文件夹拖到"边缘磨损"填充图层的下方。

步骤 02：在"凹凸图"图层文件夹中的底层填充图层的黑色遮罩上单击右键，弹出快捷菜单。在弹出的快捷菜单中单击"添加锚定点"命令，给填充图层的黑色遮罩添加一个锚定点。

步骤 03：选择"边缘磨损"填充图层黑色遮罩下的"Metal Edge Wear"生成器，在【图像输入】面板选择步骤 02 创建的锚定点。选择的锚定点如图 5.225 所示。

步骤 04：调节生成器参数，调节参数之后的螺钉磨损效果如图 5.226 所示。

步骤 05：在"塑料 2"图层文件夹中添加一个填充图层，给填充图层添加一个黑色遮罩，给黑色遮罩添加一个名为"Metal Edge Wear"的生成器。调节生成器的参数，以便制作科幻手枪的显示装置边缘磨损效果。制作的显示装置边缘磨损效果如图 5.227 所示。

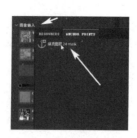

图 5.224　电池的最终图案和　　　　图 5.225　选择的锚定点　　　　图 5.226　调节参数之后的
　　　　　文字效果　　　　　　　　　　　　　　　　　　　　　　　　　　　螺钉磨损效果

步骤 06：根据原画的分析结果，对科幻手枪各个配件的材质进行整体微调。科幻手枪最终的材质效果如图 5.228 所示。

视频播放：关于具体介绍，请观看本书配套视频"任务十六：科幻手枪的螺钉磨损效果和显示装置边缘磨损效果的制作与整体材质的微调.mpg4"。

任务十七：模型的替换和材质的复原

在上述制作科幻手枪材质贴图过程中，没有对模型的低模进行软硬边处理。因此，最终的科幻手枪材质贴图存在一些接缝和尖锐的棱角。本任务主要介绍模型的替换和材质的复原。

步骤 01：对科幻手枪的低模进行软硬边处理，重新烘焙和修改法线，确保科幻手枪的低模和法线没有问题。

步骤 02：打开制作完成的材质图层文件夹，在【图层】面板中创建一个图层文件夹，将创建的图层文件夹重命名为"科幻手枪材质"，将制作完成的材质图层文件夹和图层拖到"科幻手枪材质"图层文件夹中。

步骤 03：在"科幻手枪材质"图层文件夹上单击右键，弹出快捷菜单。在弹出的快捷菜单中单击"创建智能材质"命令，给制作完成的材质创建一个智能材质。

步骤 04：重新启动 Adobe Substance 3D Painter 软件，新建项目，导入处理好软硬边的科幻手枪低模和法线。

步骤 05：方法同本项目任务五，对科幻手枪低模进行烘焙，将创建的智能材质赋予科幻手枪低模。重新开启发光和透明通道，完成模型的替换和材质的复原，替换模型和复原材质之后的科幻手枪模型效果如图 5.229 所示。

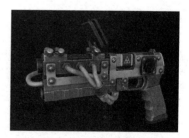

图 5.227　制作的显示　　　　图 5.228　科幻手枪最终的　　　　图 5.229　替换模型和复原材质
　装置边缘磨损效果　　　　　　　　材质效果　　　　　　　　　之后的科幻手枪模型效果

提示：在模型替换和材质复原过程中，对修改的低模 UV 不能进行大幅度改动。否则，在材质复原过程中会出现错误。

视频播放：关于具体介绍，请观看本书配套视频"任务十七：模型的替换和材质的复原.mpg4"。

任务十八：科幻手枪模型的渲染

本任务主要介绍科幻手枪模型的渲染原理、方法和技巧。

步骤 01：在菜单栏单击【文件】→【导出贴图…】命令（或按"Ctrl+Shift+E"组合键），弹出【导出纹理】对话框。在该对话框中设置被导出贴图的保存位置，其他参数保持默认设置即可。

步骤 02：单击【导出】按钮，导出贴图。导出的贴图列表如图 5.230 所示。

步骤 03：启动 Marmoset Toolbag 软件，将科幻手枪低模导入场景，赋予科幻手枪一个材质。赋予材质之后的科幻手枪模型效果如图 5.231 所示。

步骤 04：在【Texture】面板中，将导出的贴图添加到对应参数选项中。添加贴图之后的科幻手枪模型效果如图 5.232 所示。

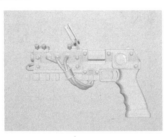

图 5.230　导出的　　　　　图 5.231　赋予材质之后的　　　　图 5.232　添加贴图之后的
贴图列表　　　　　　　　　科幻手枪模型效果　　　　　　　科幻手枪模型效果

步骤 05：单击【New Light（新建灯光）】按钮■，添加灯光效果，调节灯光的位置和参数。调节灯光参数之后的科幻手枪模型效果如图 5.233 所示。

提示：这里，需要添加主光、轮廓光、背光和自然光，根据渲染需要对灯光参数进行综合调节。

步骤 06：调节渲染角度，在【Scene】面板中单击【Render Cameras】按钮，开始渲染。科幻手枪模型的渲染效果如图 5.234 所示。

图 5.233　调节灯光参数之后的科幻手枪模型效果　　　　图 5.234　科幻手枪模型的渲染效果

视频播放：关于具体介绍，请观看本书配套视频"任务十八：科幻手枪模型的渲染.mpg4"。

六、项目拓展训练

参考项目 4 完成的科幻手枪低模和以下科幻枪械原画，完成科幻枪械材质贴图的制作。

第6章 制作次世代游戏动画模型——东风卡车

知识点：

项目1 制作东风卡车模型

项目2 展开 UV 和制作材质贴图

说明：

本章通过 2 个项目介绍次世代游戏动画模型——东风卡车模型的全流程制作原理、方法和技巧。

教学建议课时数：

一般情况下需要 20 课时，其中理论课时为 4 课时，实际操作课时为 16 课时（特殊情况下可做相应调整）。

通过"制作次世代游戏动画模型——东风卡车（载具）"选题的学习，达到以下6点要求。

（1）掌握载具的制作流程。

（2）熟悉模型制作和细化处理的原理、方法和技巧。

（3）熟悉载具制作过程中【平滑】命令的作用和使用技巧。

（4）熟悉金属、玻璃和塑料材质贴图的制作原理、方法和技巧。

（5）能够举一反三，制作其他材质贴图。

（6）能够熟练运用 Maya、Adobe Substance 3D Painter、Photoshop 和 Marmoset Toolbag 这4款软件完成次世代游戏动画模型——东风卡车模型的制作。

本选题的最终展板效果如下图所示。

项目 1　制作东风卡车模型

一、项目内容简介

本项目主要介绍东风卡车模型的制作原理、方法和技巧。

二、项目效果欣赏

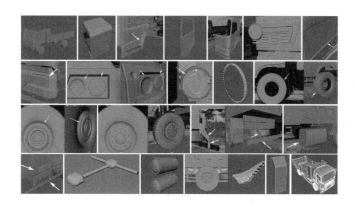

三、项目制作（步骤）流程

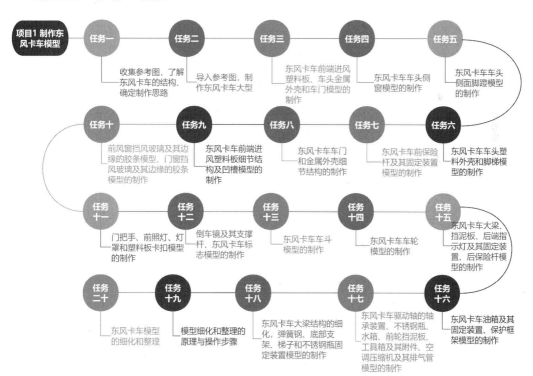

四、项目制作目的

（1）熟悉写实载具模型的制作流程。

（2）熟悉东风卡车的结构。

（3）掌握东风卡车模型的制作原理、方法和技巧。

五、项目详细操作步骤

任务一：收集参考图，了解东风卡车的结构，确定制作思路

根据客户要求制作一款东风卡车模型并制作材质贴图，把它作为《交通家族的光辉史》动画片中的主角。收集的东风卡车参考图如图 6.1 所示。

图 6.1　收集的东风卡车参考图

在制作东风卡车模型前，需要注意以下 5 点。

（1）收集足够多的参考图，供制作和分析使用。

（2）对收集的参考图进行分析和取舍，保留对本项目有用的参考图。

（3）在设计和制作过程中，不能完全模仿参考图，需要在参考图的基础上进行二次创意。

（4）在制作三维模型时，可以省略其中看不到的结构。

（5）根据项目要求，对重要的结构，尽量用三维模型表现，对不重要的结构，可以通过贴图实现。采用虚实结合的方法，既可以节约资源，又能达到同样的表现效果。

视频播放：关于具体介绍，请观看本书配套视频"任务一：收集参考图，了解东风卡车的结构，确定制作思路.mpg4"。

任务二：导入参考图，制作东风卡车大型

1. 导入参考图

在制作东风卡车模型前，为了提高东风卡车模型比例的准确性，确定各个配件之间的位置关系，可以导入侧视图，以之为参考图。

步骤 01：根据收集的参考图和相关资料查询结果，分析东风卡车实物的比例和大致尺

寸，确定东风卡车实物的长度、宽度和高度的大致尺寸。东风卡车实物的长度、宽度和高度的大致尺寸如图 6.2 所示。

车身长度：7.6m
车身宽度：2.5m
车身高度：3.1m
前 轮 距：1.9m
后 轮 距：1.9m

图 6.2　东风卡车实物的长度、宽度和高度的大致尺寸

步骤 02： 启动 Maya 2023 软件，创建工程目录，保存场景文件。

步骤 03： 在菜单栏单击【窗口】→【设置/首选项】→【首选项】命令，打开【首选项】对话框。在【首选项】对话框中，设置"工作单位"尺寸。"工作单位"尺寸的具体设置如图 6.3 所示。

步骤 04： 单击【保存】按钮，完成工作单位的设置。

步骤 05： 在【Side（侧视图）】面板中单击【视图】→【图像平面】→【导入图像…】命令，弹出【打开文件】对话框。

步骤 06： 在【打开文件】对话框中选择需要导入的东风卡车实物侧视图，单击【打开】按钮，将东风卡车实物侧视图导入场景，以之为参考图，调节参考图的位置和大小。导入的参考图和调节位置之后的参考图如图 6.4 所示。

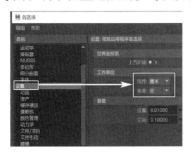

图 6.3　"工作单位"尺寸的具体设置

图 6.4　导入的参考图（左）和调节位置
之后的参考图（右）

步骤 07： 方法同上，在前视图编辑区，继续导入东风卡车实物的前视图，以之为参考图。

2. 制作东风卡车大型

根据导入的参考图，制作东风卡车大型。

步骤 01：使用【立方体】命令创建一个立方体，根据参考图调节立方体的顶点，使其与东风卡车车头匹配。东风卡车车头的初始大型如图 6.5 所示。

步骤 02：使用【插入循环边】命令插入循环边，调节顶点的位置，以确定前轮的位置。东风卡车车头的最终大型如图 6.6 所示。

步骤 03：使用【立方体】命令、【插入循环边】命令和【挤出】命令，根据参考图制作东风卡车车斗大型。制作的东风卡车车斗大型如图 6.7 所示。

图 6.5　东风卡车车头的初始大型　　　图 6.6　东风卡车车头的最终大型　　　图 6.7　制作的东风卡车车斗大型

步骤 04：使用【圆柱体】命令，创建两个立方体，根据参考图调节立方体的大小和比例，以便制作车轮大型。制作的车轮大型如图 6.8 所示。

步骤 05：使用【立方体】命令，创建一个立方体，将立方体大小调节为东风卡车实物大小。对东风卡车大型进行缩放操作，使其与创建的立方体大小匹配。东风卡车大型与立方体大小匹配的效果如图 6.9 所示。

步骤 06：删除立方体，调节车轮大型的大小和位置，然后使用【镜像】命令对车轮大型进行镜像、复制和移动。最终的东风卡车大型如图 6.10 所示。

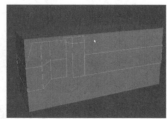
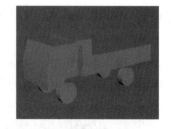

图 6.8　制作的车轮大型　　　图 6.9　东风卡车大型与立方体大小匹配的效果　　　图 6.10　最终的东风卡车大型

提示：在本任务中完成的东风卡车大型用于后续任务中制作东风卡车模型的定位和比例调节，确保东风卡车模型比例的准确性。

视频播放：关于具体介绍，请观看本书配套视频"任务二：导入参考图，制作东风卡车大型.mpg4"。

任务三：东风卡车前端进风塑料板、车头金属外壳和车门模型的制作

本任务主要介绍东风卡车前端进风塑料板、车头金属外壳和车门模型的制作原理、方法和技巧。

步骤 01：使用【平面】命令，创建一个平面，然后删除其中的一半，选择保留的一半平面。在菜单栏单击【编辑】→【特殊复制】命令→图标▣（或按"Ctrl+Shift+D"组合键），弹出【特殊复制选项】对话框。【特殊复制选项】对话框参数设置如图 6.11 所示。

步骤 02：单击【特殊复制】按钮，将保留的一半平面以实例方式进行对称复制，使用【插入循环边】命令插入循环边。在【Front（前视图）】面板中，根据参考图调节平面顶点的位置。调节顶点之后的东风卡车前端进风塑料板模型如图 6.12 所示。

步骤 03：使用【多切割】命令和【插入循环边】命令对平面重新布线，根据参考图调节平面顶点的位置。重新布线和调节顶点之后的东风卡车前端进风塑料板模型如图 6.13 所示。

图 6.11　【特殊复制选项】
对话框参数设置

图 6.12　调节顶点之后的东风
卡车前端进风塑料板模型

图 6.13　重新布线和调节
顶点之后的东风卡车前端
进风塑料板模型

步骤 04：先使用【挤出】命令，选择平面两侧和底侧的边界边并对它们进行挤出操作，再使用【提取】命令，将挤出的面提取为独立面。

步骤 05：使用【多切割】命令，给提取的面重新布线，根据参考图调节提取的面的顶点位置。提取的面在调节顶点之后的效果如图 6.14 所示。

提示：为了制作方便，将模型的对称面删除。在完成模型制作之后，使用【镜像】命令即可制作对称面。

步骤 06：选择边界边，使用【挤出】命令对边界边进行挤出操作；使用【提取】命令，将挤出的面提取为孤立面。

步骤 07：根据参考图调节提取的面的顶点位置，完成车头正面挡风玻璃底部金属外壳模型的制作。制作的车头正面挡风玻璃底部金属外壳模型如图 6.15 所示。

步骤 08：方法同上，使用【挤出】命令、【提取】命令、【多切割】命令和【插入循环边】命令，根据参考图制作东风卡车车头前侧金属外壳模型。制作的车头前侧金属外壳模型如图 6.16 所示。

图 6.14　提取的面在调节顶点　　　图 6.15　制作的车头正面挡风　　　图 6.16　制作的车头
　　　　　之后的效果　　　　　　　　　　玻璃底部金属外壳模型　　　　　　前侧金属外壳模型

步骤 09：选择车头前侧金属外壳的上边进行挤出操作，然后使用【插入循环边】命令和【多切割】命令，对其重新布线，以便制作车头顶部的金属外壳模型。制作的车头顶部金属外壳模型如图 6.17 所示。

步骤 10：方法同上，继续使用【挤出】命令、【提取】命令、【多切割】命令和【插入循环边】命令，制作东风卡车的车门和后侧面的金属外壳模型。制作的东风卡车车门和后侧面的金属外壳模型如图 6.18 所示。

步骤 11：使用【挤出】命令、【插入循环边】命令、【多切割】命令和【桥接】命令，选择车头侧面金属外壳和顶部外壳的边进行挤出、桥接操作并重新布线，以便制作车头外壳后部金属外壳模型。制作的车头后部金属外壳模型如图 6.19 所示。

图 6.17　制作的车头顶部　　　　图 6.18　制作的东风卡车　　　图 6.19　制作的车头后部
　　　　金属外壳模型　　　　　车门和后侧面的金属外壳模型　　　　金属外壳模型

视频播放：关于具体介绍，请观看本书配套视频"任务三：东风卡车前端进风塑料板、车头金属外壳和车门模型的制作.mpg4"。

任务四：东风卡车车头侧窗模型的制作

本任务主要介绍东风卡车车头侧窗模型的制作原理、方法和技巧。

步骤 01：选择需要挤出的边，使用【挤出】命令对其进行挤出操作，调节挤出的面的顶点，使其与上面顶点对齐。挤出和调节之后的平面如图 6.20 所示。

步骤 02：先使用【提取】命令将挤出的面提取出来，再使用【插入循环边】命令给提取的面插入循环边。提取的面在插入循环边之后的效果如图 6.21 所示。

步骤 03：使用【挤出】命令和【插入循环边】命令，对平面进行挤出和插入循环边，以便制作卡车车头侧窗模型。制作的卡车车头侧窗模型如图 6.22 所示。

图 6.20　挤出和调节
之后的平面

图 6.21　提取的面在插入
循环边之后的效果

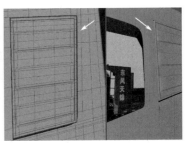

图 6.22　制作的卡车车头
侧窗模型

视频播放：关于具体介绍，请观看本书配套视频"任务四：东风卡车车头侧窗模型的制作.mpg4"。

任务五：东风卡车车头侧面脚蹬模型的制作

本任务主要介绍东风卡车车头侧面脚蹬模型的制作原理、方法和技巧。

步骤 01：选择车门模型中的一个面，使用【提取】命令将选择的面提取出来，根据参考图调节所提取面的位置和形态。调节之后所提取面的位置和形态如图 6.23 所示。

步骤 02：根据参考图，使用【挤出】命令对选择边进行挤出和调节。选择的边在挤出和调节之后的效果如图 6.24 所示。

步骤 03：先使用【挤出】命令挤出脚蹬的厚度，再使用【插入循环边】命令在脚蹬结构边两侧插入循环边。制作的脚蹬模型如图 6.25 所示。

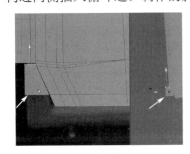

图 6.23　调节之后所提取
面的位置和形态

图 6.24　选择的边在挤出和
调节之后的效果

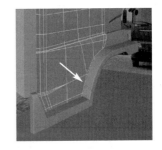

图 6.25　制作的脚蹬模型

视频播放：关于具体介绍，请观看本书配套视频"任务五：东风卡车车头侧面脚蹬模型的制作.mpg4"。

任务六：东风卡车车头塑料外壳和脚梯模型的制作

本任务主要介绍东风卡车车头塑料外壳和脚梯模型的制作原理、方法和技巧。

1. 东风卡车车头塑料外壳模型的制作

步骤 01：将卡车车头前端和侧面的两个金属外壳模型分别复制一份，使用【结合】命

令将复制的两个金属外壳模型结合为一个。使用【合并】命令，将结合的金属外壳模型顶点合并。结合和合并之后的金属外壳模型如图 6.26 所示。

步骤 02：删除合并之后的金属外壳模型中的多余面，根据参考图调节保留的面位置。保留的面位置如图 6.27 所示。

步骤 03：使用【挤出】命令、【插入循环边】命令和【多切割】命令，选择边进行挤出操作根据参考图重新布线、调节顶点和边的位置，以便制作塑料外壳模型。制作的东风卡车车头塑料外壳模型如图 6.28 所示。

  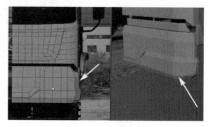

图 6.26　结合和合并
之后的金属外壳模型　　　图 6.27　保留的面位置　　　图 6.28　制作的东风卡车车头
塑料外壳模型

2. 东风卡车脚梯模型的制作

步骤 01：创建一个圆柱体，调节圆柱体的大小和位置，将圆柱体复制一份并根据参考图调节好其位置，使用【结合】命令和【桥接】命令，将两个圆柱体进行结合和桥接处理。

步骤 02：将结合和桥接之后的模型复制一份，根据参考图调节好其位置。复制和调节之后的模型效果如图 6.29 所示。

步骤 03：创建一个立方体，使用【倒角】命令和【插入循环边】命令，对立方体进行倒角处理并插入循环边。制作的东风卡车脚梯模型如图 6.30 所示。

视频播放：关于具体介绍，请观看本书配套视频"任务六：东风卡车车头塑料外壳和脚梯模型的制作.mpg4"。

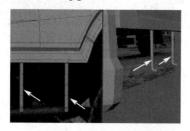 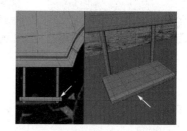

图 6.29　复制和调节之后的模型效果　　　　图 6.30　制作的东风卡车脚梯模型

任务七：东风卡车前保险杆及其固定装置模型的制作

本任务主要介绍东风卡车前保险杆及其固定装置模型的制作原理、方法和技巧。

步骤 01：创建一个立方体，根据参考图调节立方体的位置，使其与前保险杆模型的位置匹配。

步骤 02：使用【挤出】命令，挤出前保险杆模型的厚度。前保险杆模型的厚度如图 6.31 所示。

步骤 03：先使用【挤出】命令，制作前保险杆模型的细节，再使用【插入循环边】命令给前保险杆模型插入循环边。制作的东风卡车前保险杆模型如图 6.32 所示。

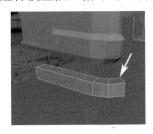
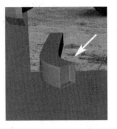

图 6.31　前保险杆模型的厚度　　　　　图 6.32　制作的东风卡车前保险杆模型

步骤 04：创建一个立方体，调节立方体的顶点，使用【插入循环边】命令，给前保险杆模型插入循环边，以便制作前保险杆固定装置模型。制作的东风卡车前保险杆固定装置模型如图 6.33 所示。

视频播放：关于具体介绍，请观看本书配套视频"任务七：东风卡车前保险杆及其固定装置模型的制作.mpg4"。

任务八：东风卡车车门和金属外壳细节结构的制作

本任务主要根据参考图，使用多边形建模命令，完善东风卡车车门和金属外壳的细节。

步骤 01：使用【插入循环边】命令、【多切割】命令和【合并】命令，给车门的把手位置重新布线。重新布线之后的效果如图 6.34 所示。

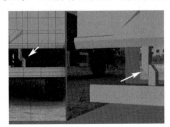
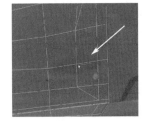

图 6.33　制作的东风卡车前保险杆固定装置模型　　　图 6.34　重新布线之后的效果

步骤 02：使用【切角顶点】命令、【多切割】命令、【圆形圆角】命令和【挤出】命令，制作车门把手位置的椭圆形凹陷效果。制作的椭圆形凹陷效果如图 6.35 所示。

步骤 03：使用【多切割】命令、【挤出】命令、【合并顶点】命令和【插入循环边】命令，制作车门左下角位置的凹陷效果。制作的车门左下角凹陷效果如图 6.36 所示。

步骤 04：使用【挤出】命令、【插入循环边】命令和【合并】命令，制作车门模型的厚度。制作的车门模型厚度如图 6.37 所示。

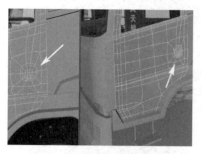
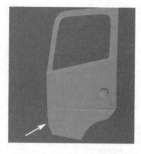

图 6.35　制作的椭圆形　　　　图 6.36　制作的车门左　　　　图 6.37　制作的车门
凹陷效果　　　　　　　　　下角凹陷效果　　　　　　　模型厚度

步骤 05：使用【插入循环边】命令、【挤出】命令、【多切割】命令和【合并】命令，制作东风卡车金属外壳顶部后侧的凸起效果。制作的金属外壳顶部后侧的凸起效果如图 6.38 所示。

步骤 06：使用【挤出】命令和【插入循环边】命令，制作东风卡车车头金属外壳后部的凸起效果。制作的金属外壳后部凸起效果如图 6.39 所示。

步骤 07：使用【多切割】命令、【插入循环边】命令、【删除边/顶点】命令、【平滑】命令和【合并】命令，给制作完成的所有模型重新布线，使模型的布线更加合理。重新布线之后的东风卡车车门和金属外壳模型如图 6.40 所示。

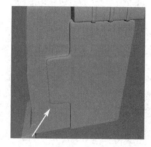

图 6.38　制作的金属外壳顶部　　　图 6.39　制作的金属　　　　图 6.40　重新布线之后的东风卡
后侧的凸起效果　　　　　　　外壳后部凸起效果　　　　　车车门和金属外壳模型

视频播放：关于具体介绍，请观看本书配套视频"任务八：东风卡车车门和金属外壳细节结构的制作.mpg4"。

任务九：东风卡车前端进风塑料板细节结构及凹槽模型的制作

本任务主要介绍东风卡车前端塑料板细节结构（如东风卡车标志的底座等）及凹槽模型（如放置前照灯和螺钉的凹槽模型）的制作原理、方法和技巧。

步骤 01：创建一个圆柱体，使用【挤出】命令和【插入循环边】命令制作东风卡车标志的底座模型。制作的东风卡车标志的底座模型如图 6.41 所示。

步骤 02：创建一个立方体，使用【插入循环边】命令、【倒角】命令、【平滑】命令和【删除边/顶点】命令制作东风卡车前端塑料板上的装饰块模型。制作的装饰块模型如图 6.42 所示。

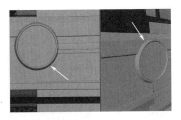

图 6.41　制作的东风卡车标志的底座模型

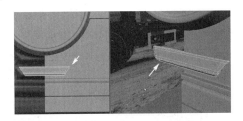

图 6.42　制作的装饰块模型

步骤 03：复制塑料板上的装饰块模型，根据参考图调节好其位置。复制和调节之后的装饰块模型如图 6.43 所示。

步骤 04：使用【插入循环边】命令、【挤出】命令、【多切割】命令、【圆形圆角】命令和【合并】命令，根据参考图制作东风卡车前端塑料板的其他细节结构。其他细节结构如图 6.44 所示。

步骤 05：使用【多切割】命令、【插入循环边】命令、【圆形圆角】命令和【挤出】命令，根据参考图制作放置前照灯和螺钉的凹槽模型及其边缘的凸起效果。制作的凹槽模型及其边缘的凸起效果如图 6.45 所示。

图 6.43　复制和调节
之后的装饰块

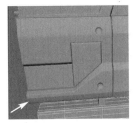

图 6.44　其他细节结构

图 6.45　制作的凹槽模型及其
边缘的凸起效果

视频播放：关于具体介绍，请观看本书配套视频"任务九：东风卡车前端进风塑料板细节结构及凹槽模型的制作.mpg4"。

任务十：前风窗挡风玻璃及其边缘的胶条模型、门窗挡风玻璃及其边缘的胶条模型的制作

本任务主要介绍东风卡车的前风窗挡风玻璃及其边缘的胶条模型、门窗挡风玻璃及其边缘的胶条模型的制作原理、方法和技巧。

步骤 01：使用【挤出】命令、【提取】命令、【插入循环边】命令、【合并】命令、【桥接】命令和【删除边/顶点】命令，制作东风卡车的前风窗挡风玻璃模型。制作的前风窗挡风玻璃模型如图 6.46 所示。

步骤 02：创建一个圆柱体，把圆柱体的"轴向细分数"设为"8"，删除多余面，只保留圆柱体的顶面，然后使用【多边形边到曲线】命令创建曲线。

步骤 03：使用【挤出】命令，将圆柱体的顶面沿创建的曲线进行挤出操作，以便制作挡风玻璃边缘的胶条模型。前风窗挡风玻璃边缘的胶条模型如图 6.47 所示。

步骤 04：方法同上，继续制作东风卡车门窗挡风玻璃及其边缘的胶条模型。门窗挡风玻璃及其边缘的胶条模型如图 6.48 所示。

图 6.46　制作的前风窗挡
风玻璃模型

图 6.47　前风窗挡风玻璃
边缘的胶条模型

图 6.48　门窗挡风玻璃及其
边缘的胶条模型

视频播放：关于具体介绍，请观看本书配套视频"任务十：前风窗挡风玻璃及其边缘的胶条模型、门窗挡风玻璃及其边缘的胶条模型的制作.mpg4"。

任务十一：门把手、前照灯、灯罩和塑料板卡扣模型的制作

本任务主要介绍门把手、前照灯、灯罩和塑料板卡扣模型的制作原理、方法和技巧。

步骤 01：创建一个立方体，使用【插入循环边】命令、【倒角】命令、【多切割】命令、【圆形圆角】命令和【挤出】命令，根据参考图制作门把手模型。制作的门把手模型如图 6.49 所示。

步骤 02：创建一个立方体，使用【插入循环边】命令，根据参考图制作侧面指示灯模型。制作的侧面指示灯模型如图 6.50 所示。

步骤 03：创建一个立方体，使用【插入循环边】命令、【挤出】命令和【删除边/顶点】命令制作东风卡车的塑料板卡扣模型。制作的塑料板卡扣模型如图 6.51 所示。

图 6.49　制作的门把手模型

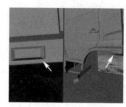

图 6.50　制作的侧面
指示灯模型

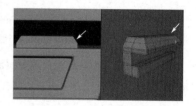

图 6.51　制作的塑料板卡扣模型

步骤 04：使用【复制】命令复制卡扣模型后部的面，使用【挤出】命令和【插入循环边】命令制作卡扣固定件模型。制作的卡扣固定件模型如图 6.52 所示。

步骤 05：创建一个圆柱体，使用【多切割】命令、【挤出】命令和【合并】命令制作前端的圆形灯模型。制作的前端圆形灯模型如图 6.53 所示。

步骤 06：创建一个立方体，使用【倒角】命令和【插入循环边】命令制作前端的方形灯模型。制作的前端方形灯模型如图 6.54 所示。

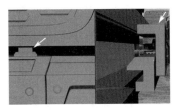
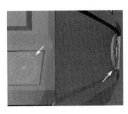

图 6.52　制作的卡扣　　　图 6.53　制作的前端　　　图 6.54　制作的前端
　　固定件模型　　　　　　圆形灯模型　　　　　　　方形灯模型

步骤 07：使用【复制】命令复制选择的面，使用【删除边/顶点】命令、【挤出】命令和【插入循环边】命令制作前端不规则大灯的灯罩模型。制作的前端不规则大灯的灯罩模型如图 6.55 所示。

步骤 08：创建一个圆柱体，使用【挤出】命令和【插入循环边】命令制作前端的两个大灯模型。两个大灯模型及其位置如图 6.56 所示。

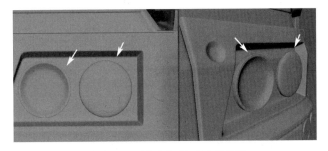

图 6.55　前端不规则大灯的灯罩模型　　　　图 6.56　两个大灯模型及其位置

视频播放：关于具体介绍，请观看本书配套视频"任务十一：门把手、前照灯、灯罩和塑料板卡扣模型的制作.mpg4"。

任务十二：倒车镜及其支撑杆、东风卡车标志模型的制作

本任务主要介绍倒车镜及其支撑杆、东风卡车标志模型的制作原理、方法和技巧。

步骤 01：创建圆柱体和曲线，使用【挤出】命令沿创建的曲线挤出，以便制作倒车镜的支撑杆模型。制作的倒车镜支撑杆模型如图 6.57 所示。

步骤 02：创建一个立方体，使用【插入循环边】命令、【多切割】命令、【倒角】命令和【挤出】命令制作倒车镜模型。制作的倒车镜模型如图 6.58 所示。

步骤 03：创建一个圆柱体，使用【挤出】命令、【倒角】命令和【插入循环边】命令制作倒车镜支撑杆与车门之间的固定件模型。制作的固定件模型如图 6.59 所示。

步骤 04：使用【提取】命令、【挤出】命令和【插入循环边】命令制作倒车镜的玻璃模型。制作的倒车镜玻璃模型如图 6.60 所示。

步骤 05：启用【激活选定对象】功能，使用【四边形绘制】命令、【挤出】命令、【多切割】命令和【插入循环边】命令制作东风卡车标志模型。制作的东风卡车标志模型如图 6.61 所示。

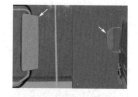

图 6.57　制作的倒车镜支撑杆模型　　图 6.58　制作的倒车镜模型　　图 6.59　制作的固定件模型

视频播放：关于具体介绍，请观看本书配套视频"任务十二：倒车镜及其支撑杆、东风卡车标志模型的制作.mpg4"。

任务十三：东风卡车车斗模型的制作

本任务主要介绍东风卡车车斗模型（包括车斗框架、车斗门、门把手和合页模型）的制作原理、方法和技巧。

步骤 01：显示本项目任务二制作完成的东风卡车车斗大型，使用【插入循环边】命令给它插入循环边，把车斗大型中的四边形面删除一半，用剩余的一半大型制作东风卡车车斗模型。删除一半之后的东风卡车车斗大型如图 6.62 所示。

图 6.60　制作的倒　　　　图 6.61　制作的东风卡车　　　图 6.62　删除一半之后的
车镜玻璃模型　　　　　　　　标志模型　　　　　　　　东风卡车车斗大型

步骤 02：使用【提取】命令提取车斗前端上部的面，使用【挤出】命令、【合并】命令、【倒角】命令和【插入循环边】命令制作车斗前端上部模型。制作的东风卡车车斗前端上部模型如图 6.63 所示。

步骤 03：使用【挤出】命令、【插入循环边】命令和【提取】命令制作车斗框架模型。制作的东风卡车车斗框架模型如图 6.64 所示。

步骤 04：使用【提取】命令提取车斗模型中的面，使用【挤出】命令、【插入循环边】命令、【倒角】命令、【合并】命令、【删除边/顶点】命令制作车斗门模型。制作的车斗门模型如图 6.65 所示。

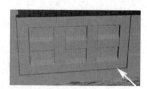

图 6.63　制作的东风卡车　　　图 6.64　制作的东风卡车　　　图 6.65　制作的车斗门模型
车斗前端上部模型　　　　　　车斗框架模型

步骤 05：分别创建第 1 个立方体和圆柱体，使用【插入循环边】命令、【倒角】命令和【挤出】命令制作车斗门的合页模型。制作的车斗门合页模型如图 6.66 所示。

步骤 06：分别创建第 2 个立方体和圆柱体，使用【插入循环边】命令、【删除边/顶点】命令、【挤出】命令和【填充洞】命令制作车斗门的门把手及其固定装置模型。制作的车斗门的门把手及其固定装置模型如图 6.67 所示。

步骤 07：分别创建第 3 个立方体和圆柱体，使用【插入循环边】命令、【挤出】命令、【合并】命令和【多切割】命令制作车斗后端的门和其他配件模型。制作的车斗后端的门和其他配件模型如图 6.68 所示。

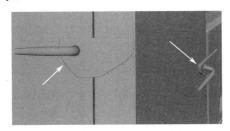

图 6.66 制作的车斗门合页模型　　　图 6.67 制作的车斗门的门把手及其固定装置模型　　　图 6.68 制作的车斗后端的门和其他配件模型

视频播放：关于具体介绍，请观看本书配套视频"任务十三：东风卡车车斗模型的制作.mpg4"。

任务十四：东风卡车车轮模型的制作

本任务主要介绍东风卡车车轮模型（包括轮胎、轮毂和轮胎螺钉模型）的制作原理、方法和技巧。

步骤 01：创建一个圆柱体，将圆柱体的"轴向细分数"设为"100"，使用【插入循环边】命令，给圆柱体插入两条循环边，选择需要保留的两个面。选择的两个面如图 6.69 所示。

步骤 02：进行反选面操作，删除选择的面，此时只保留两个面。保留的两个面如图 6.70 所示。

步骤 03：将保留的两个面旋转 7.2°并分别复制一份，使用【多切割】命令、【倒角】命令、【挤出】命令、【插入循环边】命令和【合并】命令在这两个面上制作轮胎的花纹。制作的轮胎花纹模型如图 6.71 所示。

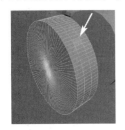

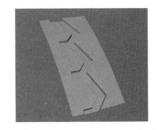

图 6.69 选择的两个面　　　图 6.70 保留的两个面　　　图 6.71 制作的轮胎花纹模型

步骤 04：将完成的轮胎花纹旋转 7.2° 并复制一份。旋转并复制的轮胎花纹模型如图 6.72 所示。

步骤 05：选中所有轮胎花纹模型，然后使用【结合】命令将所有轮胎花纹模型合并为一个模型，再使用【合并】命令，将结合的模型中分离的顶点合并。

步骤 06：将合并的轮胎花纹模型复制两份，根据参考图调节好它们的位置。先使用【结合】命令将 3 个轮胎花纹模型结合为一个模型，再使用【合并】命令将结合的模型中分离的顶点合并。合并和结合之后的轮胎花纹模型如图 6.73 所示。

步骤 07：使用【挤出】命令、【倒角】命令、【合并】命令和【插入循环边】命令继续完成轮胎模型的制作。最终的轮胎模型如图 6.74 所示。

图 6.72　旋转并复制的　　图 6.73　合并和结合　　　图 6.74　最终的轮胎模型
轮胎花纹模型　　　之后的轮胎花纹模型

步骤 08：创建第 1 个圆柱体，使用【挤出】命令、【插入循环边】命令、【复制】命令和【倒角】命令制作轮毂模型。制作的轮毂模型如图 6.75 所示。

步骤 09：创建第 2 个圆柱体，使用【插入循环边】命令给圆柱体插入循环边。对插入的循环边进行缩放操作，以便制作轮胎螺钉，将制作完成的螺钉模型旋转 36° 并复制 9 份。制作的多个螺钉模型如图 6.76 所示。

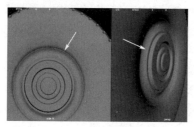

图 6.75　制作的轮毂模型　　　　　　图 6.76　制作的多个螺钉模型

视频播放：关于具体介绍，请观看本书配套视频"任务十四：东风卡车车轮模型的制作.mpg4"。

任务十五：东风卡车大梁、挡泥板、后端指示灯及其固定装置、后保险杆模型的制作

本任务主要介绍东风卡车大梁、挡泥板、后端指示灯及其固定装置、后保险杆模型的制作原理、方法和技巧。

步骤 01：创建第 1 个立方体，根据参考图使用【插入循环边】命令和【挤出】命令制

作东风卡车的大梁模型。制作的东风卡车大梁模型如图 6.77 所示。

步骤 02：创建一个平面，根据参考图，使用【挤出】命令、【插入循环边】命令、【复制】命令和【多切割】命令制作挡泥板模型。制作的挡泥板模型如图 6.78 所示。

步骤 03：从大梁模型后端复制一个面，使用【挤出】命令和【插入循环边】命令对复制的面进行编辑，以便制作东风卡车后端指示灯的固定装置模型。制作的后端指示灯的固定装置模型如图 6.79 所示。

图 6.77　制作的东风卡车　　　图 6.78　制作的　　　图 6.79　制作的后端指示灯的
大梁模型　　　　　　　挡泥板模型　　　　　　固定装置模型

步骤 04：创建第 2 个立方体，使用【插入循环边】命令和【倒角】命令制作后端指示灯模型。制作的后端指示灯模型如图 6.80 所示。

步骤 05：创建第 3 个立方体，使用【插入循环边】命令、【挤出】命令、【切角顶点】命令、【多切割】命令、【桥接】命令、【镜像】命令、【倒角】命令和【圆形圆角】命令制作后保险杆模型。制作的后保险杆模型如图 6.81 所示。

视频播放：关于具体介绍，请观看本书配套视频"任务十五：东风卡车大梁、挡泥板、后端指示灯及其固定装置、后保险杆模型的制作.mpg4"。

任务十六：东风卡车油箱及其固定装置、保护框架模型的制作

本任务主要介绍东风卡车油箱及其固定装置、保护框架模型的制作原理、方法和技巧。

步骤 01：创建第 1 个立方体，使用【倒角】命令、【多切割】命令、【插入循环边】命令和【挤出】命令制作油箱模型。制作的油箱模型如图 6.82 所示。

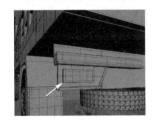

图 6.80　制作的后端指示灯模型　　　图 6.81　制作的后保险杆模型　　　图 6.82　制作的油箱模型

步骤 02：创建第 2 个立方体，使用【挤出】命令、【插入循环边】命令和【镜像】命令制作油箱固定装置模型。制作的油箱固定装置模型如图 6.83 所示。

步骤 03：创建第 3 个立方体和一个圆柱体，使用【挤出】命令、【插入循环边】命令、【桥接】命令和【倒角】命令制作油箱保护框架模型。制作的油箱保护框架模型如图 6.84 所示。

视频播放：关于具体介绍，请观看本书配套视频"任务十六：东风卡车油箱及其固定装置、保护框架模型的制作.mpg4"。

任务十七：东风卡车驱动轴的轴承装置、不锈钢瓶、水箱、前轮挡泥板、工具箱及其附件、空调压缩机及其排气管模型的制作

本任务主要介绍东风卡车驱动轴的轴承装置、不锈钢瓶、水箱、前轮挡泥板、工具箱及其附件、空调压缩机及其排气管模型的制作原理、方法和技巧。

步骤01：创建第1个圆柱体和第1个立方体，使用【倒角】命令、【插入循环边】命令和【镜像】命令制作东风卡车驱动轴的轴承装置模型。制作的东风卡车驱动轴的轴承装置模型如图6.85所示。

图6.83　制作的油箱　　　　图6.84　制作的邮箱　　　　图6.85　制作的东风卡车驱动轴的
　　　固定装置模型　　　　　　　保护框架模型　　　　　　　　轴承装置模型

步骤02：创建第2、3个圆柱体，使用【挤出】命令和【插入循环边】命令制作不锈钢瓶模型。制作的不锈钢瓶模型如图6.86所示。

步骤03：创建第2个立方体，使用【倒角】命令、【挤出】命令、【切角顶点】命令和【插入循环边】命令制作水箱模型。制作的水箱模型如图6.87所示。

步骤04：创建一个平面，使用【挤出】命令和【插入循环边】命令制作前轮挡泥板模型。制作的前轮挡泥板模型如图6.88所示。

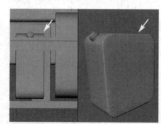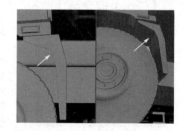

图6.86　制作的不锈钢瓶模型　　　　图6.87　制作的水箱模型　　　　图6.88　制作的前轮挡泥板模型

步骤05：创建第4个圆柱体和第3个立方体，使用【挤出】命令、【插入循环边】命令、【切角顶点】命令、【多切割】命令和【圆形圆角】命令制作工具箱及其附件模型。制作的工具箱及其附件模型如图6.89所示。

步骤06：创建第4个立方体，使用【倒角】命令、【多切割】命令、【插入循环边】命令和【挤出】命令制作空调压缩机模型。制作的空调压缩机模型如图6.90所示。

图 6.89　制作的工具箱及其附件模型　　　　图 6.90　制作的空调压缩机模型

步骤 07：创建一条曲线和第 5 个圆柱体，使用【挤出】命令、【桥接】命令、【编辑边流】命令、【复制】命令和【插入循环边】命令制作空调压缩机的排气管模型。制作的空调压缩机的排气管模型如图 6.91 所示。

视频播放：关于具体介绍，请观看本书配套视频"任务十七：东风卡车驱动轴的轴承装置、不锈钢瓶、水箱、前轮挡泥板、工具箱及其附件、空调压缩机及其排气管模型的制作.mpg4"。

任务十八：东风卡车大梁结构的细化，弹簧钢、底部支架、梯子和不锈钢瓶固定装置模型的制作

本任务主要介绍东风卡车大梁结构的细化，弹簧钢、底部支架、梯子和不锈钢瓶固定装置模型的制作原理、方法和技巧；对完成的所有模型进行检查和修改。

步骤 01：使用【提取】命令、【填充洞】命令、【多切割】命令和【挤出】命令制作东风卡车大梁结构进行细化。细化后的东风卡车大梁结构如图 6.92 所示。

步骤 02：创建一个立方体，使用【倒角】命令、【插入循环边】命令和【晶格】命令制作弹簧钢模型。制作的弹簧钢模型如图 6.93 所示。

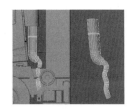

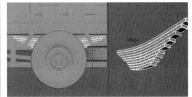

图 6.91　制作的空调压缩机　　　图 6.92　细化后的东风卡车　　　图 6.93　制作的弹簧钢模型
　　　　　的排气管模型　　　　　　　　　　大梁结构

步骤 03：创建第 1 个立方体，使用【插入循环边】命令和【挤出】命令制作底部支架模型。制作的底部支架模型如图 6.94 所示。

步骤 04：创建第 2 个立方体和一个圆柱体，使用【插入循环边】命令和【倒角】命令制作梯子模型。制作的梯子模型如图 6.95 所示。

步骤 05：使用【复制】命令、【挤出】命令和【插入循环边】命令制作不锈钢瓶固定装置模型。制作的不锈钢瓶固定装置模型如图 6.96 所示。

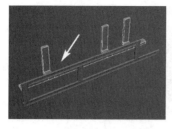
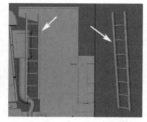

图 6.94　制作的底部支架模型　图 6.95　制作的梯子模型　图 6.96　制作的不锈钢瓶固定装置模型

步骤 06：使用【复制】命令、【挤出】命令和【插入循环边】命令制作横向不锈钢瓶固定装置模型。制作的横向不锈钢瓶固定装置模型如图 6.97 所示。

步骤 07：制作完成东风卡车模型，对所有模型进行检查，检查模型是否有问题。例如，模型的比例、位置、软硬边处理和布线是否合理。如果有问题，就进行修改，直到满意为止。

视频播放：关于具体介绍，请观看本书配套视频"任务十八：东风卡车大梁结构的细化，弹簧钢、底部支架、梯子和不锈钢瓶固定装置模型的制作.mpg4"。

任务十九：模型细化和整理的原理与操作步骤

本任务主要介绍模型细化和整理的原理与操作步骤。

1. 模型细化和整理的原理

给模型设置细分级别，然后对模型布线不合理的位置进行适当修改，删除不影响结构的边和顶点。

2. 模型细化的操作步骤

步骤 01：选择需要细化的模型，如图 6.98 所示。

步骤 02：选中需要细化的模型，在菜单栏单击【网格】→【平滑】命令，对模型进行平滑处理，将平滑的"分段"参数值设为"2"。平滑处理之后的模型如图 6.99 所示。

图 6.97　制作的横向不锈钢瓶　　图 6.98　选择需要细化的模型　　图 6.99　平滑处理之后的模型
　　　　　固定装置模型

步骤 03：选择不影响结构的边，选择的边如图 6.100 所示。

步骤 04：在菜单栏单击【编辑网格】→【删除边/顶点】命令（或按键盘上的"Ctrl+Delete"组合键），将选择的边和顶点删除。删除选择的边和顶点之后的模型如图 6.101 所示。

图 6.100　选择的边

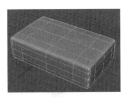

图 6.101　删除选择的边和顶点之后的模型

视频播放：关于具体介绍，请观看本书配套视频"任务十九：模型细化和整理的原理与操作步骤.mpg4"。

任务二十：东风卡车模型的细化和整理

本任务主要介绍东风卡车模型的细化和整理原理、方法和技巧。

步骤 01：选择需要细化的模型。所选模型的布线效果如图 6.102 所示。

步骤 02：对模型使用【平滑】命令，平滑处理之后的布线效果如图 6.103 所示。

步骤 03：删除不影响结构的边和顶点。删除不影响结构的边和顶点之后的布线效果如图 6.104 所示。

图 6.102　所选模型的
布线效果

图 6.103　平滑处理之后的
布线效果

图 6.104　删除不影响结构的
边和顶点之后的布线效果

步骤 04：选择前保险杆固定装置模型。前保险杆固定装置模型的布线效果如图 6.105 所示。

步骤 05：使用【平滑】命令对前保险杆固定装置模型进行平滑处理。平滑处理之后的前保险杆固定装置模型的布线效果如图 6.106 所示。

步骤 06：使用【删除边/顶点】命令，删除不影响结构的边和顶点。删除不影响结构的边和顶点之后的前保险杆固定装置模型的布线效果如图 6.107 所示。

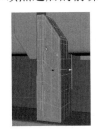

图 6.105　前保险杆固定
装置模型的布线效果

图 6.106　平滑处理之后的
前保险杆固定装置
模型的布线效果

图 6.107　删除不影响结构的边和
顶点之后的前保险杆固
定装置模型的布线效果

步骤 07：方法同上，继续对东风卡车所有配件模型进行细化和整理。细化和整理之后的东风卡车模型的布线效果如图 6.108 所示。

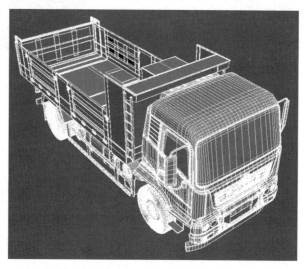

图 6.108　细化和整理之后的东风卡车模型的布线效果

视频播放：关于具体介绍，请观看本书配套视频"任务二十：东风卡车模型的细化和整理.mpg4"。

六、项目拓展训练

根据以下参考图，制作卡车模型。

项目 2　展开 UV 和制作材质贴图

一、项目内容简介

本项目主要介绍对东风卡车模型展开 UV 和制作材质贴图的原理、方法和技巧。

二、项目效果欣赏

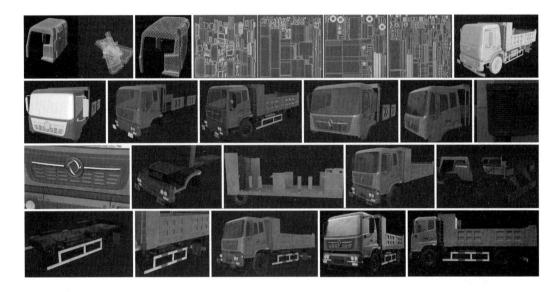

三、项目制作（步骤）流程

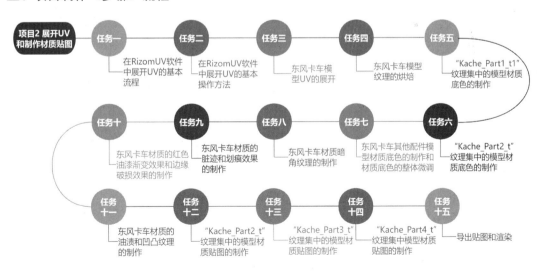

四、项目制作目的

（1）掌握在 RizomUV 软件中展开 UV 的基本流程。

（2）掌握 RizomUV 软件常用命令的作用和使用方法。

（3）熟练掌握 RizomUV 软件中常用功能的快捷键。

（4）熟练掌握东风卡车模型 UV 的展开原理、方法和技巧。

（5）熟练掌握东风卡车材质贴图的制作原理、方法和技巧。

（6）熟练掌握 Marmoset Toolbag 软件中的模型渲染流程和渲染参数设置方法。

五、项目详细操作步骤

任务一：在 RizomUV 软件中展开 UV 的基本流程

在 RizomUV 软件展开 UV 的基本流程如下：

步骤 01：将三维模型（OBJ 格式文件或 FBX 格式文件）导入 RizomUV 软件。

步骤 02：对导入的三维模型展开 UV。

步骤 03：排列已展好的 UV。

步骤 04：导出 UV 并保存文件。

视频播放：关于具体介绍，请观看本书配套视频"任务一：在 RizomUV 软件中展开 UV 的基本流程.mpg4"。

任务二：在 RizomUV 软件中展开 UV 的基本操作方法

本任务主要介绍在 RizomUV 软件中展开 UV 的基本操作方法，同时简要介绍该软件的常用快捷键。

1. 将模型导入 RizomUV 软件

步骤 01：在菜单栏单击【Files】→【Load...】（或【Load With UVs...】）命令，弹出【File load...】对话框。

步骤 02：在【File load...】对话框中选择需要导入的模型，单击【打开】按钮，将模型导入 RizomUV 软件。

提示：如果使用【Load...】命令，那么导入的模型是没有 UV 的三维模型；如果使用【Load With UVs...】命令，那么导入的模型是有 UV 的三维模型。

步骤 03：可直接将三维模型拖到 RizomUV 软件中。

2. RizomUV 软件的常用快捷键及其基本操作方法

1）常用快捷键

（1）"Tab"键：按该键，切换到变形操作模式。

（2）"F1"键、"F2"键、"F3"键、"F4"键：这 4 个快捷键分别对应点、线（边）、

面、对象选择模式。

（3）"C"键：按键盘上的"C"键，对选择的边进行分割。

（4）"U"键：按键盘上的"U"键，对选定的模型展开 UV。

（5）"O"键：按键盘上的"O"键，对选定模型的 UV 进行优化处理。

（6）"P"键：按键盘上的"P"键，对选定模型的 UV 进行排列。

（7）"I"键：按键盘上的"I"键，孤立显示选择的三维模型。

2）RizomUV 软件常用快捷键的基本操作方法

步骤 01：按键盘上的"F2"键，切换到边选择模式。

步骤 02：双击循环边上的某一段边，即可选择循环边，选择的循环边如图 6.109 所示。

步骤 03：按住键盘上的"Ctrl+Shift+左键"，移动光标，以便框选需要取消的边。框选的边如图 6.110 所示。松开左键，即可取消框选的边。取消框选的边之后的效果如图 6.111所示。

步骤 04：按"Ctrl"键，双击循环边上的任意一段边，即可加选循环边。加选的循环边如图 6.112 所示。

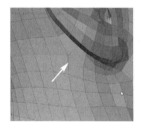 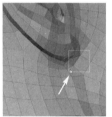  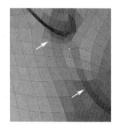

图 6.109　选择的　　　图 6.110　框选的边　　　图 6.111　取消框选的　　　图 6.112　加选的
　　　　循环边　　　　　　　　　　　　　　　　　　　边之后的效果　　　　　　　循环边

步骤 05：继续选择需要分割的边或循环边。选择的所有边如图 6.113 所示。

步骤 06：按键盘上的"C"键或单击工具栏的【分割】按钮，将选择的所有边分割。分割之后的效果如图 6.114 所示。

提示：按键盘上的"Shift"键，移动光标到其他边上，RizomUV 软件会自动选择一条最优路径。选择的最优路径如图 6.115 所示。

 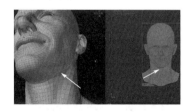 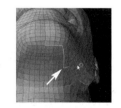

图 6.113　选择的所有边　　　　　图 6.114　分割之后的效果　　　　　图 6.115　选择的最优路径

步骤 07：方法同上，继续选择需要分割的边。分割之后最终的边如图 6.116 所示。

步骤 08：将光标移到屏幕的空白处，按键盘上的"U"键，将所有 UV 展开。展开UV 之后的效果如图 6.117 所示。

提示：若将光标移到某个分割出的 UV 块上，那么系统只对光标所在的位置展开 UV。

步骤 09：按键盘上的"P"键，将展开的 UV 进行排列。排列 UV 之后的效果如图 6.118 所示。

步骤 10：先在【初始方向】面板中单击按钮■，再按键盘上的"P"键，即可将展开的 UV 沿 Y 轴方向排列。沿着 Y 轴排列 UV 之后的效果如图 6.119 所示。

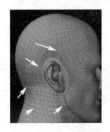   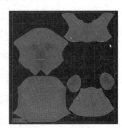

图 6.116　分割之后最终的边　　图 6.117　展开 UV 之后的效果　　图 6.118　排列 UV 之后的效果　　图 6.119　沿着 Y 轴排列 UV 之后的效果

3）UV 的移动、旋转和缩放等变形操作

步骤 01：按键盘上的"F4"键，选择需要变形操作的 UV。在工具箱中单击【变形工具】图标■，把 UV 切换到变形操作模式。UV 的变形操作模式如图 6.120 所示。

步骤 02：将光标移到图标■上，按住左键不放同时移动光标，即可对 UV 进行旋转操作。

步骤 03：将光标移到图标■上，按住左键不放同时移动光标，进行等比例缩放操作。

步骤 04：将光标移到图标■或图标■上，按住左键不放同时移动光标，即可对 UV 进行横向或纵向缩放操作。

步骤 05：将光标移到需要移动的 UV 区域，按住左键不放同时移动光标，即可移动选定的 UV 区域。

4）一键展开 UV

对于一些不需要进行分割的 UV，可以一键展开 UV。

步骤 01：选择需要展开 UV 的模型，在工具箱中单击"翻转"图标■和"重叠"图标■。选择的模型和 UV 如图 6.121 所示。

步骤 02：按键盘上的"U"键或单击工具栏的"展开 UV"图标■，即可将模型的 UV 展开。展开 UV 之后的效果如图 6.122 所示。

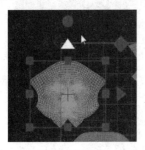  

图 6.120　UV 的变形操作模式　　图 6.121　选择的模型和 UV　　图 6.122　展开 UV 之后的效果

　　步骤 03：按键盘上的"P"键或单击工具栏的"排列 UV"图标，即可排列 UV。排列 UV 之后的效果如图 6.123 所示。

　　步骤 04：选择需要一键展开的 UV，单击、和3 个图标，即可把 UV 展开。一键展开 UV 之后的效果如图 6.124 所示。

　　提示：使用、和3 个图标进行一键展开 UV，只对布线方式为横平竖直（四边形面）的模型起作用。

　　步骤 05：单击图标或，即可对选定的 UV 进行翻转操作。翻转 UV 之后的效果如图 6.125 所示。

 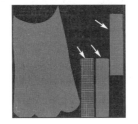 

图 6.123　排列 UV 　　　　图 6.124　一键展开 UV 　　　　图 6.125　翻转 UV
之后的效果　　　　　　　　　之后的效果　　　　　　　　　之后的效果

　　5）具有相同拓扑结构的模型 UV 的快速展开

　　步骤 01：导入的模型和 UV 效果如图 6.126 所示。

　　步骤 02：按键盘上的"F2"键，选择其中一条需要分割的边。选择的边如图 6.127 所示。

　　步骤 03：在【拓扑复制】卷展栏单击"相同拓扑结构"图标，对具有相同拓扑结构的模型进行相同分割边的选择。选择待分割的边之后的效果如图 6.128 所示。

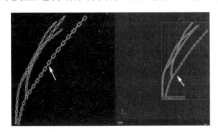  

图 6.126　导入的模型和 UV 效果　　　图 6.127　选择的边　　　图 6.128　选择待分割的边
之后的效果

　　步骤 04：先按键盘上的"C"键，对所有具有相同拓扑结构的模型进行分割，再按键盘上的"U"键，对具有相同拓扑结构的模型展开 UV，最后按键盘上的"P"键，对展开的 UV 进行排列。展开和排列 UV 之后的效果如图 6.129 所示。

　　步骤 05：选择所有模型的 UV，按键盘上的"U"键，将所有模型的 UV 一键展开。

　　步骤 06：选择其中的一部分 UV，先单击"选择所有相似 UV"图标，再单击"堆叠"图标，将所有相同拓扑结构的 UV 堆叠。堆叠 UV 之后的效果如图 6.130 所示。

步骤 07：按住键盘上的"F4"键，单击"选择堆叠"图标，选择所有堆叠的 UV。堆叠的 UV 效果如图 6.131 所示。

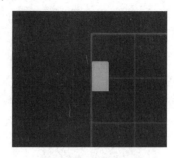

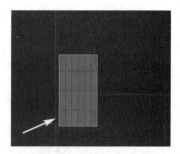

图 6.129　展开和排列 UV
之后的效果

图 6.130　堆叠 UV
之后的效果

图 6.131　堆叠的 UV 效果

步骤 08：将展开的 UV 导出或保存三维模型。

视频播放：关于具体介绍，请观看本书配套视频"任务二：在 RizomUV 软件中展开 UV 的基本操作方法.mpg4"。

任务三：东风卡车模型 UV 的展开

本任务主要介绍东风卡车模型 UV 的展开原理、方法和技巧。

步骤 01：将东风卡车车头模型导入 RizomUV 软件。导入的东风卡车车头模型及其 UV 效果如图 6.132 所示。

步骤 02：选择东风卡车车头的金属外壳模型，按键盘上的"I"键，孤立显示该模型。根据绘图需要，选择需要分割的边，按键盘上的"C"键将选择的边分割。分割之后的金属外壳模型如图 6.133 所示。

步骤 03：按键盘上的"U"键，将东风卡车车头金属外壳模型的 UV 展开。东风卡车车头金属外壳模型 UV 展开的效果如图 6.134 所示。

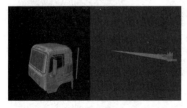

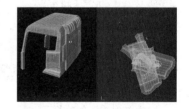

图 6.132　导入的东风卡车车头
模型及其 UV 效果

图 6.133　分割之后的
金属外壳

图 6.134　东风卡车车头金属
外壳模型 UV 展开的效果

步骤 04：按键盘上的"P"键，对展开的 UV 进行排列。东风卡车车头金属外壳模型 UV 排列之后的效果如图 6.135 所示。

步骤 05：展开和排列 UV 之后，给东风卡车车头金属外壳模型添加棋盘格贴图，检查该模型是否合理（例如，是否存在拉伸现象，网格大小是否一致）。添加棋盘格之后的东风卡车车头金属外壳模型如图 6.136 所示。

步骤 06：根据绘图精度设置网格参数值。单击"获取"图标 ![icon]，将所有 UV 的大小统一为设定的参数值。统一参数值之后的棋盘格如图 6.137 所示。

图 6.135　东风卡车车头金属外壳
模型 UV 排列之后的效果

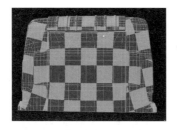
图 6.136　添加棋盘格之后的
东风卡车车头金属外壳模型

图 6.137　统一参数值
之后的棋盘格

步骤 07：按键盘上的"P"键，重新排列统一参数值之后的 UV。重新排列之后的 UV和棋盘格如图 6.138 所示。

步骤 08：方法同上，继续对东风卡车车头的其他配件模型展开 UV，然后对东风卡车车头所有配件模型的 UV 进行排列。东风卡车车头模型的 UV 效果如图 6.139 所示。

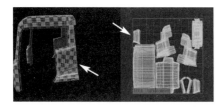
图 6.138　重新排列之后的 UV 和棋盘格

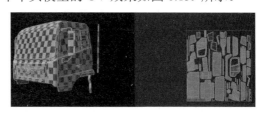
图 6.139　东风卡车车头模型的 UV 效果

步骤 09：方法同上，继续对东风卡车的其他配件模型展开 UV。东风卡车所有配件模型的 UV 效果如图 6.140 所示。

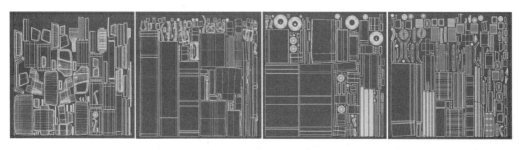
图 6.140　东风卡车所有配件模型的 UV 效果

视频播放：关于具体介绍，请观看本书配套视频"任务三：东风卡车模型 UV 的展开.mpg4"。

任务四：东风卡车模型纹理的烘焙

本任务主要介绍东风卡车模型纹理的烘焙原理、方法和技巧。

步骤 01：将已展开 UV 的模型导入 Maya 2023，在【大纲视图】面板中将东风卡车模

型分成 4 个组。具体组名如图 6.141 所示。

步骤 02：给 " Kache_Part1 " 组赋予 " lambert " 材质，将材质名称重命名为 "Kache_Part1_t"。材质的具体命名如图 6.142 所示。

步骤 03：方法同上，依次给其他 3 组赋予 "lambert" 材质并分别把它们重命名为 "Kache_Part2_t""Kache_Part3_t" 和 "Kache_Part4_t"。

步骤 04：将相互遮挡的模型分开，使它们保持一定距离，确保烘焙法线时不出现遮挡情况。分开之后的各个配件模型如图 6.143 所示。

图 6.141　具体组名　　　图 6.142　材质的具体命名　　　图 6.143　分开之后的各个配件模型

步骤 05：选择所有配件模型，把它们导出为 "Kache_Separated.FBX" 文件。

步骤 06：启动 Adobe Substance 3D Painter 软件。将 "Kache_Separated.FBX" 文件导入 Adobe Substance 3D Painter 软件。导入的模型如图 6.144 所示。

步骤 07：单击【烘焙模型贴图】按钮，切换到纹理集烘焙模式，设置纹理集烘焙参数。纹理集烘焙参数的具体设置如图 6.145 所示。

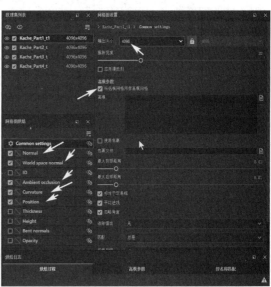

图 6.144　导入的模型　　　　　　图 6.145　纹理集烘焙参数的具体设置

步骤 08：单击【烘焙所选纹理】按钮，开始烘焙纹理。烘焙之后，单击【返回至绘画模式】按钮，返回绘画模式。

步骤 09：在 Maya 2023 中将被分开一定距离的各个配件模型归位。归位之后的各配件模型如图 6.146 所示。

步骤 10：将归位之后的所有配件模型导出并命名为"Kache.fbx"文件。

步骤 11：打开在 Adobe Substance 3D Painter 软件中烘焙的纹理文件，在菜单栏单击【文件】→【项目文件配置…】命令，弹出【项目配置】对话框。

步骤 12：在【项目配置】对话框中单击【选择…】按钮，弹出【打开文件】对话框。在【打开文件】对话框中选择"Kache.FBX"文件，单击【打开】按钮，然后返回【项目配置】对话框。【项目配置】对话框参数的具体设置如图 6.147 所示。

步骤 13：单击【确定】按钮，完成纹理烘焙和模型文件的替换。替换之后的东风卡车模型如图 6.148 所示。

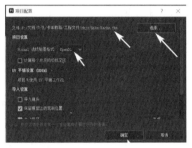

图 6.146　归位之后的　　　图 6.147　【项目配置】对话框　　　图 6.148　替换之后的
　　各个配件模型　　　　　　参数的具体设置　　　　　　东风卡车模型

视频播放：关于具体介绍，请观看本书配套视频"任务四：东风卡车模型纹理的烘焙.mpg4"。

任务五："Kache_Part1_t1"纹理集中的模型材质底色的制作

本任务主要介绍"Kache_Part1_t1"纹理集中的模型材质底色的制作原理、方法和技巧。

步骤 01：在【纹理集列表】面板中选择"Kache_Part1_t"纹理集。"Kache_Part1_t"纹理集中的模型如图 6.149 所示。

步骤 02：创建一个图层文件夹，将图层文件夹重命名为"red_paint"，在图层文件夹中添加一个填充图层。根据参考图，把填充图层的"Base Color"设为红色，然后设置填充图层属性参数。

步骤 03：给"red_paint"图层文件夹添加一个黑色遮罩，给黑色遮罩添加一个绘画图层，使用几何体填充工具选择需要涂抹红色油漆的模型，对其他配件模型进行遮罩。涂抹了红色油漆的模型如图 6.150 所示。

步骤 04：创建一个图层文件夹，将图层文件夹重命名为"black_plastic"。在"black_plastic"图层文件夹中添加一个填充图层，将填充图层的"Base Color"设为黑色。

步骤 05：给"black_plastic"图层文件夹添加一个黑色遮罩，给黑色遮罩添加一个绘画图层，使用几何体填充工具选择需要涂抹黑色油漆的模型，对其他配件模型进行遮罩。涂抹了黑色油漆的模型如图 6.151 所示。

图6.149　"Kache_Part1_t"
纹理集中的模型

图6.150　涂抹了红色
油漆的模型

图6.151　涂抹了黑色油漆的模型

步骤06：将"black_plastic"图层文件夹复制一份，将复制的图层文件夹重命名为"grey_plastic"。将"grey_plastic"图层文件夹中的填充图层的"Base Color"设为灰色，修改黑色遮罩，只显示需要涂抹灰色油漆的模型。涂抹了灰色油漆的模型如图6.152所示。

步骤07：创建一个图层文件夹，将创建的图层文件夹重命名为"rubber"。在"rubber"图层文件夹中添加一个填充图层，将填充图层的"Base Color"设为黑色。

步骤08：给"rubber"图层文件夹添加黑色遮罩，给黑色遮罩添加一个绘画图层，使用几何体填充工具选择需要绘制黑色橡胶边框的模型。具有黑色橡胶边框的模型如图6.153所示。

步骤09：创建一个图层文件夹，将创建的图层文件夹重命名为"metal"。在"metal"图层文件夹中添加一个填充图层，将填充图层的"Base Color"设为灰白色。

步骤10：给"metal"图层文件夹添加黑色遮罩，给黑色遮罩添加一个绘画图层，使用几何体填充工具选择需要绘制银色金属的模型。绘制了银色金属的模型如图6.154所示。

图6.152　涂抹了灰色油漆的模型

图6.153　具有黑色橡胶边框的模型

图6.154　绘制了银色金属的模型

步骤11：创建一个图层文件夹，将创建的图层文件夹重命名为"glass"。在"glass"图层文件夹中添加一个填充图层，将填充图层的"Base Color"设为灰色。将"Opacity"参数值设为"0.18"。

步骤12：给"glass"图层文件夹添加一个黑色遮罩，给黑色遮罩添加一个绘画图层，使用几何体填充工具选择需要绘制玻璃的模型。绘制了玻璃的模型如图6.155所示。

视频播放：关于具体介绍，请观看本书配套视频"任务五："Kache_Part1_t1"纹理集中的模型材质底色的制作.mpg4"。

任务六："Kache_Part2_t"纹理集中的模型材质底色的制作

本任务主要介绍"Kache_Part2_t"纹理集中的模型材质底色的制作原理、方法和技巧。

步骤 01：在【纹理集列表】面板中选择"Kache_Part2_t"纹理集，将"Kache_Part2_t"纹理集中的模型显示出来。"Kache_Part2_t"纹理集中的模型如图 6.156 所示。

步骤 02：将"Kache_Part1_t1"纹理集中的图层文件夹和图层全部复制到"Kache_Part2_t"纹理集所在的【图层】面板中，删除复制的图层文件夹中的所有黑色遮罩下的绘画图层，重新给黑色遮罩添加绘画图层。根据东风卡车模型的材质要求，使用几何体填充工具重新进行遮罩处理。

步骤 03：添加一个图层文件夹，将图层文件夹重命名为"white_metal"。在"white_metal"图层文件夹中添加一个填充图层，将填充图层的"Base Color"设为褐色。

步骤 04：给"white_metal"图层文件夹添加一个黑色遮罩，给黑色遮罩添加一个绘画图层，使用几何体填充工具选择需要绘制褐色金属的模型。"Kache_Part2_t"纹理集中的模型材质底色效果如图 6.157 所示。

图 6.155　绘制了　　　　图 6.156　"Kache_Part2_t"　　　图 6.157　"Kache_Part2_t"
玻璃的模型　　　　　　　纹理集中的模型　　　　　纹理集中的模型材质底色效果

步骤 05：在"Kache_Part2_t"纹理集所在的【图层】面板中，将没有用到的底色所在图层文件夹和图层文件夹中的所有图层删除。

视频播放：关于具体介绍，请观看本书配套视频"任务六："Kache_Part2_t"纹理集中的模型材质底色的制作.mpg4"。

任务七：东风卡车其他配件模型材质底色的制作和材质底色的整体微调

本任务主要介绍 Kache_Part3_t"和"Kache_Part4_t"纹理集中的模型材质底色的制作原理、方法和技巧，以及材质底色的整体微调原则、方法和技巧。

"Kache_Part3_t"和"Kache_Part4_t"纹理集中的模型材质底色的制作方法与本项目任务六的制作方法基本相同。这里不再详细介绍。

"Kache_Part3_t"纹理集中的模型材质底色效果如图 6.158 所示。"Kache_Part4_t"纹理集中的模型材质底色效果如图 6.159 所示。

根据参考图，对底色进行微调。东风卡车模型材质最终的底色效果如图 6.160 所示。

图 6.158 "Kache_Part3_t"纹理集中的模型材质底色效果 | 图 6.159 "Kache_Part4_t"纹理集中的模型材质底色效果 | 图 6.160 东风卡车模型材质最终的底色效果

视频播放：关于具体介绍，请观看本书配套视频"任务七：东风卡车其他配件模型材质底色的制作和材质底色的整体微调.mpg4"。

任务八：东风卡车材质暗角纹理的制作

本任务主要介绍东风卡车材质暗角纹理的制作原理、方法和技巧。

步骤 01：打开"Kache_Part1_t1"纹理集。

步骤 02：在【图层】面板中添加一个填充图层，将填充图层重命名为"暗角"。给"暗角"填充图层添加一个黑色遮罩，给黑色遮罩添加一个生成器图层。

步骤 03：选择"Dirt"生成器，添加的生成器图层如图 6.161 所示。

步骤 04：创建一个图层文件夹，将图层文件夹重命名为"暗角"，将步骤 02 的"暗角"填充图层拖到"暗角"图层文件夹中。

步骤 05：给"暗角"图层文件夹添加一个白色遮罩，给白色遮罩添加一个绘画图层，使用绘画工具擦除多余的暗角纹理。保留的暗角纹理如图 6.162 所示。

步骤 06：先将"暗角"填充图层的颜色调为偏黑色，再调节"暗角"填充图层属性参数。"Kache_Part1_t1"纹理集中的模型暗角纹理如图 6.163 所示。

图 6.161 添加的生成器图层 | 图 6.162 保留的暗角纹理 | 图 6.163 "Kache_Part1_t1"纹理集中的模型暗角纹理

步骤 07：将"暗角"图层文件夹及其中的图层依次复制到其他 3 个纹理集【图层】面板中。根据参考图的分析结果，使用绘画工具将多余的暗角纹理擦除。东风卡车模型最终的暗角纹理如图 6.164 所示。

视频播放：关于具体介绍，请观看本书配套视频"任务八：东风卡车材质暗角纹理的制作.mpg4"。

任务九：东风卡车材质的脏迹和划痕效果的制作

本任务主要介绍东风卡车材质的脏迹和划痕效果的制作原理、方法和技巧。

步骤 01：切换到"Kache_Part1_t1"纹理集所在的【图层】面板。

步骤 02：在【图层】面板中创建两个图层文件夹，将两个图层文件夹依次重命名为"dirt"和"color"。创建并重命名的两个图层文件夹如图 6.165 所示。

步骤 03：在"dirt"图层文件夹中创建一个新的图层文件夹，将创建的新图层文件夹重命名为"dirt1"。

步骤 04：在"dirt1"图层文件夹中添加一个填充图层，给填充图层添加一个黑色遮罩，给黑色遮罩添加一个填充图层。对黑色遮罩中的填充图层的"灰度"参数选项，选择"grayscale Grunge Dirt Muddy"灰度图，调节该填充图层和灰度图参数。调节参数之后红色油漆上的脏迹效果如图 6.166 所示。

图 6.164　东风卡车模型最终的暗角纹理

图 6.165　创建并重命名的两个图层文件夹

图 6.166　调节参数之后红色油漆上的脏迹效果

步骤 05：在"dirt"图层文件夹中添加一个填充图层，将填充图层重命名为"dirt2"。给"dirt2"填充图层添加一个黑色遮罩，给黑色遮罩添加两个填充图层和一个绘画图层，给黑色遮罩中的两个填充图层选择不同的灰度图，调节灰度图的参数，然后使用绘画工具擦除多余的脏迹。"Kache_Part1_t1"纹理集中的模型脏迹效果如图 6.167 所示。

步骤 06：在"dirt"图层文件夹中添加第一个填充图层，将填充图层重命名为"dirt3"。

步骤 07：给"dirt3"填充图层添加一个黑色遮罩，给黑色遮罩添加填充图层。给黑色遮罩中的填充图层添加一张划痕灰度图，调节灰度图和黑色遮罩中的填充图层属性参数。

步骤 08：在"dirt"图层文件夹中添加第二个填充图层，将第二个填充图层重命名为"dirt4"。

步骤 09：给"dirt4"填充图层添加一个黑色遮罩，给黑色遮罩添加一个填充图层，给黑色遮罩中的填充图层添加一张划痕灰度图，调节灰度图和黑色遮罩中的填充图层属性参数。"Kache_Part1_t1"纹理集中的模型划痕效果如图 6.168 所示。

步骤 10：在"dirt"图层文件夹中添加一个填充图层，给填充图层添加一个黑色遮罩，给黑色遮罩添加一个名为"Metal Edge Wear"的生成器和一个绘画图层，然后使用绘画工具擦除多余的边缘脏迹。"Kache_Part1_t1"纹理集中的模型边缘脏迹效果如图 6.169 所示。

图 6.167 "Kache_Part1_t1" 纹理集中的模型脏迹效果　　图 6.168 "Kache_Part1_t1" 纹理集中的模型划痕效果　　图 6.169 "Kache_Part1_t1" 纹理集中的模型边缘脏迹效果

视频播放：关于具体介绍，请观看本书配套视频"任务九：东风卡车材质脏迹和划痕效果的制作.mpg4"。

任务十：东风卡车材质的红色油漆渐变效果和边缘破损效果的制作

本任务主要介绍东风卡车材质的红色油漆渐变效果和边缘破损效果的制作原理、方法和技巧。

步骤 01：在"color"图层文件夹中创建一个图层文件夹，将创建的图层文件夹重命名为"文件夹 1"。给"文件夹 1"图层文件夹添加一个黑色遮罩，给黑色遮罩添加一个绘画图层。使用绘画工具对模型进行遮罩处理，只显示红色油漆的模型。

步骤 02：在"文件夹 1"图层文件夹中添加一个填充图层，给填充图层添加一个黑色遮罩，给黑色遮罩添加一个填充图层。给黑色遮罩中的填充图层添加一张灰度图，调节黑色遮罩中的填充图层属性参数和灰度图参数。调节参数之后红色油漆的渐变效果如图 6.170 所示。

步骤 03：在"文件夹 1"图层文件夹中添加一个填充图层，将填充图层重命名为"dirt5"。给"dirt5"填充图层添加一个黑色遮罩，给黑色遮罩添加一个名为"Metal Edge Wear"的生成器和一个填充图层，调节黑色遮罩中的填充图层属性参数和生成器参数，以便制作红色油漆边缘破损效果。制作的红色油漆边缘破损效果如图 6.171 所示。

视频播放：关于具体介绍，请观看本书配套视频"任务十：东风卡车材质红色油漆渐变效果和边缘破损效果的制作.mpg4"。

任务十一：东风卡车材质的油渍和凹凸纹理的制作

本任务主要介绍东风卡车材质的油渍和凹凸纹理的制作原理、方法和技巧。

步骤 01：在"dirt"图层文件夹中添加一个填充图层，将填充图层重命名为"oil"。

步骤 02：给"oil"填充图层添加一个黑色遮罩，给黑色遮罩添加两个填充图层和一个色阶图层。给黑色遮罩中的两个填充图层添加油渍灰度图，调节油渍灰度图、填充图层和色阶图层属性参数，以便制作红色油漆的油渍效果。制作的红色油漆的油渍效果如图 6.172 所示。

图 6.170　调节参数之后　　　图 6.171　制作的红色油漆边缘　　　图 6.172　制作的红色油漆的
　　　　红色油漆的渐变效果　　　　　　　　破损效果　　　　　　　　　　　油渍效果

步骤 03：调节"glass"图层文件夹中的填充图层属性参数。调节参数之后的玻璃效果如图 6.173 所示。

步骤 04：创建一个图层文件夹，将图层文件夹重命名为"height"。

步骤 05：在"height"图层文件夹中创建一个图层文件夹，将创建的图层文件夹重命名为"frag"。

步骤 06：给"frag"图层文件夹添加一个黑色遮罩，给黑色遮罩添加一个绘画图层，使用绘画工具进行遮罩处理。遮罩之后的显示效果如图 6.174 所示。

步骤 07：在"frag"图层文件夹中添加一个填充图层，将填充图层重命名为"填充图层 11"。给"填充图层 11"添加一个黑色遮罩，给黑色遮罩添加一个填充图层，给黑色遮罩中的填充图层添加一张"stripes"灰度图。调节该灰度图参数和填充图层属性参数，以便制作凹凸纹理。制作的凹凸纹理如图 6.175 所示。

图 6.173　调节参数之后的玻璃效果　　　图 6.174　遮罩之后的显示效果　　　图 6.175　制作的凹凸纹理

步骤 08：在"height"图层文件夹中创建一个图层文件夹，将创建的图层文件夹重命名为"文件夹 2"。

步骤 09：给"文件夹 2"图层文件夹添加一个黑色遮罩，给黑色遮罩添加一个绘画图层，使用绘画工具进行遮罩处理，只显示需要制作网状凹凸纹理的部分，如图 6.176 所示。

步骤 10：在"文件夹 2"图层文件夹中添加一个填充图层，将填充图层重命名为"填充图层 12"。

步骤 11：给"填充图层 12"添加一个黑色遮罩，给黑色遮罩添加一个填充图层，给黑色遮罩中的填充图层添加一张"grayscale Hexagon Border"灰度图，调节灰度图参数和填充图层属性参数，以便制作网状凹凸纹理。制作的网状凹凸纹理如图 6.177 所示。

步骤 12：对"Kache_Part1_t1"纹理集中的材质纹理进行整体微调。整体微调之后的"Kache_Part1_t1"纹理集中的材质纹理如图 6.178 所示。

图 6.176　需要制作网状
凹凸纹理的部分

图 6.177　制作的网状
凹凸纹理

图 6.178　整体微调之后的
"Kache_Part1_t1"纹理集中的
材质纹理

视频播放：关于具体介绍，请观看本书配套视频"任务十一：东风卡车材质的油渍和凹凸纹理的制作.mpg4"。

任务十二："Kache_Part2_t"纹理集中的模型材质贴图的制作

本任务主要介绍"Kache_Part2_t"纹理集中的模型材质贴图的制作原理、方法和技巧。

步骤 01：将"Kache_Part1_t1"纹理集所在的【图层】面板中的"color"图层文件夹和"dirt"图层文件夹中的所有内容复制到"Kache_Part2_t"纹理集所在的【图层】面板中。"Kache_Part2_t"纹理集所在的【图层】面板如图 6.179 所示。

步骤 02：将"color"图层文件夹中的"文件夹 1"图层文件夹的黑色遮罩及其中的绘画图层删除，重新添加黑色遮罩及其中的绘画图层。使用绘画工具进行遮罩处理，仅在红色油漆纹理表面进行遮罩处理。制作的红色油漆纹理如图 6.180 所示。

步骤 03：根据参考图，调节"oil"图层文件夹中各个图层和程序纹理贴图参数，以便调节油渍效果。调节参数之后的油渍效果如图 6.181 所示。

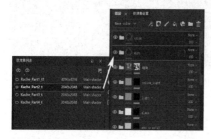

图 6.179　"Kache_Part2_t"纹理集
所在的【图层】面板

图 6.180　制作的红色
油漆纹理

图 6.181　调节参数之后的
油渍效果

步骤 04：将"height"图层文件夹中的所有内容复制到"Kache_Part2_t"纹理集所在的【图层】面板中。

步骤 05：在"Kache_Part2_t"纹理集所在的【图层】面板中，调节"height"图层文件夹中的图层属性参数和灰度图参数，以便制作网格纹理。制作的网格纹理如图 6.182所示。

视频播放：关于具体介绍，请观看本书配套视频"任务十二：'Kache_Part2_t'纹理集中的模型材质贴图的制作.mpg4"。

任务十三："Kache_Part3_t"纹理集中的模型材质贴图的制作

本任务主要介绍"Kache_Part3_t"纹理集中的模型材质贴图的制作原理、方法和技巧。

步骤 01：在"Kache_Part1_t1"纹理集所在的【图层】面板中，将"color"图层文件夹和"dirt"图层文件夹中的所有内容复制到"Kache_Part3_t"纹理集所在的【图层】面板中。"Kache_Part3_t"纹理集所在的【图层】面板如图 6.183 所示。

步骤 02：在"Kache_Part3_t"纹理集所在的【图层】面板中，调节"color"图层文件夹中的图层属性参数和灰度图参数，以便调节东风卡车车斗框架的红色油漆纹理。东风卡车车斗框架的红色油漆纹理如图 6.184 所示。

图 6.182 制作的网格纹理

图 6.183 "Kache_Part3_t" 纹理集所在的【图层】面板

图 6.184 东风卡车车斗框架的红色油漆纹理

步骤 03：调节"dirt"图层文件夹中的图层属性参数和灰度图参数，以便调节车轮的脏迹效果。调节参数之后的车轮脏迹效果如图 6.185 所示。

步骤 04：在"Kache_Part1_t1"纹理集所在【图层】面板中，将"height"图层文件夹中的所有内容复制到"Kache_Part3_t"纹理集所在的【图层】面板中。

步骤 05：调节"height"图层文件夹中的图层和灰度图参数来制作轮胎的凹凸纹理效果。轮胎的凹凸纹理效果如图 6.186 所示。

步骤 06：选择"dirt5"图层文件夹中的黑色遮罩的绘画图层，使用绘画工具擦除红色油漆纹理边缘破损比较多的部分。红色油漆纹理边缘破损效果如图 6.187 所示。

图 6.185 调节参数之后的车轮脏迹效果

图 6.186 轮胎的凹凸纹理效果

图 6.187 红色油漆纹理边缘破损效果

视频播放：关于具体介绍，请观看本书配套视频"任务十三：'Kache_Part3_t'纹理集中的模型材质贴图的制作.mpg4"。

任务十四："Kache_Part4_t"纹理集中的模型材质贴图的制作

本任务主要介绍"Kache_Part4_t"纹理集中的模型材质贴图的制作原理、方法和技巧。

步骤01：在"Kache_Part1_t1"纹理集所在的【图层】面板中，将"color"图层文件夹和"dirt"图层文件夹中的所有内容复制到"Kache_Part4_t"纹理集所在的【图层】面板中。"Kache_Part4_t"纹理集所在的【图层】面板如图6.188所示。

步骤02：在"Kache_Part4_t"纹理集所在的【图层】面板中，调节"color"图层文件夹中的图层属性参数和灰度图参数，以便调节金属材质的纹理。调节参数之后的金属材质纹理如图6.189所示。

步骤03：调节"oil"图层文件夹中的图层属性参数和灰度图参数，以便调节金属材质的油渍效果。调节参数之后的金属材质油渍效果如图6.190所示。

图6.188 "Kache_Part4_t"纹理集所在的【图层】面板

图6.189 调节参数之后的金属材质纹理

图6.190 调节参数之后的金属材质油渍效果

步骤04：在"Kache_Part1_t1"纹理集所在的【图层】面板中，将"height"图层文件夹中的所有内容复制到"Kache_Part4_t"纹理集所在的【图层】面板中。复制的文件在【图层】面板中的叠放顺序如图6.191所示。

步骤05：调节"height"图层文件夹中的图层属性参数和灰度图参数，以便制作东风卡车大梁两侧的凹凸纹理。制作的东风卡车大梁两侧的凹凸纹理如图6.192所示。

步骤06：创建一个图层文件夹，将图层文件夹重命名为"bumper"。"bumper"图层文件夹的叠放顺序如图6.193所示。

图6.191 复制的文件在【图层】面板中的叠放顺序

图6.192 制作的东风卡车大梁两侧的凹凸纹理

图6.193 "bumper"图层文件夹的叠放顺序

步骤07：给"bumper"图层文件夹添加一个黑色遮罩，给黑色遮罩添加一个绘画图层。使用绘画工具进行遮罩处理，只显示油箱和水箱的保护装置模型及后保险杆模型，如图6.194所示。

步骤 08：在"bumper"图层文件夹中添加第一个填充图层，将填充图层重命名为"填充图层 11"，将"填充图层 11"的"Base Color"设为白色。

步骤 09：在"bumper"图层文件夹中添加第二个填充图层，将填充图层重命名为"填充图层 12"，将"填充图层 12"的"Base Color"设为红色。

步骤 10：给"填充图层 12"添加一个黑色遮罩，给黑色遮罩添加一个绘画图层。使用绘画工具绘制红白相间的条纹。绘制的红白相间的条纹如图 6.195 所示。

步骤 11：对东风卡车的材质纹理进行整体微调，最终东风卡车材质纹理如图 6.196 所示。

图 6.194　油箱和水箱的保护装置模型及后保险杆模型　　　图 6.195　绘制的红白相间的条纹　　　图 6.196　最终的东风卡车材质纹理

视频播放：关于具体介绍，请观看本书配套视频"任务十四：'Kache_Part4_t'纹理集中的模型材质贴图的制作.mpg4"。

任务十五：导出贴图和渲染

本任务主要介绍将制作完成的材质贴图导出，然后把材质贴图导入 Marmoset Toolbag 软件，进行测试和渲染。

步骤 01：在菜单栏单击【文件】→【导出贴图...】命令（或按键盘上的"Ctrl+Shift+E"组合键），弹出【导出纹理】对话框。【导出纹理】对话框的参数设置如图 6.197 所示。

步骤 02：单击【导出】按钮，开始导出材质贴图。导出的材质贴图如图 6.198 所示。

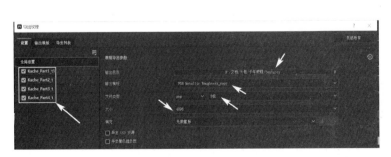

图 6.197　【导出纹理】对话框的参数设置　　　图 6.198　导出的材质贴图

步骤 03：在 Maya 2023 中，复制需要的模型并进行位置调节，复制和调节位置之后的东风卡车模型如图 6.199 所示。

步骤 04：将东风卡车模型导出为"part1.FBX"、"part2.FBX"、"part3.FBX"和"part4.FBX"4 个文件。

步骤 05：启动 Marmoset Toolbag 软件，将导出的 4 个文件导入 Marmoset Toolbag 软件。导入的文件和模型如图 6.200 所示。

图 6.199　复制和调节位置之后的东风卡车模型　　　　图 6.200　导入的文件和模型

步骤 06：创建 4 个材质球（part1、part2、part3 和 part4），创建的材质球如图 6.201 所示。

步骤 07：将创建的材质赋予对应模型，将导出的材质贴图添加到对应材质球选项中。添加材质贴图之后的东风卡车模型如图 6.202 所示。

步骤 08：调节"Sky"环境贴图，添加一张地面贴图并调节参数。调节参数之后的渲染效果如图 6.203 所示。

图 6.201　创建的材质球　　　图 6.202　添加材质贴图之后的　　　图 6.203　调节参数之后的
　　　　　　　　　　　　　　　　　　　　　东风卡车模型　　　　　　　　　　　渲染效果

步骤 09：添加 3 个灯光，分别为主光、背光和轮廓光，调节这些灯光参数。调节灯光参数之后的效果如图 6.204 所示。

步骤 10：调节镜头角度和渲染参数，设置输出图片的保存路径，然后单击【Render Image】按钮，开始渲染东风卡车模型的前视图。东风卡车模型的前视图的渲染效果如图 6.205 所示。

步骤 11：调节镜头角度，渲染东风卡车模型的侧视图。东风卡车模型的侧视图渲染效果如图 6.206 所示。

图 6.204 调节灯光
参数之后的效果

图 6.205 东风卡车模型的
前视图渲染效果

图 6.206 东风卡车模型的侧
视图渲染效果

步骤 12：根据项目要求，调节镜头角度，对东风卡车模型进行多角度渲染。

视频播放：关于具体介绍，请观看本书配套视频"任务十五：导出贴图和渲染.mpg4"。

六、项目拓展训练

根据以下参考图，给项目 1 中完成的东风卡车模型制作材质，使用 Marmoset Toolbag 软件进行测试和渲染。

具体渲染要求如下。

（1）渲染效果图的分辨率为 4096×4960 像素。

（2）渲染模型的前视图、背视图、侧视图和 45°视图（根据需要可渲染多张不同角度的视图）。

（3）使用渲染效果图制作海报。

参 考 文 献

[1] 火星时代. Maya 2011 大风暴[M]. 北京：人民邮电出版社，2011.

[2] 于泽. Maya 贵族 Polygon 的艺术[M]. 北京：北京大学出版社，2010.

[3] 张凡，刘若海. Maya 游戏角色设计[M]. 北京：中国铁道出版社，2010.

[4] 胡铮. 三维动画模型设计与制作[M]. 北京：机械工业出版社，2010.

[5] 张晗. Maya 角色建模与渲染完全攻略[M]. 北京：清华大学出版社，2009.

[6] 孙宇，李左彬. Maya 建模实战技法[M]. 北京：中国铁道出版社，2011.

[7] 环球数码（IDMT）. 动画传奇——Maya 模型制作[M]. 北京：清华大学出版社，2011.

[8] 刘畅. Maya 建模与渲染[M]，北京：京华出版社，2011.

[9] 刘畅. Maya 动画与特效[M]. 北京：京华出版社，2011.

[10] 许广彤，祁跃辉. 游戏角色设计与制作[M]. 北京：人民邮电出版社，2010.

[11] 伍福军，张巧玲. Maya 2017 三维动画建模案例教程[M]. 北京：电子工业出版社，2017.

[12] 伍福军，张巧玲，张祝强. Maya 2011 三维动画基础案例教程[M]. 北京：北京大学出版社，2012.

[13] 伍福军，张巧玲. Maya 2019 三维动画基础案例教程[M]. 北京：电子工业出版社，2020.

[14] 伍福军，张巧玲，李明. Maya 2023 三维动画建模案例教程[M]. 北京：电子工业出版社，2022.